Computer application

计算机应用基础

赵兴安　吴　丰　主编

黄河水利出版社

·郑州·

内 容 提 要

本书包括计算机基础知识、文字处理软件 Word、表格处理软件 Excel、演示文稿 PowerPoint、数据库管理系统软件 Access、网络基础与前沿技术六个部分。计算机基础知识主要介绍计算机组成、Windows 7 操作基础、文件管理及计算机日常管理等知识和操作技能;Word 主要介绍文档的编辑、版式布局、图文混排、表格制作及长文档编排技术等;Excel 主要介绍工作表的单元格操作、数据运算、数据处理及图表制作技术等;PowerPoint 主要介绍演示文稿制作的一般操作技术;Access 主要介绍数据库的基本概念、数据表制作与关联及数据库查询操作技术;网络基础与前沿技术主要介绍计算机网络基础、Internet 应用基础、病毒与木马及计算机前沿技术概述等。

本书在内容编排上采用知识技能讲述与案例相结合的方式,并附有具体的思考与训练内容,既可作为职业院校学生教材,也可作为普通计算机学习者参考用书。

图书在版编目(CIP)数据

计算机应用基础/赵兴安,吴丰主编. —郑州:黄河水利出版社,2020.5

ISBN 978 - 7 - 5509 - 2665 - 3

Ⅰ.①计… Ⅱ.①赵… ②吴… Ⅲ.①电子计算机 Ⅳ.①TP3

中国版本图书馆 CIP 数据核字(2020)第 082044 号

组稿编辑:路夷坦　电话:13938410693

出 版 社:黄河水利出版社

地址:河南省郑州市顺河路黄委会综合楼 14 层　　邮政编码:450003

发行单位:黄河水利出版社

发行部电话:0371 - 66026940、66020550、66028024、66022620(传真)

E-mail:hhslzbs@126.com

承印单位:河南承创印务有限公司

开本:787 mm×1 092 mm　1/16

印张:16

字数:370 千字　　印数:1—4 000

版次:2020 年 5 月第 1 版　　印次:2020 年 5 月第 1 次印刷

定价:42.00 元

前 言

本教材主要参照高等职业院校《计算机应用基础》课程教学标准及全国高等院校计算机等级考试(文管二级)大纲进行内容设计。教材编写紧密契合当前职业教育“三教”改革要求,以模块化、项目化教学思想为指引,以实际工作案例为依托,进行知识、技能体系构建。本教材通篇以 Windows 7 + Office 2010 软件系统组合为基础形成相应章节,每个知识点或技能点的应用主要通过具体工作案例、工作场景来展现,即教材中各章节所展现的知识点和技能点不再是抽象的概念,而是解决实际工作案例所涉问题过程中不可或缺的学习元素。

在教材编写过程中,融入了作者多年职业教育教学实践经验,即在对职业院校学生基本学情准确把握的基础上,以适宜的案例为切入,介绍与日常学习生活密切相关的计算机硬件知识及 Office 办公软件(Word、Excel、PowerPoint、Access)的实用功能与操作要点,各章节所涉及的知识点、技能点依托具体案例中应用场景的演替循序而进。在教学过程中教师可以根据具体条件采取先讲后练,或边学边练,或教、学、练、做一体化等教学方式。

本书由赵兴安、吴丰担任主编。赵兴安负责教材总体设计与统稿,吴丰负责具体知识、技能体系设计及案例组织。在具体编写分工上,第 1 章和第 4 章由丛庆编写,第 2 章由侯柏成编写,第 3 章由郭晓娟编写,第 5 章和第 6 章由李苗编写。

本书在编写过程中得到了许多教师的帮助和支持,他们提出了许多宝贵意见和建议,在此表示感谢。由于计算机信息技术发展迅速,书中不足和谬误之处,恳请广大师生批评指正。为了配合本书的教学,黄河水利出版社为学习者免费提供电子教案,可在黄河水利出版社网站(www. yrcp. com)上下载。

编 者

2020 年 5 月

目 录

第1章 计算机基础知识

计算机是一种能在其内部指令控制下自动、高速而准确地对数字信息进行处理的现代化电子设备,既可以进行数值计算,又可以进行逻辑计算,还具有存储记忆和自动控制功能。

1.1 初识计算机

最初的计算机只是为了解决大量烦琐的计算问题,但到了今天,计算机的应用远不止于科学计算,它的应用已经扩展到人类社会的各个方面,对社会经济、教育、文化、生活和生产等方面都产生着巨大影响。同时,计算机也带动了全球范围的技术进步,并引发了深刻的社会变革,是信息社会中必不可少的工具。

【本节知识与能力要求】

(1)了解计算机产生和发展的历史;

(2)掌握计算机主机的内部器件和结构;

(3)了解计算机系统的组成;

(4)掌握计算机常用的数制;

(5)掌握与计算机相关的专属名词。

1.1.1 计算机的产生与发展

1. 计算机的产生

1946年2月世界上第一台电子数字计算机“埃尼阿克(EMIAC)”在美国宾夕法尼亚大学诞生,它标志着科学技术的发展进入了新的时代——电子计算机时代。

从第一台电子计算机诞生到现在,运算速度大大提高,功能也极大地增强,而功耗、体积和价格在不断下降,计算机的种类也由原来的巨型机、大型机发展到现在应用于各种领域的多种机型。整体来讲,计算机的发展经历了四代。

(1)第一代计算机(1946~1958年)

第一代计算机的主要特征是:采用电子管作为逻辑元件;使用机器语言和汇编语言;应用领域主要局限于科学计算和军事领域。这一代计算机运行速度每秒只有几千次至几万次,由于体积大、功耗大,而且价格昂贵,因此很快被新一代计算机所代替,图1-1所示的就是第一代电子管计算机。

(2)第二代计算机(1958~1964年)

第二代计算机的主要特征是:使用晶体管取代电子管;软件技术上出现了算法语言和操作系统;技术应用从单纯的科学计算扩展到数据处理。这一代计算机运算速度已经达到每秒几万次至几十万次,体积和功耗也有所减少。

图 1-1 电子管计算机

(3)第三代计算机(1964～1971 年)

第三代计算机的主要特征是:普遍采用集成电路,使得体积和功耗显著减小,可靠性大大提高;运算速度已达每秒几十万次至几百万次;软件技术与外围设备迅速发展,应用领域不断扩大。

(4)第四代计算机(1971 年至今)

第四代计算机的主要特征是:采用大规模和超大规模集成电路;运算速度从 MIPS(每秒 10^6 条指令)提高到 GIPS(每秒 10^9 条指令)乃至 TIPS(每秒 10^{12} 条指令)的水平。大规模和超大规模集成电路技术的发展,进一步缩小了计算机的体积和功耗,同时计算机的功能和性能极大增强;系统软件的发展不仅实现了计算机运行的自动化,而且正在向工程化和智能化迈进。

2. 计算机的发展趋势

目前,以超大规模集成电路为基础,未来的计算机朝着巨型化、轻微化、网络化、智能化和多媒体化的方向发展。

(1)巨型化

随着科学技术不断发展,在一些尖端领域,要求计算机有更高的速度、更大的存储量和更高的可靠性,从而促使计算机向巨型化方向发展。

(2)轻微化

随着计算机应用领域的不断扩大,对计算机的要求也越来越高。人们要求计算机体积更小、重量更轻、价格更低,能够应用于各种领域和各种场合。为了迎合这种需求,出现了超极本和平板电脑等,都是轻微化方向上的发展。

(3)网络化

网络化指使计算机组成更广泛的网络,以实现资源共享和信息交换。

(4)智能化

智能化指计算机可模拟人类的思维能力,如推断、判断和感知等。

(5)多媒体化

数字化技术的发展能进一步改进计算机的表现能力,使人们拥有图文并茂、有声有色的信息环境,这就是多媒体计算机技术。多媒体计算机技术使现代计算机与图形、图像、声音、文字融为一体,改变了传统的计算机处理信息的基本方式。传统的计算机是人们通过键盘、鼠标和显示器对文字和数字进行交互,而多媒体技术使信息处理的对象和内容发生了深刻的变化。

1.1.2 计算机的特点及其应用

1. 计算机的特点

• 运算速度快:全世界运算速度最快的计算机,其运算速度已超过十亿亿次/秒。2019 年6 月17 日,在德国法兰克福举行的国际超级计算大会上发布的全球超算500 强榜单中,所有的超级计算机运算速度都超过千万亿次/秒,美国能源部下属橡树岭国家实验室开发的"顶点"超级计算机以每秒 14.86 亿亿次的浮点运算速度登顶,而我国上榜的超级计算机数量则连续四次位居世界第一。一般的微型计算机的运算速度也在五十亿次/秒以上。它使得过去需要几年甚至几十年才能完成的工作,现在只要几天、几小时,甚至更短的时间就可以完成,极大地提高了工作效率。

• 计算精度高:计算机的内部数据采用二进制,数据位数为 64 位,可精确到 15 位有效数字。经过处理,计算机的数据可以达到更高的精度。

• 存储容量大:计算机具有极强的数据存储能力,特别是通过外存储器,其存储容量可以无限增大。

• 具有逻辑判断能力:在相应程序的控制下,计算机具有判断"是"与"否",并根据判断做出相应处理的能力。1997 年 5 月,举世闻名的"人机大战"在美国举行,国际象棋大师卡斯帕罗夫最终输给 IBM 的"深蓝"计算机。主要原因是"深蓝"每秒能进行两亿步的判断,而卡斯帕罗夫每秒只能分析三步棋。当然,计算机的判断能力要靠人编制程序来赋予。

• 工作自动化:计算机内部的操作运算都是在程序控制下自动完成的,人们只要按要求编写正确的程序,存入计算机,机器运行相应的程序就可以自动完成任务,而不需要人的外部干预。

2. 计算机的应用

• 科学计算:在科研和实际生产中,经常有大量计算的问题,需要计算机来完成。随着计算机科学和技术的发展,计算机的计算能力不断增强,速度不断加快,计算精度不断提高,计算机被广泛地应用于各种高科技领域,例如:天气预报、地质勘探、宇宙探索、航天飞机的轨道设计、导弹的弹道设计等。

• 自动控制:计算机常用于连续不断地监测、检测、控制整个实验或生产过程。在军事上,导弹飞行后的目标捕获、炸弹引爆等都是在计算机的控制下自动完成的。利用计算机进行产品的设计,可以直观地展现设计的整体效果,方便地进行产品的更新与改造,加快了产品设计的速度。机器人的发明是计算机自动控制的一个典型例子。

• 数据处理:计算机具有逻辑判断与数据处理能力,可以存储大量的信息,并进行分析处理,例如:银行管理系统、财务管理系统、人事管理系统等,从而节约了大量的人力、物力,提高了管理质量和管理效率。

• 辅助设计(CAD):利用计算机可以帮助人们进行各种工程技术设计工作。在船舶、飞机、汽车等机械制造及建筑方面使用计算机进行辅助设计,可以提高设计质量,缩短设计周期,提高自动化水平。

• 辅助教育(CAI):利用计算机中的文字、声音、音像和动画提供丰富多彩的教学环境,使教学模式变得生动有趣、形象直观,辅助教师提高教学效果;利用计算机可以自动生成考卷、自动阅卷,实现"无纸化考试";此外,还可以利用计算机网络进行远程教学、网上招生等工作。

• 信息传输和检索:计算机网络可以实现软、硬件资源共享,大大加速了地区间、国际间的联系,使人与人之间更接近,交流更方便。通过互联网络,可以浏览信息、下载文件、收发电子邮件、召开远程会议等。利用计算机网络还可以从海量的网络信息中,检索出人们所需要的信息,并对其进行分类和整理,从而实现网络信息的快速共享。

• 人工智能技术:利用计算机模拟人脑的部分功能,使计算机对知识具有"推理"和"学习"的功能,让计算机可以为人们的决策提供帮助,如专家系统、智能机器人等。

• 网络应用:计算机网络是计算机技术和通信技术互相渗透、不断发展的产物。利用一定的通信线路,将若干个计算机相互连接,形成一个网络以达到数据共享和数据通信的目的,这是计算机应用的一个重要方面。各种计算机网络,包括局域网和广域网的形成,将加速社会信息化的进程。目前应用最多、最广泛的是因特网(Internet)。

1.1.3 计算机的分类

根据处理能力和规模可分为巨型计算机、大型计算机、小型计算机和微型计算机。

1. 巨型计算机

巨型计算机与通常所说的超级计算机含义相同,它指的是那些由数百数千甚至更多的处理器组成的、能完成普通计算机和服务器不能完成的运算任务的电子计算机。该类计算机主要在气象、军事、能源、航天、探矿等领域承担大规模、高速度的计算任务。

图 1-2 所示的是由江南计算所研发的"神威太湖之光"超级计算机,其峰值性能为 12.5 亿亿次/秒,在 2018 年发布的第 35 届全球超算 500 强排名中,名列第三。

2. 大型计算机

大型计算机在输入能力、输出能力、非数值计算能力、稳定性和安全性方面具有显著优势,主要应用在银行、政府、大企业等部门,也可以将大型计算机称为"企业级"计算机,如图 1-3 所示。

大型计算机与超级计算机之间的区别在于:大型计算机擅长数据处理,超级计算机擅长科学计算;大型计算机使用专用指令系统,超级计算机使用通用处理器或类 UNIX 操作系统;大型计算机主要用于商业领域(如银行和电信),而超级计算机用于尖端科学领域,特别是国防领域。

3. 小型计算机

小型计算机是指采用 8 ~ 32 颗处理器,性能和价格介于服务器和大型计算机之间的一种高性能计算机,具有高可靠性、高可用性、高服务性的特点,广泛应用于工业自动控

图 1-2 神威太湖之光超级计算机

制、大型分析仪器、医疗设备中的数据采集等方面，如图 1-4 所示。

4. 微型计算机

微型计算机是由大规模集成电路组成的、体积较小的电子计算机。该类计算机更新速度很快，平均每 2 个月就有新产品出现，其特点是体积小、灵活性大、价格便宜、使用方便。微型计算机根据用途的不同又可以分为笔记本电脑、台式机和掌上电脑等多种类型，如图 1-5 所示。

图 1-3 IBM 大型计算机

图 1-4 曙光第二代小型计算机

图 1-5 家用微型计算机

1.1.4 计算机主机及其内部结构

随着市场的细化，计算机以多种形式的外观存在于工作和生活之中，如图 1-6 所示。

无论何种外观的计算机，只是在硬件的包装设计方面有所差别，而在软件功能的使用方面几乎完全相同，可以采用相同的操作系统和应用软件。下面以台式微型计算机为例进行介绍。

1. 台式机的常见组成

(1)主机箱

主机箱指的是微型计算机主机的外壳，对主板、硬盘、电源和光盘驱动器等部件起承

(a)台式机

(b)笔记本电脑

(c)平板电脑

图 1-6　常见的计算机

托作用,并为整个系统提供散热、防静电、防尘、抗干扰等方面的保护。

主机箱前置面板中,通常有电源开关按钮、复位按钮、电源指示灯、硬盘指示灯、USB 插孔和光驱面板,如图 1-7 所示。

(2)电源

电源是计算机系统的供电设备,其主要作用是将普通的 220 伏交流电转换为正负 12 伏以内的直流电。常见的电源外观如图 1-8 所示。

图 1-7　主机箱正面与背面

图 1-8　电源

(3)主板

主板是计算机关键部件之一,其外观是一块长方形印刷电路板,上面集成了 CPU 插座、芯片组、内存插槽、显卡插槽、鼠标键盘插座,以及各种连接线插座等相关器件。图 1-9所示的是技嘉 GA－B75M－D3V 型主板外观,图 1-10 所示的是主板侧面各种 I/O 接口(常见于机箱背面)。

(4)CPU

中央处理器(Central Processing Unit,CPU)是一台计算机的运算核心和控制核心,其主要作用是解释计算机指令以及处理计算机软件中的数据,如图 1-11 所示。

目前市面上流行的 CPU 有 Intel 和 AMD 两大品牌,其中又包含酷睿 i7(九代)、酷睿 i5(九代)、酷睿 i3(九代)、酷睿 X、锐龙(Ryzen 7)、锐龙(Ryzen 5)、锐龙(Ryzen 3)等诸多系列。

(5)内存

内存是内存储器的简称,它是与 CPU 进行沟通的桥梁,是用来暂时存放程序和数据的记忆装置。根据内存类型的不同,市面上主流内存可分为 DDR4 和 DDR3,其外观如图 1-12所示。

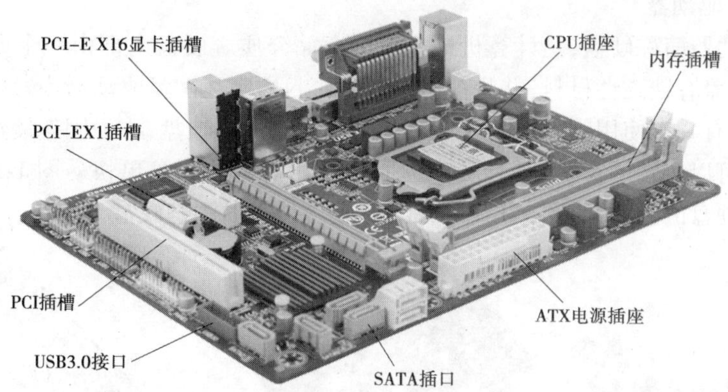

图 1-9　主板

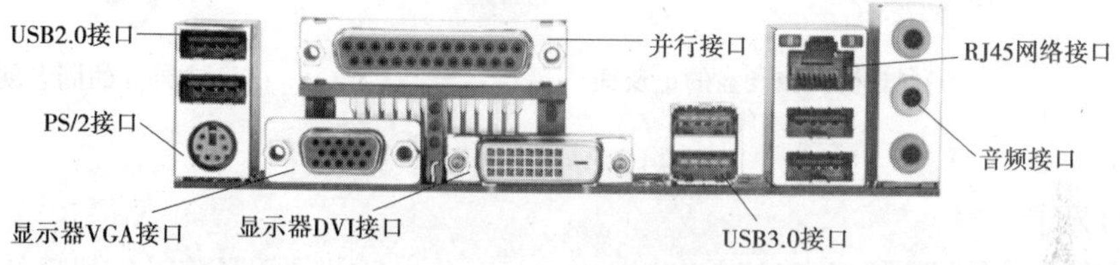

图 1-10　主板侧面 I/O 接口

图 1-11　Intel 某型号 CPU 正反面外观

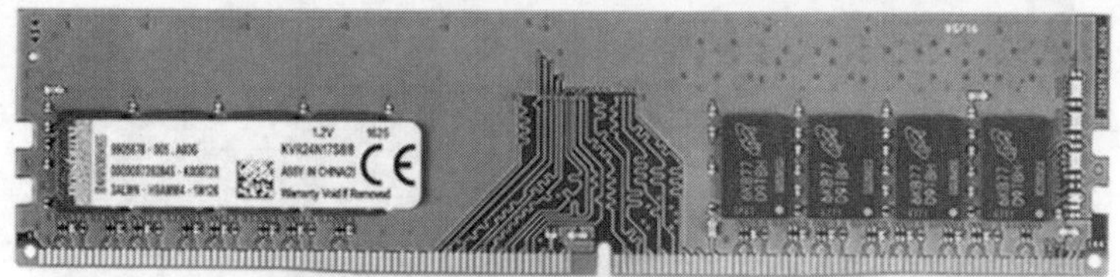

(a)金士顿8GB DDR4 2400型内存（台式机）

(b)金士顿4GB DDR3型内存（笔记本）

图 1-12　内存条外观

(6)硬盘驱动器

硬盘驱动器简称硬盘,是计算机最主要的存储介质。硬盘内部由一个或多个碟片组成,碟片外覆盖有铁磁性材料,并且被永久性地密封固定在硬盘驱动器中。

此外,还有一类使用固态电子存储芯片阵列而制成的硬盘,称为固态硬盘。由于固态硬盘中没有可以旋转的盘状结构,所以读取速度相对机械硬盘更快。图1-13(a)所示是某品牌机机械硬盘的正反面,图1-13(b)所示是不含外壳的固态硬盘。

(a)台式机机械硬盘的正反面

(b)不含外壳的固态硬盘

图1-13　硬盘驱动器

(7)显卡

显卡的全称是显示接口卡(Video Card,Graphics Card),其作用是将计算机系统需要显示的信息进行转换,并控制显示器正确显示,它是人机互交的重要设备之一,如图1-14所示。

图1-14　显卡的正反面

(8)光盘驱动器

光盘驱动器俗称光驱,是一种读取光盘信息的设备,如图1-15所示。由于光盘存储量大,价格便宜,并且保存时间长,通常将大量数据通过光盘驱动器刻录到光盘中。

(9)声卡

声卡是多媒体技术中最基本的组成部分,是实现声波信号和数字信号相互转换的一种硬件,如图1-16所示。一般情况,计算机主板上已经集成了声卡组件,用户无需再购买。

图1-15　光盘驱动器

图1-16　声卡

2. 计算机常见的外部设备

(1)显示器

显示器是一种将特定的电子文件(数字信息)通过传输设备显示到屏幕上的显示工具,属于计算机的输出设备。目前流行的显示器主要为液晶显示器(LCD),如图1-17所示。

图1-17　液晶显示器

(2)键盘

键盘是计算机系统的重要输入设备,如图1-18所示。目前常见的键盘有84键键盘和104键键盘,而那些键位数较多的键盘(如118键键盘),无非是增加一些“多功能键”而已。常用的键盘接口有USB接口(目前主流)和PS/2接口(已经淘汰),如图1-19和图1-20所示。此外,使用蓝牙技术传送数据的无线键盘现在越来越流行。

图 1-18　机械有线键盘

图 1-19　USB 接口

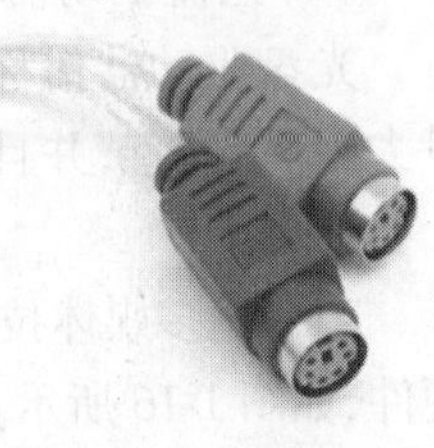

图 1-20　PS/2 接口

(3)鼠标

鼠标同样是不可缺少的输入设备,可以完成多种操作。从工作原理上来分,可以分为机械鼠标、光电鼠标和轨迹球鼠标;从连接方式上来分,可以分为有线鼠标和无线鼠标;从鼠标接口方式上来分,可以分为 USB 接口鼠标和 PS/2 接口鼠标,如图 1-21 所示。

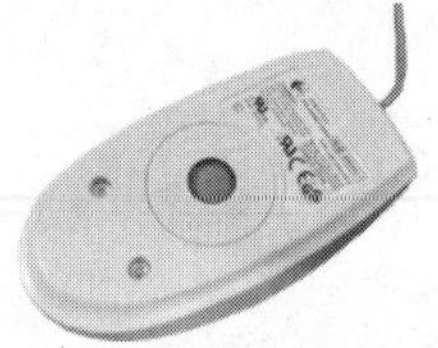

(a)有线机械鼠标底部(已淘汰)

(b)无线光电鼠标底部

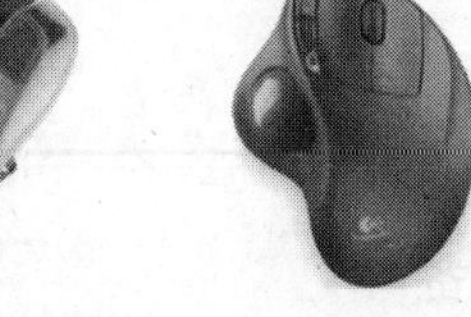

(c)轨迹球鼠标

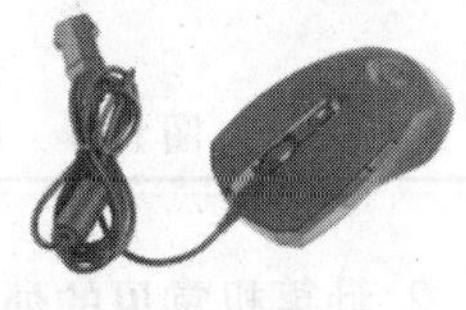

(d)有线光电鼠标

图 1-21　鼠标

(4)打印机

打印机的主要功能是将计算机处理的文字或图像结果输出到其他介质中。根据打印原理的不同,常见的打印机可分为针式、喷墨式和激光式 3 种,如图 1-22 所示。

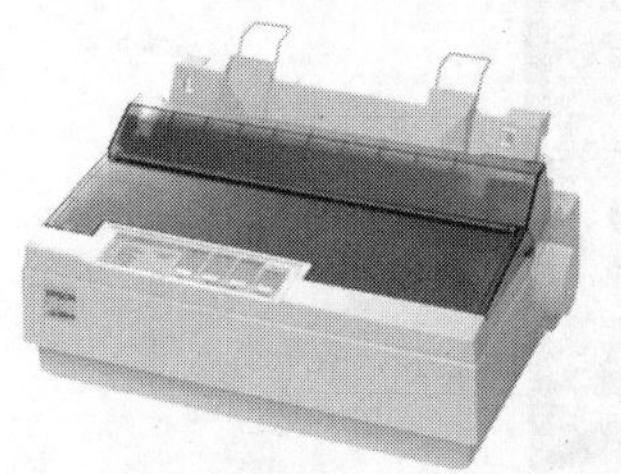

(a)针式打印机

(b)喷墨打印机

(c)激光打印机

图 1-22　打印机

(5)扫描仪

扫描仪是计算机外部输入设备之一,通过扫描仪用户可以将图片、纸质文档、图纸、底片,甚至三维物体扫描到计算机中,并将其转换成可编辑、可储存和便于输出的资源。根据设计类型的不同,最为常见的扫描仪可以分为平板式扫描仪和馈纸式扫描仪,如图 1-23 所示。

(a)平板式扫描仪

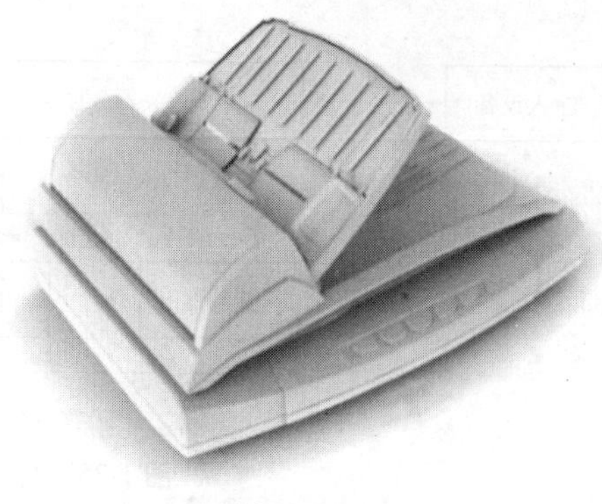
(b)馈纸式扫描仪

图 1-23　扫描仪

1.1.5　计算机系统的组成

目前世界上普遍使用的计算机，都沿用了冯·诺依曼结构。从计算机系统的组成来看，计算机系统由硬件系统和软件系统两大部分构成。

这里的硬件指的是计算机系统中由电子、机械和光电元件组成的各种计算机部件和设备的总称，即实际的物理设备。而软件系统则是指在计算机上运行的各种程序和数据，以及相关的文档的总称。

计算机硬件与软件系统是相辅相成的，其中硬件是基础，软件是建立在硬件之上的。硬件系统与软件系统必须有机结合在一起，才能发挥计算机的作用。

此外，软件系统又可划分为系统软件和应用软件，系统软件指的是维护计算机资源的软件，包括操作系统、维护服务程序、数据库管理系统等；应用软件指的是利用计算机来解决实际问题的各类专业软件。计算机系统的组成如图 1-24 所示。

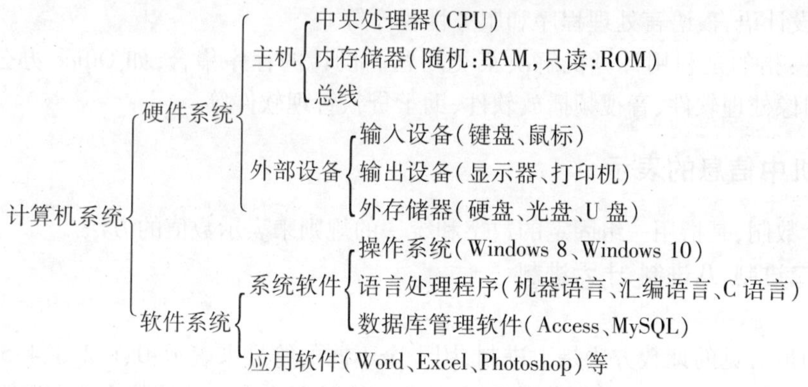

图 1-24　计算机系统的组成

1. 计算机硬件系统

计算机硬件系统由运算器、控制器、存储器、输入设备和输出设备五大部分组成，即计算机的经典结构——冯·诺依曼结构，如图 1-25 所示。其中运算器和控制器结合在一起，就构成了计算机的核心部件——中央处理器(CPU)。

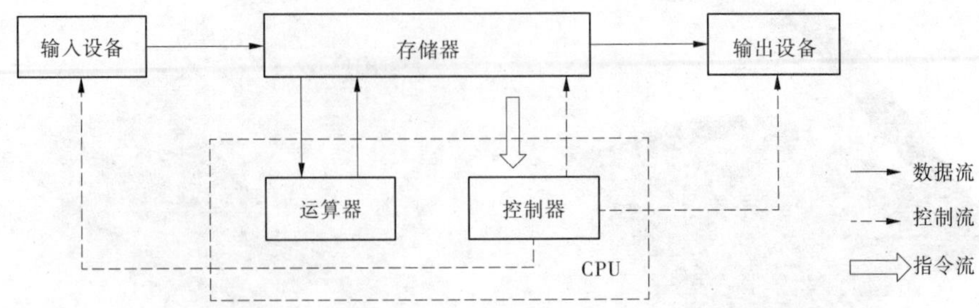

图 1-25　冯·诺依曼结构

• 运算器:运算器是计算机中执行各种算术和逻辑运算操作的部件。运算器的基本操作包括加、减、乘、除四则运算,与、或、非、异或等逻辑操作,以及移位、比较和传送等操作。

• 控制器:由程序计数器、指令寄存器、指令译码器、时序产生器和操作控制器组成,它是计算机的指挥中心,负责决定执行程序的顺序。

• 存储器:存储器分为内存储器与外存储器,分别简称内存与外存。内存储器又常称为主存储器,属于主机的组成部分;外存储器又常称为辅助存储器,属于外部设备。

• 输入设备:指的是将数据、程序、文字符号、图像和声音等信息输送到计算机中的设备,常见的有键盘、鼠标和图像扫描器以及各种传感器等。

• 输出设备:指的是将计算机的运算结果或者中间结果打印或显示出来的设备,常见的有显示器、打印机和绘图仪等。

2. 计算机软件系统

• 系统软件:指的是控制、协调计算机资源的软件,是无需用户干预的各种程序的集合。系统软件主要指的是各类操作系统,如 Windows 7、Windows 8、UNIX 和 Linux 等,其主要功能就是管理计算机系统中各种独立的硬件,使得它们可以协调工作。常见分类有操作系统、程序设计语言、语言处理程序和服务性程序等。

• 应用软件:指的是利用计算机解决某类问题而设计的程序集合,如 Office 办公软件、杀毒软件、图像处理软件、音视频播放软件、助学贷款管理软件等。

1.1.6　计算机中信息的表示

数制又称计数制,是指用一组固定的数字和统一的规则来表示数值的方法。

1. 十进制、二进制、八进制、十六进制

(1) 十进制

日常生活中最常见的计数方法是十进制,用十个不同的符号来表示:0、1、2、3、4、5、6、7、8、9,称为代码,采取"逢十进一"的计数方法。每个代码所代表的数值的大小与该代码所在的位置有关。

(2) 二进制

二进制只有两个代码:0 和 1,所有的数据都由它们的组合来实现。二进制数在进行运算时,遵循"逢二进一,借一当二"的原则。约定在数据后加上字母"B"表示二进制数据。

(3) 八进制和十六进制

计算机的数据均以二进制形式储存,但当数比较大时,用二进制形式表示位数较多,不便于书写和校对。我们在书写时,总是将二进制数据以八进制或十六进制的形式表达,并在八进制数据后加英文字母"O",在十六进制数据后加英文字母"H",以示分别。

八进制按"逢八进一"的原则计数,使用0、1、2、3、4、5、6、7共八个代码;十六进制数按"逢十六进一"的原则计数,采用0到9和A、B、C、D、E、F六个英文字母一起构成十六个代码。十进制、二进制、八进制、十六进制数据对照表如表1-1所示。

表1-1 十进制、二进制、八进制、十六进制数据对照表

十进制	二进制	八进制	十六进制	十进制	二进制	八进制	十六进制
0	0000	0	0	8	1000	10	8
1	0001	1	1	9	1001	11	9
2	0010	2	2	10	1010	12	A
3	0011	3	3	11	1011	13	B
4	0100	4	4	12	1100	14	C
5	0101	5	5	13	1101	15	D
6	0110	6	6	14	1110	16	E
7	0111	7	7	15	1111	17	F

2. 计算机常用名词

- 位:计算机中所有的数据都是以二进制来表示的,一个二进制代码称为一位,记为bit。位是计算机中最小的信息单位。
- 字节:在对二进制数据进行存储时,以8位二进制代码为一个单元存放在一起,称为一个字节,记为Byte。字节是计算机中最小的存储单位。
- 字:一条指令或一个数据信息,称为一个字。字是计算机信息交换、处理、存储的基本单元。
- 字长:字长是CPU能够直接处理的二进制的数据位数,它直接关系到计算机的精度、功能和速度。字长越长,处理功能就越强。目前,常见的微机字长为32位和64位。字长是衡量计算机性能的一个重要的技术指标。
- 指令:指挥计算机执行某种基本操作的命令称为指令。一条指令规定一种操作,由一系列有序指令组成的集合称为程序。
- 容量:容量是衡量计算机存储能力时常用的一个名词,主要是指存储器所能存储信息的字节数。内存容量指内存储器中能够存储信息的总节字数,外存容量一般指硬盘的容量。常用的单位有B、KB、MB、GB、TB,它们之间的关系是:1KB = 1024B,1MB = 1024KB,1GB = 1024MB,1TB = 1024GB,1PB = 1024TB。

3. 原码、补码和反码

计算机对二进制正负数有三种表示方法,即原码、反码和补码。

(1)原码

由符号位和数值位两部分构成,最高位表示数的符号,其余位表示数的绝对值,这种表

示方法,称作原码表示法。例如:$X_1 = +105$,其原码为$(X_1)_{原}$ = 0 1 1 0 1 0 0 1,最高位“0”,表示为正数,“1101001”为这个数的绝对值;$X_2 = -105$,其原码为$(X_2)_{原}$ = 1 1 1 0 1 0 0 1,最高位“1”表示为负数,“1101001”为这个数的绝对值。

(2)反码

对于正数,其反码与原码相同,例如:$X_1 = +105$,其原码为$(X_1)_{原}$ = 0 1 1 0 1 0 0 1,反码也取“0 1 1 0 1 0 0 1”。

对于负数,其反码的符号位不变,数值位取反,即“1”都换成“0”,“0”都换成“1”,例如:$X_2 = -105$,其原码为$(X_2)_{原}$ = 1 1 1 0 1 0 0 1,反码为“1 0 0 1 0 1 1 0”。

(3)补码

补码是对正负数最直接的表示方法。对于正数,其补码与原码相同;对于负数,则其补码为反码加1,例如:$X_2 = -105$,其原码为$(X_1)_{原}$ = 1 1 1 0 1 0 0 1,反码为“1 0 0 1 0 1 1 0”,补码为“1 0 0 1 0 1 1 1”。

1.1.7 课堂思考与技能训练

1. 简述计算机发展的历程。
2. 计算机硬件主要由什么组成?
3. 仔细观察,鼠标和键盘的接口是何种类型?
4. 模拟购机。

①请同学根据自身实际需要准备资金预算,如准备投入资金4000元、5500元和7500元。

②在互联网中查找组装计算机所需的各种配件,尽可能详细地写明部件名称、品牌型号和价格,填写在表1-2中。

表1-2 装机配置清单

部件名称	品牌型号	单价
中央处理器(CPU)		
主板(Main Board)		
内存(RAM)		
显卡(VGA Card)		
显示器(Monitor)		
硬盘(Hard Disk)		
光驱(DVD、DVD刻录机)		
机箱、电源(Case、Power)		
键盘、鼠标(KeyBoard、Mouse)		
音箱(Speaker)		
其他		
合计金额		

③到数码电子市场,请商家根据资金预算为你列出详细的配置清单。请同学对比自

己的配置清单与商家的配置清单的不同。

1.2 Windows 7 操作基础

操作系统(Operating System,简称 OS)是服务用户、管理和控制计算机软硬件资源的系统软件。在计算机的发展过程中,出现过许多不同的操作系统,其中最为常用的有 DOS、Mac OS、Windows、Linux 和 Unix 等。这里介绍 Windows 7 操作系统的相关使用方法。

【本节知识与能力要求】

(1)能够正确启动和关闭操作系统;

(2)熟悉 Windows 7 的桌面环境;

(3)掌握窗口和对话框的区别;

(4)能够设置系统时间和系统主题;

(5)掌握设置屏幕保护程序与分辨率的方法;

(6)掌握 Windows 附件中画图工具的使用;

(7)掌握添加输入法的操作方法;

(8)在了解键盘结构的基础上,熟练掌握正确的指法。

1.2.1 Windows 7 的启动、关闭和环境介绍

1. 启动

①按下主机箱前置面板中的电源开关。

②此时,计算机将对主板 BIOS、CPU、内存和硬盘等设备进行自检。待自检完成以后,将自动引导 Windows 7,并出现登录界面,如图 1-26 所示。输入登录密码,即可进入图 1-27所示的桌面。

图 1-26 Windows 7 登录界面

图 1-27 Windows 7 桌面环境

2. 关闭

正确关闭系统,可以保证当前的工作任务,能安全地保存在计算机硬盘中。首先,应关闭已经打开的所有软件,如 Word、Excel、QQ 等。然后,单击桌面左下角的"开始"菜单

按钮,选择其中的“关机”按钮,即可正常关闭系统。此外,单击“关机”旁边的菜单,还有以下几种操作可供选择:

• 切换用户:如果一台计算机设置了多个用户,通过此命令可以在多个用户间快速切换。

• 注销:指的是向系统发出清除现在登录的用户的请求。

• 锁定:指的是将系统切换到登录界面,如果该账户已经设置密码,则他人无法登录,从而起到了保护个人资料的目的。

• 重新启动:系统将保留该次 Windows 7 的所有设置,并将驻留在内存中的信息写入硬盘,然后自动重新启动计算机。

• 睡眠:系统处于等待状态,可以节约电能,当再次按下机箱上的电源开关时,系统即可恢复到桌面状态。

3. 熟悉 Windows 7 的桌面环境

正确启动 Windows 7 后,整个屏幕称为桌面,如图 1-28 所示。

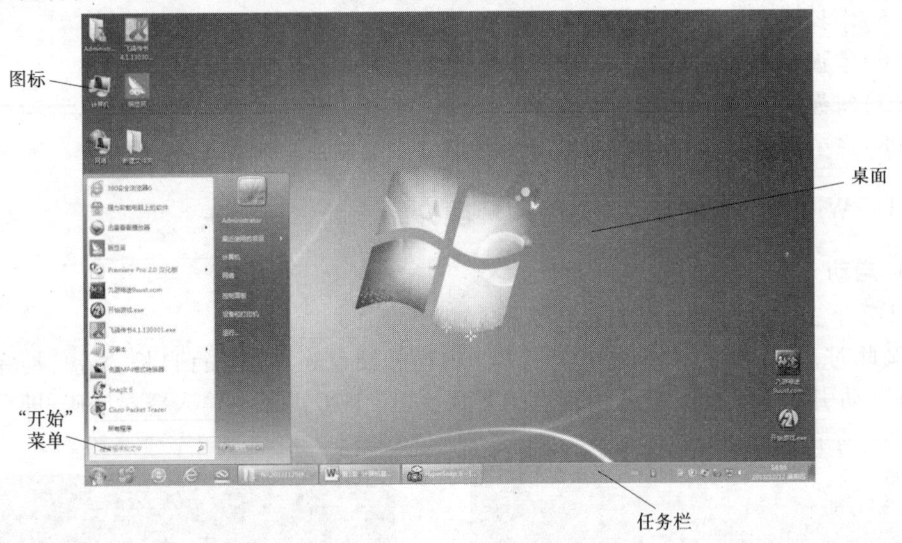

图 1-28　Windows 7 桌面环境

(1)图标

Windows 7 的各种组成元素,如文件、文件夹、程序等称为对象,而图标则是代表这些对象的小图像,当双击图标或选中图标后单击 Enter 键,即可打开图标所对应的程序或文件。

(2)“开始”菜单

“开始”菜单中包含了 Windows 7 的全部控制命令,是运行应用程序的入口,也是执行程序的最常用方式。

(3)任务栏

任务栏默认状态下处于 Windows 7 桌面的底部,当打开程序、文档或窗口时,在任务栏中就会出现一个对应的按钮。单击任务栏中的按钮,可以在多个运行着的程序间任意切换。

(4)窗口

在操作系统中,每当用户开始运行一个应用程序时,应用程序就创建并显示一个窗口,当用户操作窗口中的对象时,程序会做出相应的反应。因此,窗口是用户与计算机交互中最重要的界面。双击桌面上的“计算机”图标,即可打开如图1-29所示的“计算机”窗口,这里以该窗口为例介绍一般窗口界面基本元素构成、功能及相关操作方法。

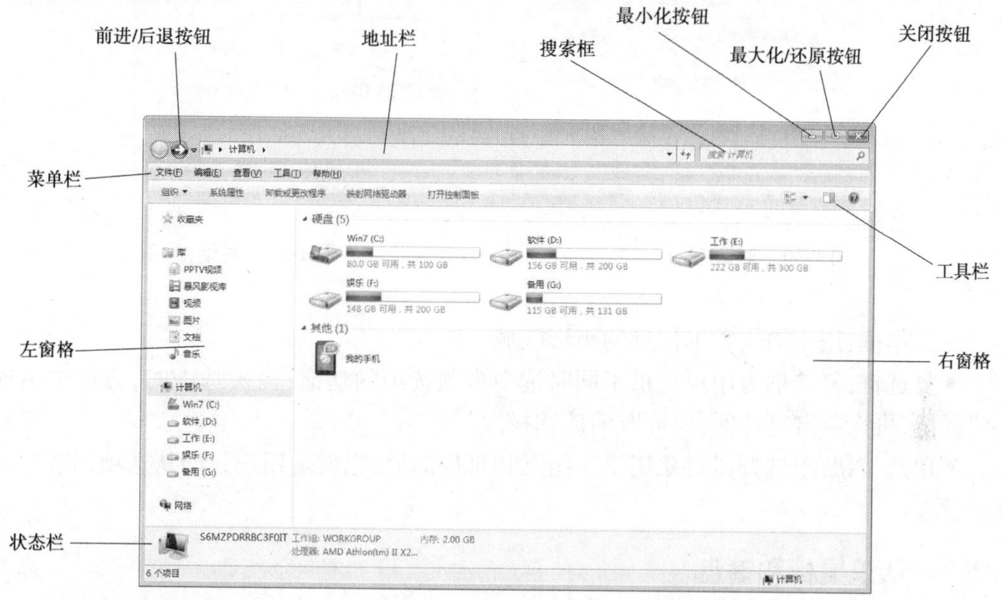

图1-29 “计算机”窗口

• 前进/后退按钮:单击此按钮可以快速访问之前浏览过的路径,其旁边的向下三角按钮给出了浏览的历史记录。

• 地址栏:用于显示当前目录所处的位置,其中的各项均可单击,以便帮助用户直接定位到相应的层次。

• 搜索框:在此文本框中输入关键字,即可快速检索。

• 最小化按钮:单击该按钮,窗口缩小到任务栏中。

• 最大化/还原按钮:单击最大化按钮,窗口占满整个屏幕,此时最大化按钮变为还原按钮,单击还原按钮,窗口又恢复到最大化以前的状态。

• 关闭按钮:单击此按钮,即可关闭该窗口。

(5)对话框

对话框也是系统与用户进行交流的界面,通常出现于设置对象属性、输入信息等环境。图1-30和图1-31所示为一个典型的对话框。

• 标题栏:标题栏用于显示当前对话框的名称,位于对话框的顶部。

• 选项卡:用户可以通过选择不同的选项卡,在不同类别对话框中切换,有效地节约了对话框所占屏幕的空间。

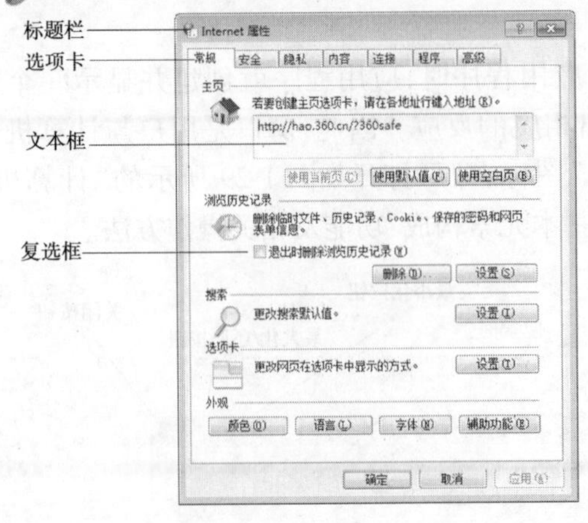

图 1-30　对话框(1)

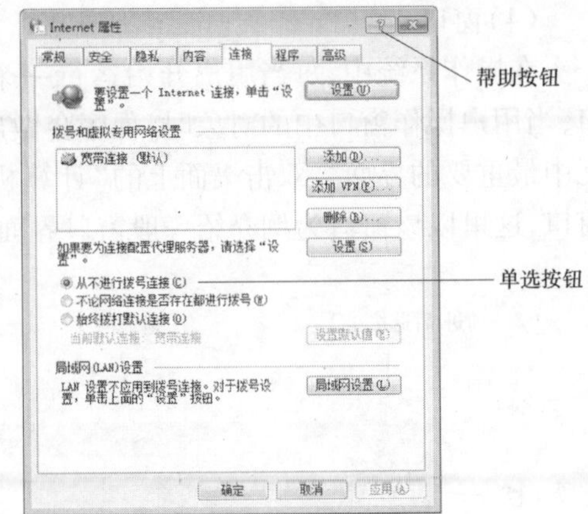

图 1-31　对话框(2)

- 文本框:用于输入文本信息的矩形区域。
- 复选框:复选框为用户提供了同时选中多项选项的功能,当被选中时,方框中出现"✓"标记,再次单击复选框,即可取消该选择。
- 单选按钮:单选按钮对象用于一组互相排斥的值,也就是用户只能从选项列表中选择一项。

1.2.2　认识鼠标和键盘

鼠标和键盘是计算机使用率最高的外部设备,几乎所有的操作都需要用到鼠标和键盘。

1. 认识鼠标

鼠标的种类和外观多样,这里以最常见的鼠标为例向读者介绍鼠标的操作方法,如图 1-32 所示。

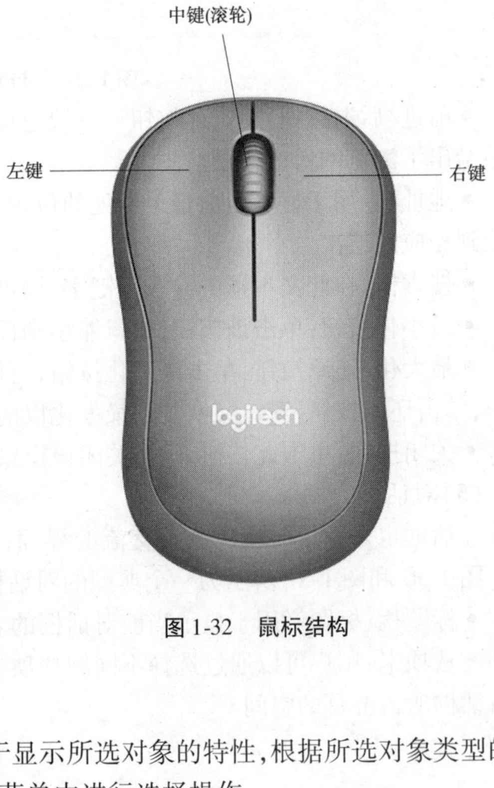

中键(滚轮)
左键
右键

图 1-32　鼠标结构

(1)左键

鼠标左键主要用于选定对象,在 Windows 系统中若要选定某个对象,只需要单击鼠标左键即可。

单击左键后,间隔 1 秒,再单击左键则可以修改对象名称,例如更改文档的文件名;若快速双击左键,即可打开选定的对象。

(2)右键

在 Windows 系统中,鼠标右键主要用于显示所选对象的特性,根据所选对象类型的不同,一般会弹出二级菜单,用户可以在二级菜单中进行选择操作。

(3)中键(滚轮)

在长文档中,上下滚动鼠标中键能够使得屏幕内容上下滑动;在某些看图软件中,上下滚动鼠标中键能够进行放大或缩小操作。

(4)鼠标的设置

用户可以通过自定义的方式来改变鼠标的相关设置,使其符合用户的使用习惯。

①打开“控制面板”,选择“硬件和声音”选项,此时弹出如图 1-33 所示的“硬件和声音”窗口。

图 1-33 “硬件和声音”窗口

②单击“鼠标”选项,弹出如图 1-34 所示的对话框。

• 鼠标键配置:系统默认鼠标左键为主要键,但为了满足左手用户的习惯,可以勾选此选项进行切换。

• 双击速度:拖动滑块以调整双击速度,右侧文件夹用于检验设置的速度是否习惯。

• 单击锁定:若勾选此复选框,则可以在移动某个文件时不用一直按着鼠标键,反之亦然。

对于鼠标的其他设置,由于篇幅所限,这里不再赘述。

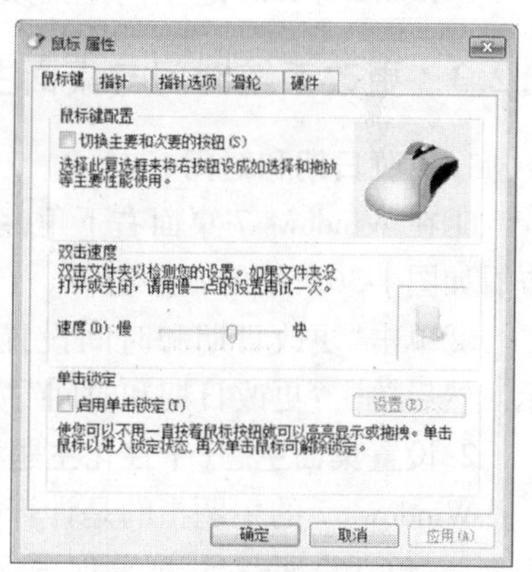

图 1-34 “鼠标属性”对话框

2. 认识键盘

常见键盘结构如图 1-35 所示,它主要由主键盘区、功能键区、数字键区和编辑键区组成。有关键盘的指法内容,详见本章后续章节。

• Enter 键:又称为回车键,其作用是使所输入的命令生效,在文档编辑中,用于换行。

• Backspace(或←)键:又称退格键,按下此键,光标左移一格,用于删除光标前的字符,光标后的字符自动向左侧前进一格。

• Caps Lock 键:大写字母锁定键,用于大写字母与小写字母的切换。

• Shift 键:也称为上位键,或换档键,用于键盘中上部字符的输入。另有一个功能就

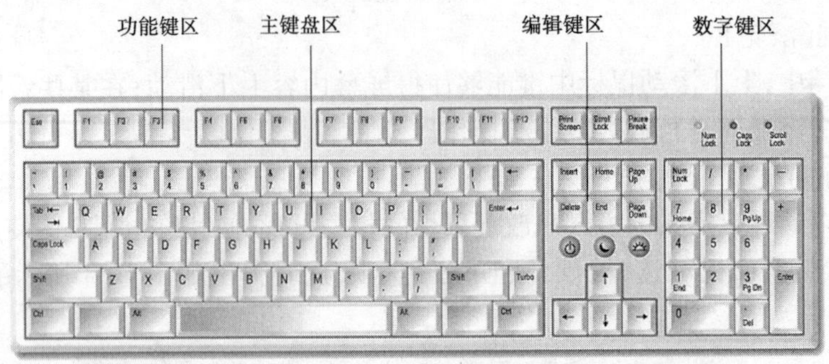

图 1-35　常见键盘结构

是临时改变大小写,在大写状态下按下该键的同时按下字母键,可以输入小写字母;反之,在小写状态下按下该键的同时按下字母键,可以输入大写字母。

- Tab 键:又称为制表键,按下该键,光标向右移若干个字符或跳到下一输入区。
- Del 键:又称删除键,用于删除光标所在位置后面的字符,且光标位置不动。
- Num Lock 键:小键盘上的数字/控制功能转换键,在小键盘上大多数键都有两个功能,该键用于在两种状态间切换。
- Esc 键:又称为退出键,用于取消或放弃当前操作。
- Alt 与 Ctrl 键:这两个键是功能组合键,一般不单独使用。
- Ins 键:插入键,文本状态插入与改写状态切换键。
- Page Up 与 Page Down 键:翻页键,每按下该键一次,屏幕显示内容向前或向后翻动一屏。
- Home 与 End 键:用于控制光标移至当前行的行首或行尾。

1.2.3　更改系统时间与桌面主题

1. 更改日期和时间

①在 Windows 7 桌面右下角,系统会实时显示当前的日期和时间。单击该区域,即可查看如图 1-36所示的日历窗口。

②单击“更改日期和时间设置”文字链接,弹出“日期和时间”对话框,如图 1-37 所示。然后单击“更改日期和时间”按钮,在弹出的对话框中即可修改当前的日期和时间。

2. 设置桌面主题(个性化主题)

Windows 7 的主题指的是计算机上 Windows 7 操作系统下的所有图片、颜色和声音的组合,它包括桌面背景、屏幕保护程序、窗口边框颜色和声音方案。此外,某些主题也可能包括桌面图标和鼠标指针等外观方案。设置桌面主题的操作步骤如下:

①在 Windows 7 桌面上单击鼠标右键,在弹出的右键菜单中选择“个性化”命令,如图 1-38所示。随后,弹出如图 1-39 所示的窗口。

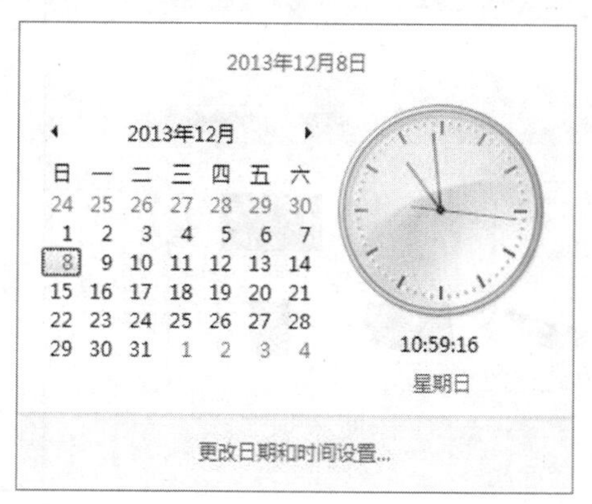

图 1-36　查看日期和时间

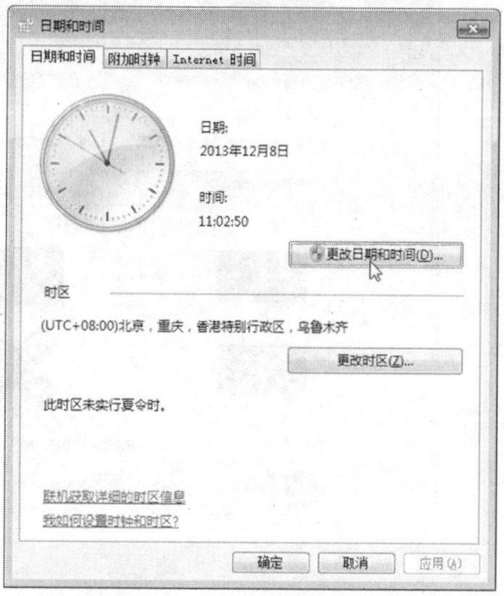

图 1-37　设置日期和时间

图 1-38　右键菜单

图 1-39　设置桌面主题

②在此窗口中可以发现，系统已经安装了多个主题。用户只需单击某个主题即可应用此主题。

③在图 1-39 中，单击窗口底部“桌面背景程序”图标，此时弹出如图 1-40 所示的对话框。在此对话框中，勾选某个图像，即可更换桌面背景图像。

④在图 1-39 中，单击窗口底部“窗口颜色”图标，此时弹出如图 1-41 所示的对话框。在此对话框中，用户可以自定义设置窗口的颜色和字体大小。

⑤在图 1-39 中，单击窗口底部“声音”图标，此时弹出如图 1-42 所示的对话框。在此对话框中，用户可以更改 Windows 和程序事件中的声音组合方案。

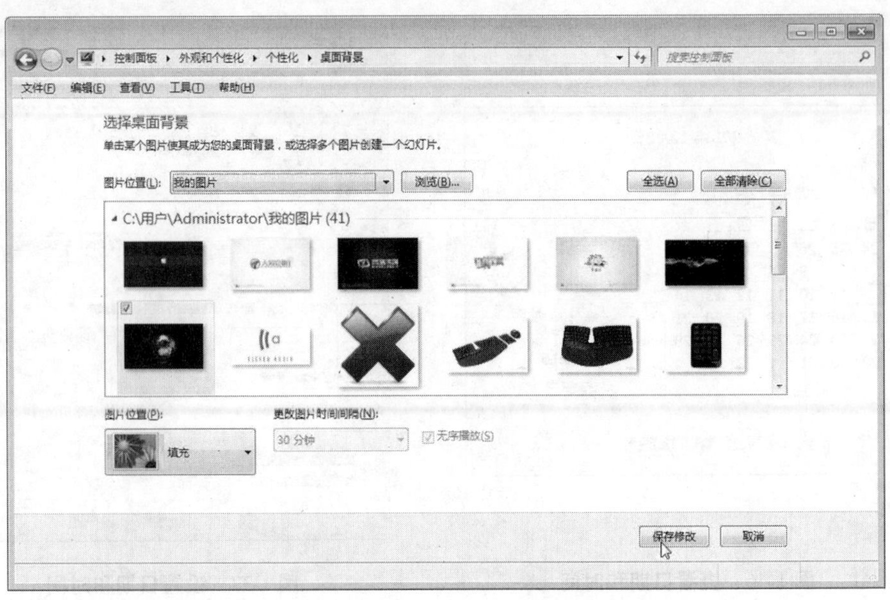

图 1-40　更改桌面背景

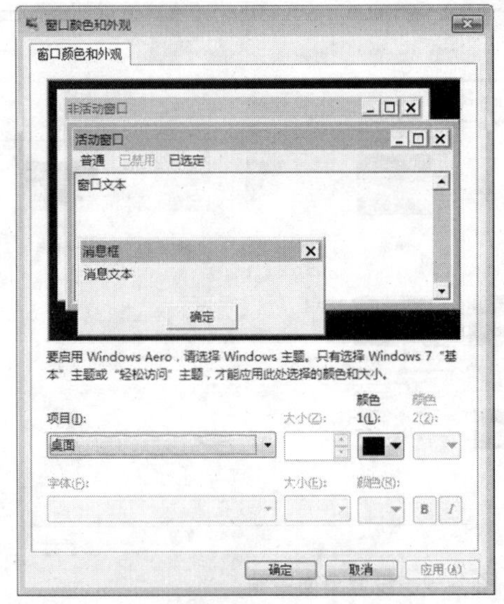

图 1-41　更改窗口颜色

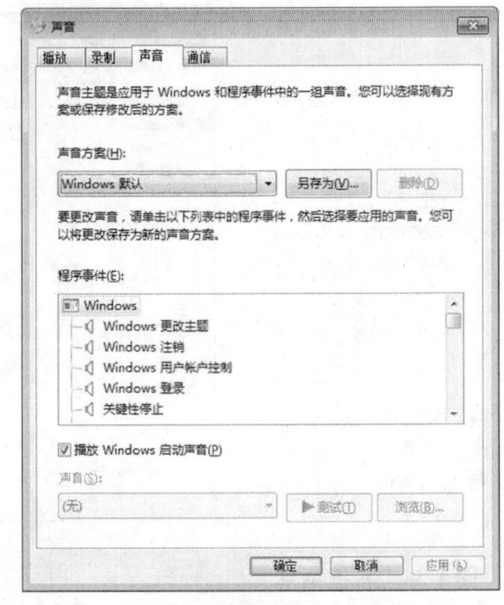

图 1-42　更改系统声音

1.2.4　更改屏幕保护程序与屏幕分辨率

1. 设置屏幕保护程序

屏幕保护程序用于保护用户的显示器。在电脑使用的间歇，若显示屏长时间显示不变的画面，会使屏幕发光器件疲劳变色，所以通过设置屏幕保护程序能够让显示器受到保护。

具体操作是：在图 1-39 中，单击窗口底部"屏幕保护程序"图标，此时弹出如图 1-43 所示的对话框。在此对话框中，用户可以为系统设置屏幕保护程序。

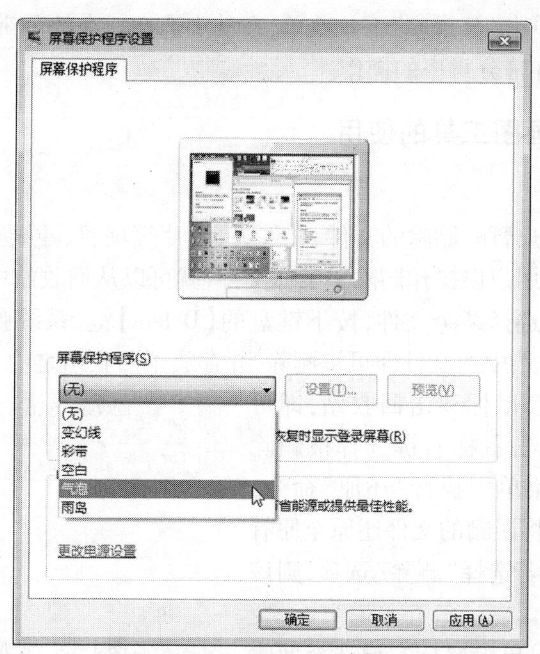

图 1-43 设置屏幕保护程序

2. 设置屏幕分辨率

屏幕分辨率指的是屏幕上显示的像素个数,例如分辨率 1920×1080 的意思是水平像素数为每行 1920 个,垂直像素数为每列 1080 个。分辨率越高,像素的数目越多,感应到的图像越精密,而在屏幕尺寸一样的情况下,分辨率越高,显示效果就越精细和细腻。

①在 Windows 7 桌面上单击鼠标右键,在弹出的右键菜单中选择"屏幕分辨率"命令,随后弹出如图 1-44 所示的窗口。

图 1-44 设置屏幕分辨率

②在此窗口中,单击“分辨率”下拉菜单,在其中选择适合的分辨率,最后单击“确定”按钮,即可完成更改屏幕分辨率的操作。

1.2.5 回收站与画图工具的使用

1. 回收站

回收站保存着用户暂时删除的文件、文件夹、图片等项目,主要是为用户提供一个删除文件的缓冲。假如用户误操作删除了某些文件,就可以从回收站中进行恢复。

①使用鼠标左键选择某个文件,按下键盘的【Delete】键,系统弹出“删除文件”对话框,单击“是”按钮,被选中的文件即可被删除,并存放于回收站之中。

②在系统桌面上,鼠标双击回收站,即可进入回收站内部。单击鼠标右键选择被删除文件,在弹出的二级菜单中执行“还原”命令,如图 1-45 所示,即可将误删的文件还原至原有位置。在二级菜单中若选择“删除”选项,则该文件就会被彻底删除。

图 1-45 还原误删除文件

③在系统桌面上,单击鼠标右键选择回收站,执行二级菜单中的“属性”命令,即可弹出如图 1-46 所示的对话框。在此对话框中,用户可以根据需要设置回收站容量大小,或其他相关设置。

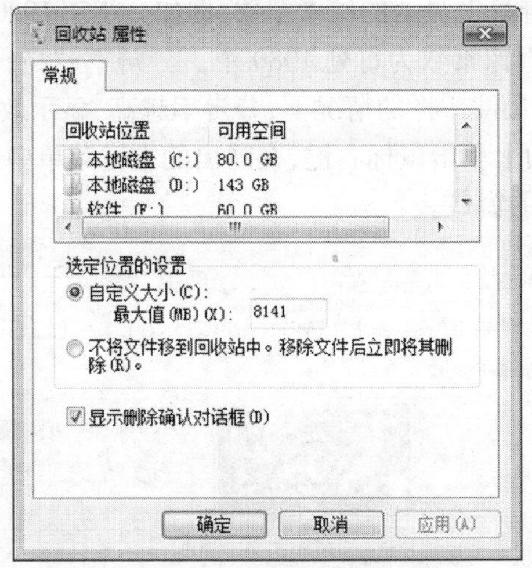

图 1-46 “回收站”属性对话框

此外,在删除文件时,若同时按下 Shift 键,即选择好文件后,按【Shift + Del】组合键,则被删除文件不再放入回收站,将被直接删除。

2. 系统附件之画图工具的应用

Windows 系统提供了一个简易的画图工具,用户可以使用它提供的各种工具来创建、编辑和打印图形。

在系统的“开始”菜单中执行“所有程序”→“附件”→“画图”命令,即可打开画图工具,其主窗口如图 1-47 所示。

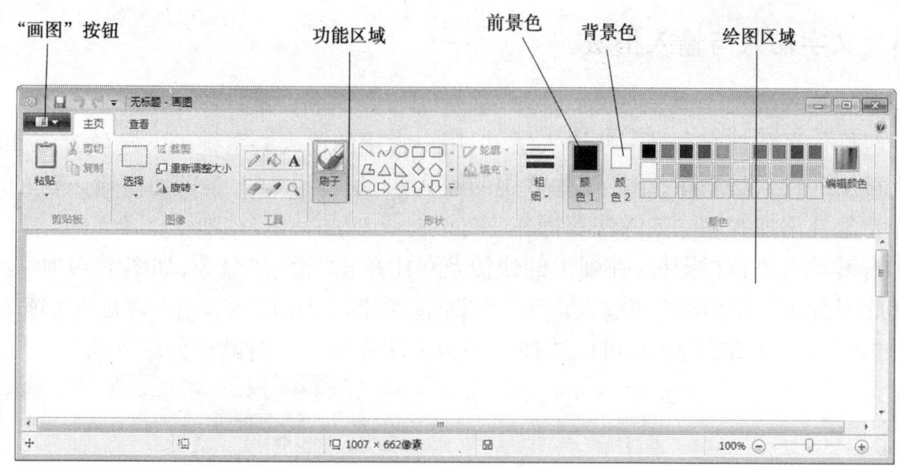

图1-47 "画图"窗口

(1)绘制直线

①保持前景色(颜色1)或背景色(颜色2)选中状态,在旁边"颜色"色卡中选择需要的颜色。

②在"形状"区域中选择"直线"工具,单击"轮廓"按钮,在弹出的列表中选择直线的外形,如图1-48所示,再单击"粗细"按钮,在弹出的列表中选择线条的粗细类型。

③将鼠标移到绘图区域,按住鼠标不放拖拽鼠标,一条柔性线随即从起点延伸到鼠标所在的位置。若在绘制过程中不满意绘制效果,在没有释放用以画线的鼠标按键之前,可以单击另一个鼠标按键取消这条线。

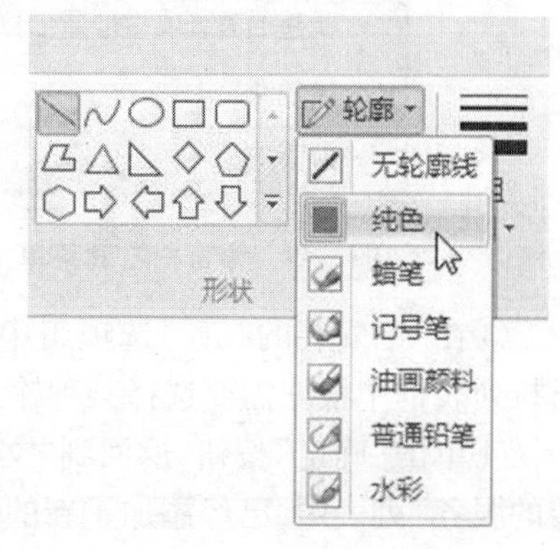

图1-48 设置线条属性

特别说明,当按下鼠标左键拖拽时,使用的是前景色(颜色1)画线;当按下鼠标右键拖拽时,使用的是背景色(颜色2)画线。

(2)绘制曲线和图形并插入文字

①绘制曲线和图形的操作方法与绘制直线完全一样,这里不再赘述。

②在"工具"功能区域,选择"文字"工具,并设置好前景色和背景色,然后将鼠标指针移至需要输入文字的位置,按住鼠标左键不放并拖拽出一个矩形框,这时就可以在矩形中输入文字了。

(3)保存

图像绘制完成后,单击"画图"按钮,在弹出的菜单中选择"另存为"选项,即可根据需要选择JPEG、PNG和GIF等图像格式进行保存。

1.2.6 文字输入与输入指法

1. 添加输入法

一般操作系统都会自带一些输入法,但用户常用的输入法系统不一定包含,所以要将那些不常用的输入法删除,添加某些常用的输入法,这样可大大缩短切换输入法的时间。下面介绍怎样添加和删除输入法等操作。

①右键单击语言栏图标,在弹出的快捷菜单中单击“设置”命令,如图 1-49 所示。

②此时弹出“文本服务和输入语言”对话框,如图 1-50 所示。在“常规”选项卡中的“默认输入语言”下拉列表中,可以选择一种输入法作为启动时默认的输入法。

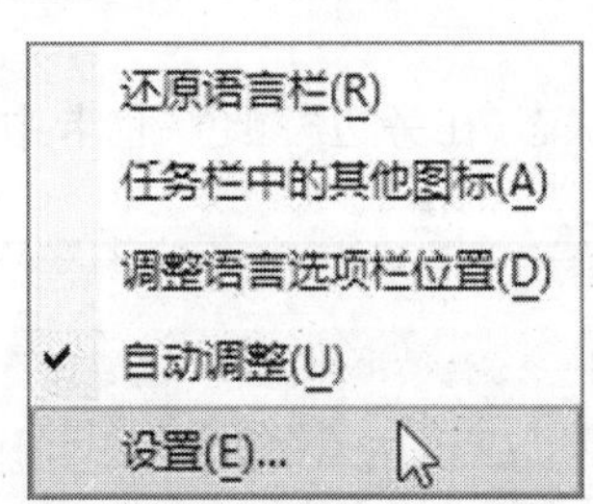

图 1-49　语言栏右键菜单

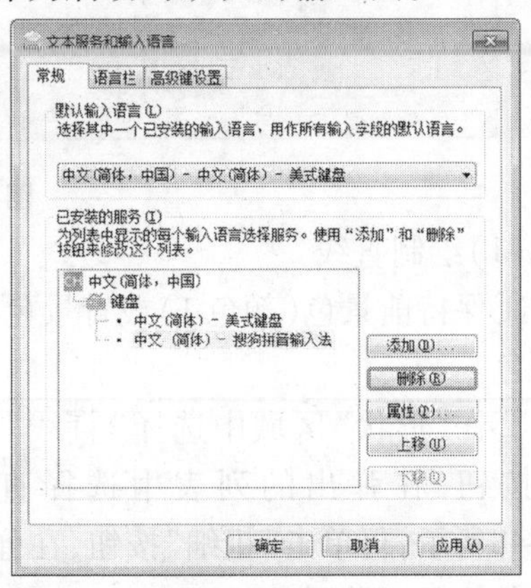

图 1-50　“文本服务和输入语言”对话框

③在“已安装的服务”选项组中,单击“添加”按钮,打开“添加输入语言”对话框,在下拉列表框中根据需要选择某种输入法,如图 1-51 所示。

④单击“确定”按钮,返回到“文本服务和输入语言”对话框。这时可以看到在“已安装的服务”列表中,已经添加了新的输入法。单击“应用”或“确定”按钮,即可完成添加输入法的操作,如图 1-52 所示。

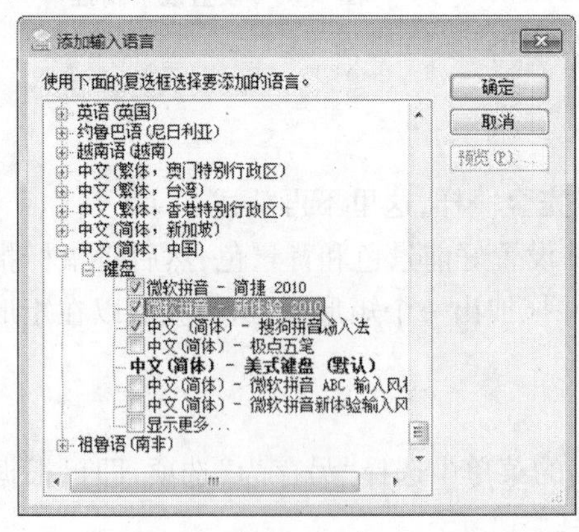

图 1-51　“添加输入语言”对话框

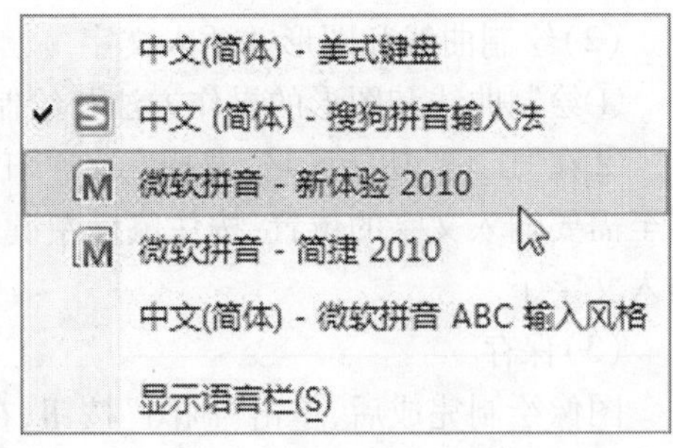

图 1-52　成功添加输入法

⑤若要删除某个输入法，只需在图1-50所示的对话框中选择该输入法，然后单击"删除"按钮即可。

2. 搜狗拼音输入法

目前，流行的输入法很多，如搜狗拼音输入法、谷歌拼音输入法、QQ拼音输入法、极点五笔输入法和百度输入法等，用户可以根据自己的需要选择某种输入法使用。这里介绍搜狗拼音输入法的使用方法。

(1)搜狗拼音输入法的激活

若要使用搜狗拼音输入法，需要将其激活，而激活的方法有两种：一是使用鼠标单击任务栏右下角区域中的"语言指示器"按钮，并在其中选择需要的输入法即可，如图1-53所示；二是在Windows 7环境下，按下【Ctrl + Shift】组合键在英文和多种输入法之间进行切换，也可以按下【Ctrl + Space】组合键在当前输入法的中文和英文之间切换。

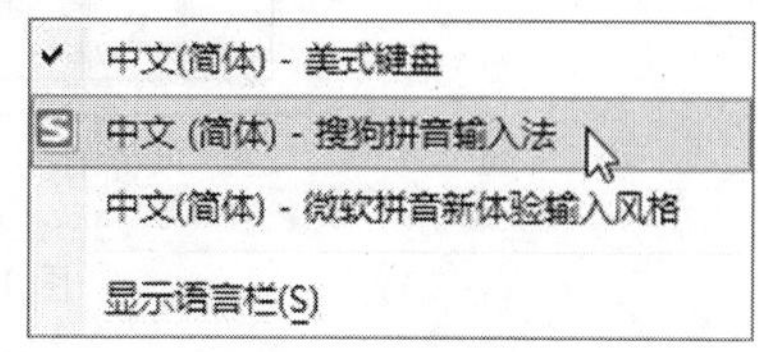

图1-53　选择输入法

(2)认识输入法状态条

激活搜狗拼音输入法后，输入法状态条显示当前输入法状态，如图1-54所示。用户可以通过单击相关按钮来切换状态，其中常用按钮具体含义如下：

- 切换中/英文按钮："中"表示中文输入，"英"表示英文输入。
- 全角/半角切换按钮："🌙"表示半角符号，"●"表示全角符号。在全角输入状态下，所输入的所有符号和数字均为双字节的汉字符号和数字，如图1-55所示，切换的快捷键是【Shift + Space】。
- 中/英文标点切换按钮："°,"表示中文标点，"·,"表示英文标点。

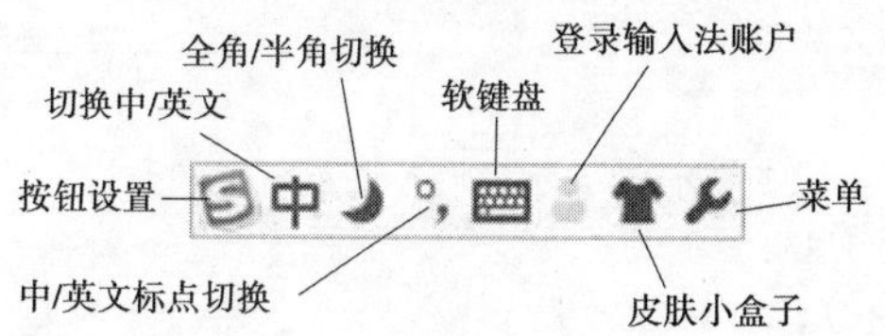

图1-54　输入法状态条

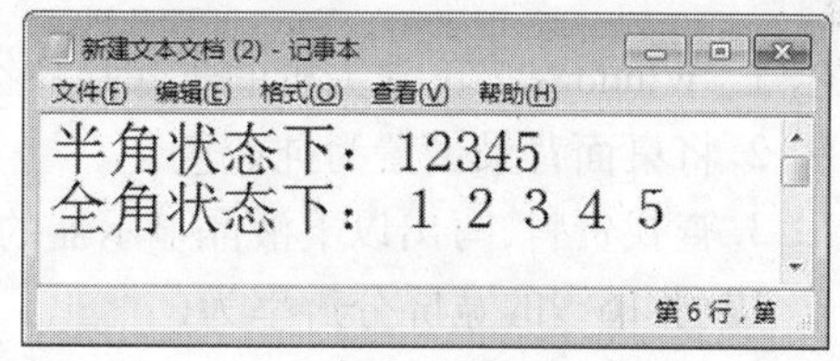

图1-55　半角和全角状态下的对比效果

3. 输入指法

(1)计算机操作姿势

在操作电脑时，应保持正确的姿势，注意以下几点：

- 座椅高度合适，坐姿端正自然，两脚平放，全身放松，上身挺直并稍微前倾。
- 两肘贴近身体，下臂和腕向上倾斜，与键盘保持相同的斜度。
- 手指略弯曲，指尖轻放在基本键位上，左右手的大拇指轻轻放在空格键上。
- 按键时，手抬起，伸出要按键的手指按键，按键要轻巧，用力要均匀。
- 稿纸宜置于键盘的左侧或右侧，便于视线集中在稿纸上。

(2)指法

当用户处于打字准备状态时,双手放在A、S、D、F、J、K、L键和;键上,而这8个键称为基准键位。其中,F键和J键称为定位键,其作用是将左右食指分别定位在F键和J键上,左右其余三指依次放下就能找到基准键位。基准键位的手指分工如图1-56所示,字母键指法分区如图1-57所示,凡两斜线范围内的字键,都必须由规定的手指管理。

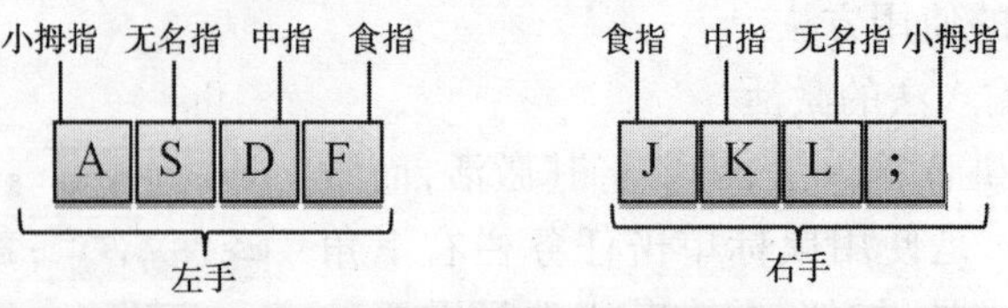

图1-56　基准键位的手指分工

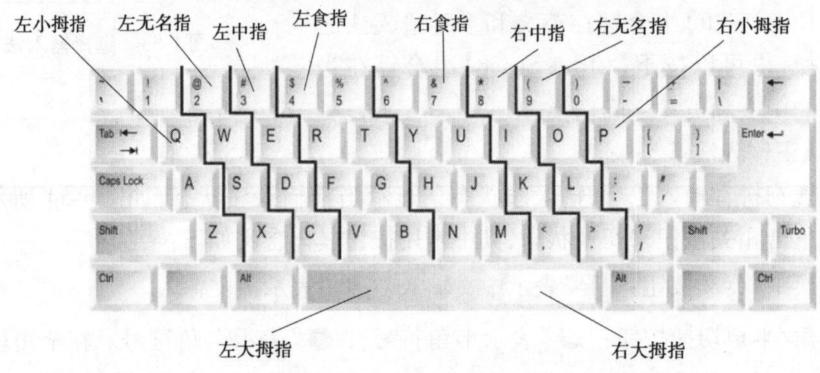

图1-57　字母键指法分区

1.2.7　课堂思考与技能训练

1. Windows 7 正常关机的步骤是什么?

2. 将桌面背景设置为纯蓝色。

3. 查找资料,写出以下液晶显示器的分辨率:

19 寸 16:9的宽屏分辨率为(　　　　　　　　　);

19 寸 4:3的普屏分辨率为(　　　　　　　　　);

22 寸 16:10 的宽屏分辨率为(　　　　　　　　　);

29 寸 21:9的宽屏分辨率为(　　　　　　　　　)。

4. 设置屏幕保护程序,等待时间为 5 分钟。

5. 将 Windows 7 窗口的标题栏设置为绿色。

6. 在 Windows 7 环境下先添加有管理员权限的用户,并设置密码,然后,通过注销功能,切换到新添加的用户界面。

7. 使用 Windows 帮助功能,查找有关"鼠标"的帮助文档。

8. 输入以下字符,反复练习击打基准键:

add　add　add　add　all　all　all　all　dad　dad　dad　dad

ask　ask　ask　ask　sad　sad　sad　sad　fall　fall　fall　fall

add all dad ask fall alas flask add ask lad sad fall

9. 输入以下字符,反复练习击打 I、E 键:

fed fed fed fed eik eik eik eik lid lid lid lid

desk desk desk desk jade jade jade jade less less

said said said said leaf leaf leaf leaf fade fade

10. 输入以下字符,反复练习击打 G、H 键:

gall gall gall gall fhss fhss fhss fhss fhgl fhgl

hasd hasd hasd hasd sgds sgds sgds sgds hkga hkga

glad glad glad glad half half half half shds shds

11. 输入以下字符,反复练习击打 R、T、U、Y 键:

gart gart gart gart fuss fuss fuss fuss furl furl

hard hard hard hard suds suds suds suds lurk lurk

rual rual rual rual adult adult adult adult altar

12. 输入以下字符,反复练习击打 W、Q、O、P 键:

ford ford ford ford blow blow blow blow spqg spqg

cout cout cout cout swle swle swle swle quest quest

ough ough ough ough toward toward toward toward

13. 输入以下字符,反复练习击打 V、B、M、N 键:

vest vest vest vest time time time time alms alms

verb verb verb verb mine mine mine mine value value

14. 输入以下字符,反复练习 C、X、Y 键的操作:

rich rich rich rich text text text text xrox xrox

quch quch quch quch xfar xfar xfar xfar zbet zbet

exec exec exec exec frenzy frenzy frenzy frenzy

15. 输入以下英文短文,综合练习键盘指法:

Without question, many of us have mastered the neurotic art of spending much of our lives worrying about variety of things—all at once. We allow past problems and future concerns to dominate your present moments, so much so that we end up anxious, frustrated, depressed, and hopeless. On the flip side, we also postpone our gratification, our stated priorities, and our happiness, often convincing ourselves that"someday"will be much better than today. Unfortunately, the same mental dynamics that tell us to look toward the future will only repeat themselves so that 'someday' never actually arrives. John Lennone once said, "Life is what is happening while we are busy making 'other plans'." When we are busy making 'other plans', our children are busy growing up, the people we love are moving away and dying, our bodies are getting out of shape, and our dreams are slipping away. In short, we miss out on life.

1.3　文件管理基础

由于信息量的不断增加,人们面临着需要处理的信息越来越多的问题,为了解决这一问题,计算机被广泛地应用于信息处理。在计算机中大部分数据都是以文件的形式存在的,而文件又可以存放于文件夹中。因此,每个计算机用户必须掌握基本的文件管理操作。

文件是操作系统中用来存储和管理信息的基本单位,指的是记录在存储介质上的一组相关信息的集合。每个文件都有自己的名字,当需要时,用户只要指定文件名,操作系统就可以快速、准确地找到所记录的程序或数据信息。

【本节知识与能力要求】

(1)掌握新建文件夹和重命名文件夹的方法;

(2)掌握选择文件和文件夹的多种方式;

(3)掌握复制、剪切、粘贴和删除的基本操作;

(4)能够设置和查看文件或文件夹的属性;

(5)掌握创建快捷方式的操作方法。

1.3.1　新建、选择、重命名文件或文件夹

1. 新建文件夹

为了工作方便,一般会将同类型文件放置于某一个文件夹中,而该文件夹一般会被创建于非系统盘(C 盘),如 D 盘、E 盘或 F 盘之中。因为,C 盘一般作为系统盘,专门用于安装系统软件以及一些应用软件。

①在 Windows 7 桌面中,双击“计算机”图标,打开“计算机”窗口。

②在此窗口中双击“D 盘”,进入 D 盘窗口。在“文件”菜单中选择“新建”→“文件夹”命令,或者在 D 盘窗口中单击鼠标右键,在其菜单中执行“新建”→“文件夹”命令。

③在文件夹图标下输入该文件夹名字,然后按下 Enter 键或在空白区域单击即可完成文件夹的创建。

2. 选择文件或文件夹

在对文件或文件夹操作之前,首先需要选定文件或文件夹,这里介绍常用的选取操作:

(1)选择单个文件或文件夹

用鼠标单击需要选定的文件或文件夹即可,如图 1-58 所示。

(2)选择多个连续的文件或文件夹

先单击需选定的第一个文件或文件夹,然后按下 Shift 键不放,再单击需选定的最后一个文件或文件夹,或者在空白处单击鼠标左键不放,拖拽一个矩形区域,该区域所包含的对象全部被选中,如图 1-59 所示。

(3)选择多个不连续的文件或文件夹

先单击需选定的第一个文件或文件夹,然后按住 Ctrl 键不放,单击另外需选定的文件

或文件夹,如图1-60所示。

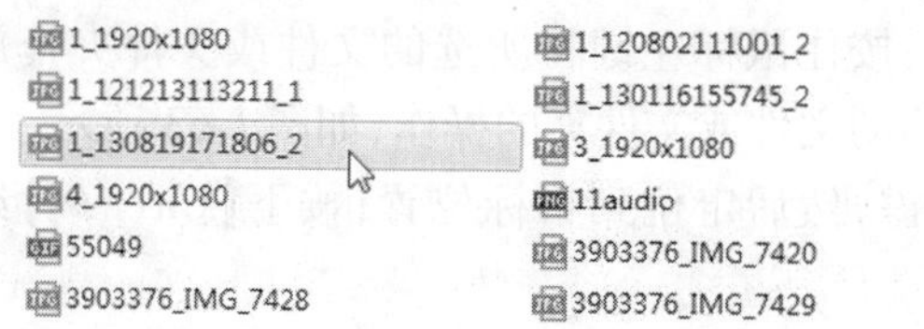

图1-58 选择单个文件

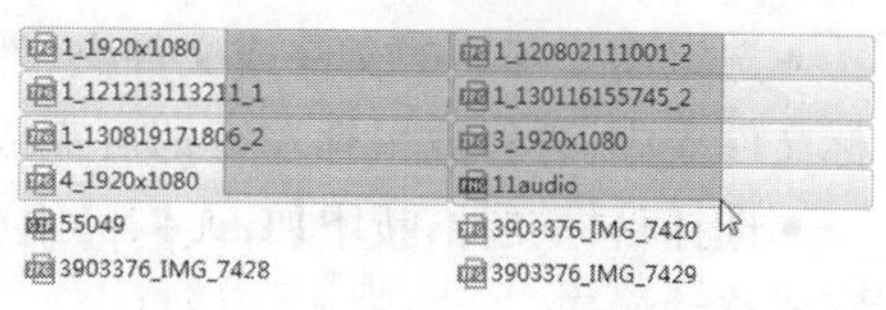

图1-59 选择多个连续的文件

(4)选择全部文件或文件夹

直接按下【Ctrl + A】组合键,即可选定当前窗口中所有的文件或文件夹,如图1-61所示。

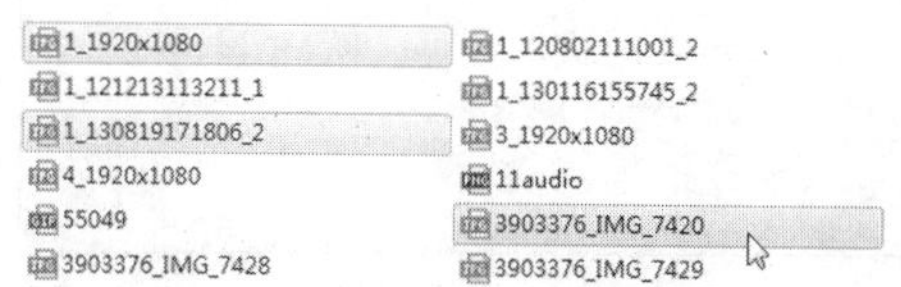

图1-60 选择多个不连续的文件

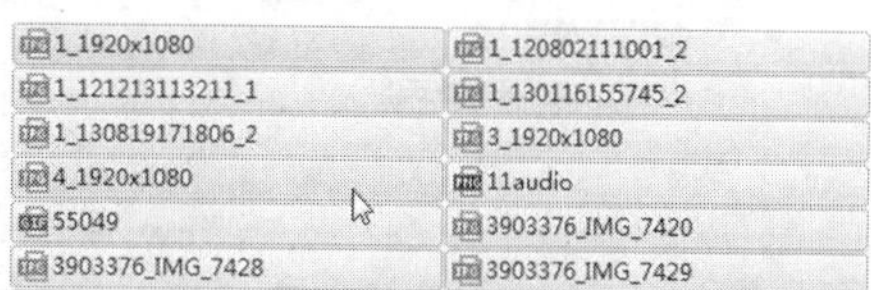

图1-61 选择全部文件

3. 重命名文件或文件夹

使用鼠标右键单击需要重命名的文件或文件夹,在其菜单中选择“重命名”命令,这时选定的文件或文件夹的文件名被加上了方框,原文件名呈反相显示,键入新的文件名后按回车键即可。

此外,使用鼠标左键在频率较低的状态下,单击文件或文件夹两次,同样可以实现文件或文件夹的重命名。

1.3.2 复制、移动和删除文件或文件夹

1. 复制和移动文件或文件夹

(1)复制

复制操作指的是将一个文件夹下的文件或子文件夹复制到另一文件夹中,原文件夹中的对象仍然存在。复制文件或文件夹的常用方法有以下几种:

- 选定要复制的文件或文件夹,然后按住【Ctrl】键将其拖动到目标位置。
- 使用右键选中并拖动到目标位置,在弹出的快捷菜单中选择“复制到当前位置”命令,如图1-62所示。
- 选择目标文件,按下【Ctrl + C】组合键,也可以右键单击选中的文件或文件夹,从弹出的菜单中选择“复制”命令,然后定位到目标位置,按下【Ctrl + V】组合键完成复制操作。

(2)移动

移动操作指的是将一个文件夹下的文件或子文件夹剪切到另一个文件夹中,原文件

夹下的内容消失。移动文件或文件夹的常用方法有以下几种：

• 选定需要移动的文件或文件夹，然后按住鼠标左键将所选的文件或文件夹拖放到目标文件夹中，再释放鼠标左键即可完成移动文件或文件夹的操作，如图 1-63 所示。

• 选择目标文件，按下【Ctrl + X】组合键，然后定位到目标位置，按下【Ctrl + V】组合键完成移动操作。

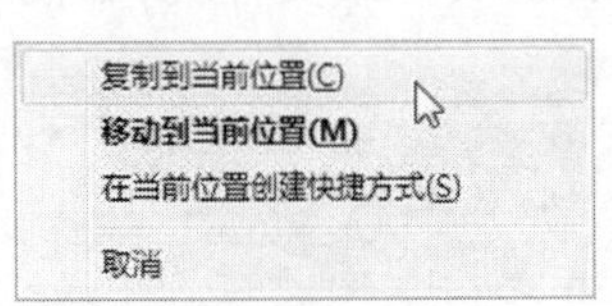

图 1-62　复制到当前位置

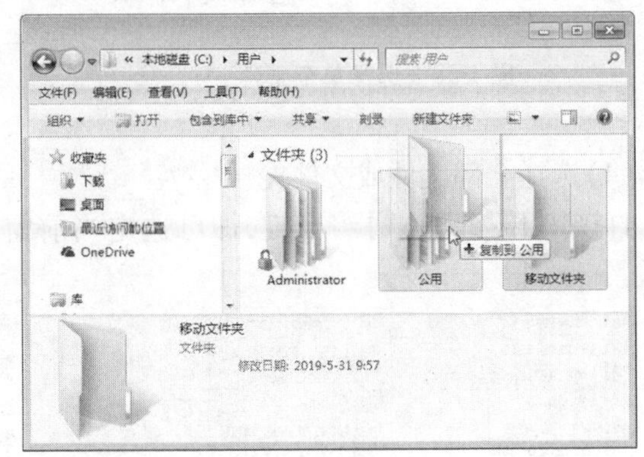

图 1-63　移动文件夹

2. 删除文件或文件夹

删除文件或文件夹的方法有多种，可以首先选定文件或文件夹，再按以下的任意一种方法操作。

• 按下【Delete】键。

• 使用鼠标选中并拖放到桌面“回收站”图标上。

• 鼠标右键单击文件或文件夹，在弹出的快捷菜单中单击“删除”命令。

无论采用上述何种操作方法，系统都会弹出“删除文件”对话框。如果确实要删除，单击“是”按钮，要取消删除操作则单击“否”按钮。若想彻底删除文件或文件夹，可以通过按下【Shift + Delete】组合键来完成。

1.3.3　查看并设置文件或文件夹属性

文档的属性是操作系统对文档类型做的一种标记，以便进行分类管理。在 Windows 7 中查看或设置文件或文件夹属性的方法有两种：

• 使用鼠标右键单击某个文件或文件夹，在其右键菜单中选择“属性”命令。

• 按下 Alt 键，双击文件或文件夹。

无论采用上述何种操作方法，系统都会弹出如图 1-64 所示的“属性”对话框，其中包括该文件或文件夹的类型、位置、大小、创建时间和当前属性等信息。单击“属性”对话框中的属性复选框，可设置该文档的属性。单击“确定”按钮，就完成了对所选文件或文件夹属性的设置。

1.3.4　显示或隐藏文件或文件夹

当某个文件或文件夹属性被设置为“隐藏”时，在系统默认状态下是不会显示此类文

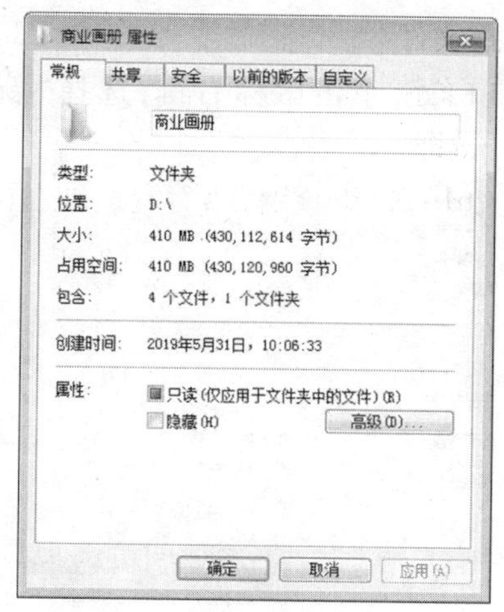

图 1-64 “属性”对话框

件或文件夹的。如果想要显示被隐藏的文件或文件夹,则需进行如下设置:

①在 Windows 7 桌面中,双击“计算机”图标,打开“计算机”窗口。

②在此窗口中,执行“工具”→“文件夹选项”命令,此时弹出“文件夹选项”对话框。

③在此对话框中,选择“查看”选项卡,在“高级设置”栏目中选中“显示隐藏的文件、文件夹和驱动器”单选按钮,如图 1-65 所示。

④设置完成后,单击“确定”按钮,即可使设置生效。随后,即可在计算机中看到之前被隐藏的文件或文件夹。

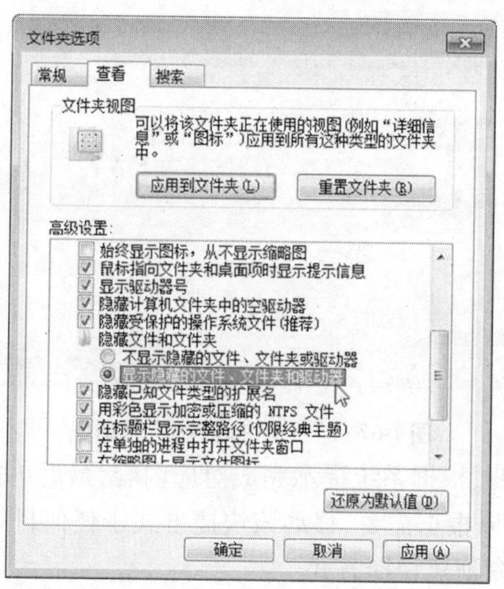

图 1-65 “文件夹选项”对话框

1.3.5 创建快捷方式

用户可以为文件和程序等创建快捷方式。当文件夹被创建为快捷方式后,就可以通过该图标快速访问指定文件夹。创建快捷方式的方法有以下两种:

1. 使用向导创建快捷方式

①在文件夹内的任意空白处，单击鼠标右键，选择“新建”→“快捷方式”命令，如图 1-66 所示。

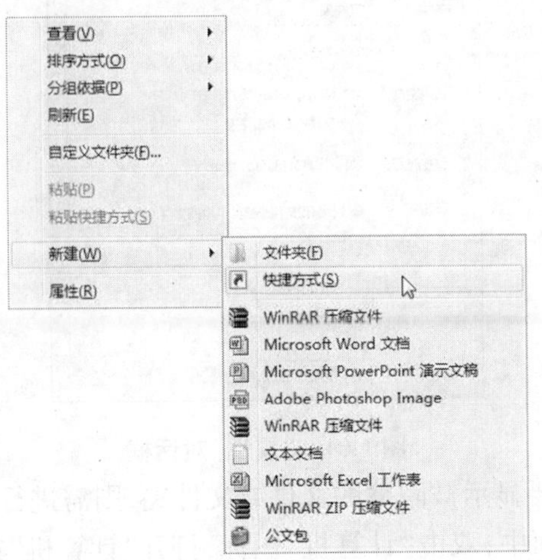

图 1-66　新建快捷方式菜单

②此时，弹出“创建快捷方式”对话框。单击“浏览”按钮，在弹出的对话框中选择程序所在的位置，如图 1-67 所示。

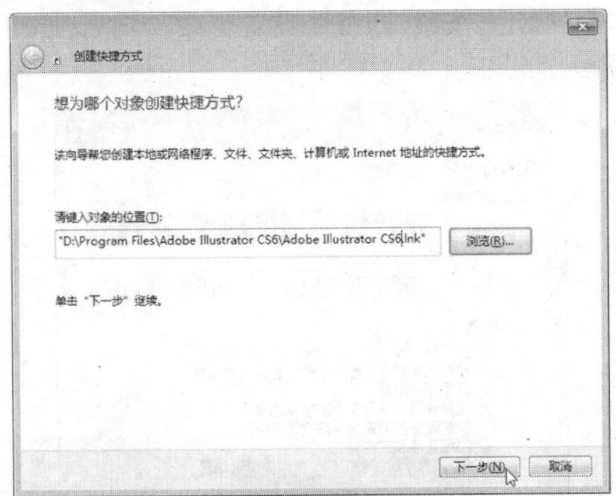

图 1-67　“创建快捷方式”对话框

③单击“下一步”按钮，根据系统提示完成对应内容，最后单击“完成”按钮，即可创建快捷方式。此外，用户可以根据需要，移动该快捷方式于任何目录。

2. 使用“发送到”命令创建快捷方式

假设需要将附件中的“画图”创建一个快捷方式，可以进行如下操作：

①在“开始”菜单中找到“画图”工具。

②右键单击“画图”工具，并在二级菜单中选择“发送到”→“桌面快捷方式”命令，如图 1-68 所示，即可在桌面创建一个“画图”的快捷方式。

③返回系统桌面，将该快捷方式剪切到任何文件夹下，该快捷方式仍然有效。

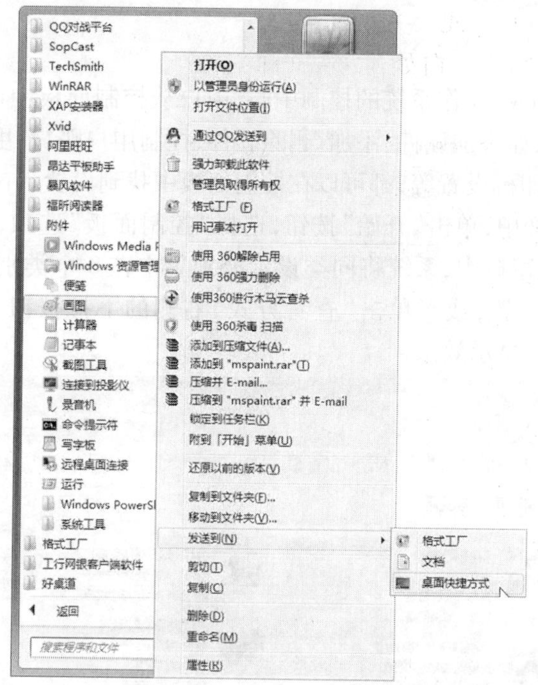

图 1-68　使用“发送到”命令创建快捷方式

1.3.6　课堂思考与技能训练

1. 查看 C 盘的属性，看看计算机中 C 盘的总容量有多大，还有多少空间可以使用。

2. 复制、剪切和粘贴的快捷键是什么？

3. 如何从“回收站”中还原被删除的对象？

4. 在 D 盘中创建“个人资料”文件夹，并在其中创建两个文件：一是名为“个人信息(1)”的文本文件，二是名为“个人信息(2)”的文本文件。

5. 在 D 盘中创建“资料汇总”文件夹，将“个人资料”文件夹中所有文档复制到“资料汇总”文件夹，并在桌面创建“资料汇总”文件夹快捷方式和“个人信息(1)”快捷方式。

1.4　计算机的日常管理与常见设置

计算机在日常使用过程中，除了那些基本操作以外，通常需要借助某些软件来完成特定的任务，达到快捷管理计算机的目的。

【本节知识与能力要求】

(1) 认识计算机的控制面板，并能够在控制面板中找到相关设置的入口；

(2) 掌握添加用户、修改登录密码的方法；

(3) 能够使用任务管理器，管理当前正在运行的程序；

(4) 掌握整理碎片和磁盘清理的方法；

(5) 掌握安装和使用第三方字体的方法。

1.4.1 控制面板

控制面板是 Windows 操作系统的控制中心，用户从控制面板中可以对计算机进行基本的系统设置和控制，如添加硬件、添加/删除软件、控制用户账户，更改辅助功能选项、外观设置、声音设置、打印机设置等，都可以在控制面板中找到设置入口。

在 Windows 7 桌面中，单击“开始”按钮，选择“控制面板”选项，即可打开控制面板，如图 1-69 所示。在此窗口中，系统将同类设置分别集中在 8 个类别中，用户可以通过分类情况快速找到相关设置，或者单击“查看方式”右侧的下拉按钮，选择“类别”、“大图标”和“小图标”来切换显示效果。

图 1-69 “控制面板”窗口

1.4.2 用户账户设置

为了保护计算机系统的安全，Windows 允许为使用计算机的每个用户建立自己的专用账户，每个人都可以使用用户名和密码访问其用户账户，从而实现多人共享计算机的诉求。

Windows 系统包含三种类型的账户，每种类型为用户提供不同的计算机控制级别。

- 标准账户：适用于日常计算。
- 管理员账户：可以对计算机进行最高级别的控制，但应该只在必要时才使用。
- 来宾账户：主要针对需要临时使用计算机的用户。

1. 创建新账户

①打开控制面板，选择“用户账户和家庭安全”下面的“添加或删除用户账户”选项，弹出如图 1-70所示的“管理账户”窗口。

②在窗口底部，单击“创建一个新账户”选项，弹出如图 1-71 所示的“创建新账户”窗口。

③在文本框中输入新账户的名称，然后根据需要选择账户类型，最后单击“创建账

户”按钮即可。

图 1-70 “管理账户”窗口

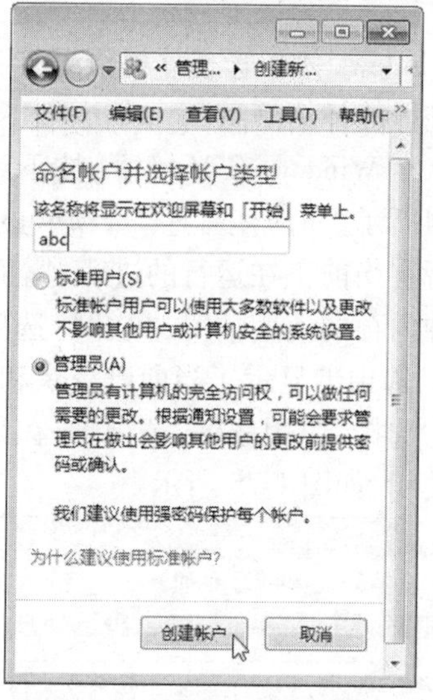

图 1-71 “创建新账户”窗口

2. 设置账户密码、账户名称与密码

为了确保数据安全，建议每个账户都设置登录密码，具体操作如下。

①打开控制面板，进入如图 1-70 所示的“管理账户”窗口。

②单击需要设置账户密码的账户名称，例如单击“Administrator”图标，此时进入“更改账户”窗口，如图 1-72 所示。

③在窗口左侧，根据实际需要可以更改账户名称、密码和头像等。这里单击“更改密码”选项，此时打开“更改密码”窗口，如图 1-73 所示。最后，根据窗口提示进行操作即可。

图 1-72 “更改账户”窗口

图 1-73 “更改密码”窗口

1.4.3 任务管理器

Windows 任务管理器提供了有关计算机性能的信息,并显示了计算机上所运行的程序和进程的详细信息。

①在 Windows 7 环境下,按下组合键【Ctrl + Shift + Esc】,即可打开任务管理器,如图 1-74所示。“应用程序”选项卡显示了所有当前正在运行的应用程序;“进程”选项卡显示了所有当前正在运行的进程;“性能”选项卡显示了计算机性能的动态信息,例如 CPU 和各种内存的使用情况;“联网”选项卡显示了本地计算机所连接的网络通信量的指示;“用户”选项卡显示了当前已登录和连接到本机的用户数和标识等信息。

②选择“应用程序”选项卡,在其中选择某个任务,单击“结束任务”按钮,即可将当前任务关闭,如图 1-75 所示。

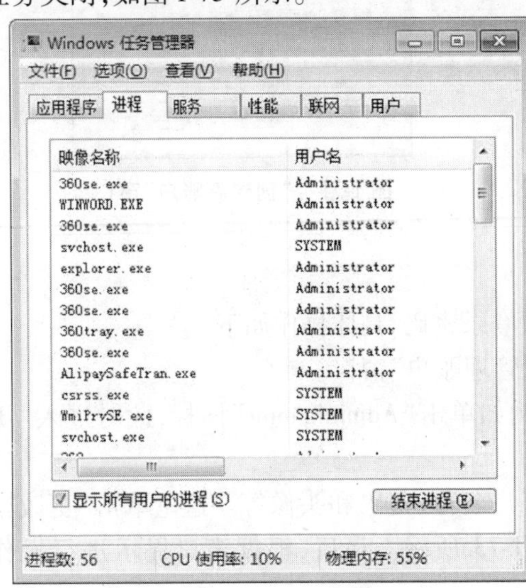

图 1-74 任务管理器

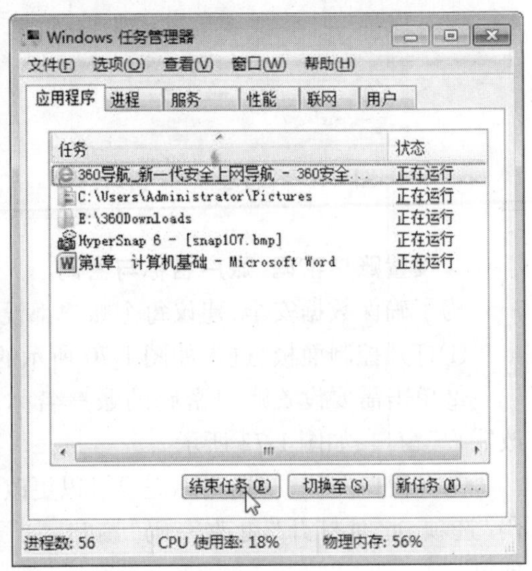

图 1-75 结束当前任务

1.4.4 整理磁盘碎片

1. 什么是磁盘碎片?

磁盘碎片可以从两方面解释:一方面磁盘中的单个文件是呈不连续分布的,分散在磁盘上各个位置;另一方面磁盘中剩余空间是由多个小空间碎片构成的,而不是由连续的较大空间构成的。

2. 磁盘碎片是怎么产生的?

磁盘碎片产生的原因有多种,但主要原因是运行着的应用程序所需要的物理内存,在不能满足需要时,操作系统就会在硬盘中产生临时交换文件,并将其占用的硬盘空间虚拟成内存,此后虚拟内存管理程序对该文件频繁地读写,这时就产生大量的磁盘碎片。

3. 磁盘碎片会影响计算机性能吗?

虽然说磁盘碎片对于正常工作影响并不大,但是会显著降低硬盘的运行速度,这主要是由于硬盘读取文件需要在多个碎片之间跳转，增加了等待盘片旋转到指定扇区的潜伏期和磁头切换磁道所需的寻道时间，久而久之就会降低磁盘运行的速度，计算机整体性能也会随之下降。

4. 如何清理磁盘碎片？

①单击“开始”按钮，在“开始”菜单中选择“所有程序”→“附件”→“系统工具”→“磁盘碎片整理程序”命令，这时打开如图1-76所示的窗口。

②选择需要进行磁盘碎片整理的磁盘，然后单击“分析磁盘”按钮，系统会自动分析当前磁盘是否需要进行碎片整理。

③待分析结束后，如果需要碎片整理，用户只需单击“磁盘碎片整理”按钮，即可对当前磁盘中碎片进行整理。

需要特别提醒的是，磁盘碎片整理时间需要根据当前磁盘分区大小、碎片多少视情况而定。

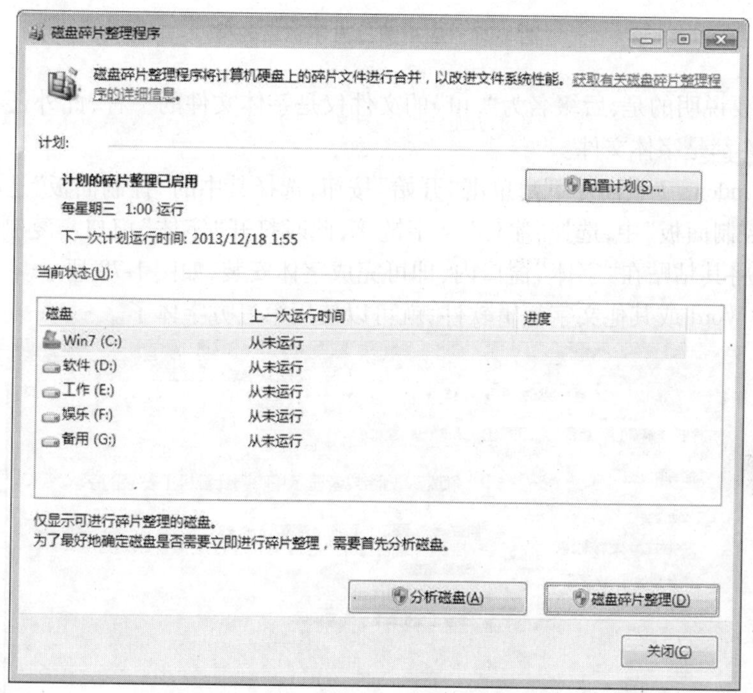

图1-76 “磁盘碎片整理程序”窗口

1.4.5 安装并使用第三方字体

第三方字体指的是除了操作系统自带字体（如宋体、黑体和楷体等）以外的字体，这些字体在文档编辑时较为常用，图1-77所示的是使用第三方字体编辑出的文字效果。要使用第三方字体，需要先从网络上下载，安装后才能使用。

下面介绍一下使用第三方字体的方法：

①访问网站（http://font.knowsky.com），根据情况选择喜欢的第三方字体并下载。

②下载完成后解压缩，此时会看到文件后缀名为“.ttf”的文件，该文件就是第三方字

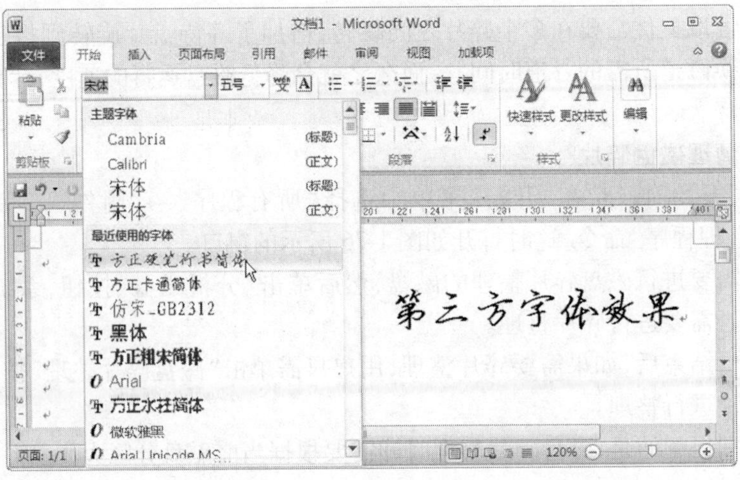

图 1-77　应用第三方字体后效果

体文件。需要说明的是,后缀名为“. ttf”的文件仅是字体文件的一种,此外还有“. pfm”和“. ttc”等文件都是字体文件。

③在 Windows 7 桌面左下角单击“开始”按钮,选择其中的“控制面板”选项。

④在“控制面板”中,选择“字体”文字链接,此时打开“字体”窗口。复制刚才下载的“. ttf”文件,将其粘贴在“字体”窗口内,即可完成字体安装,如图 1-78 所示。

⑤打开 Word 或其他文字编辑软件,就可以使用第三方字体了。

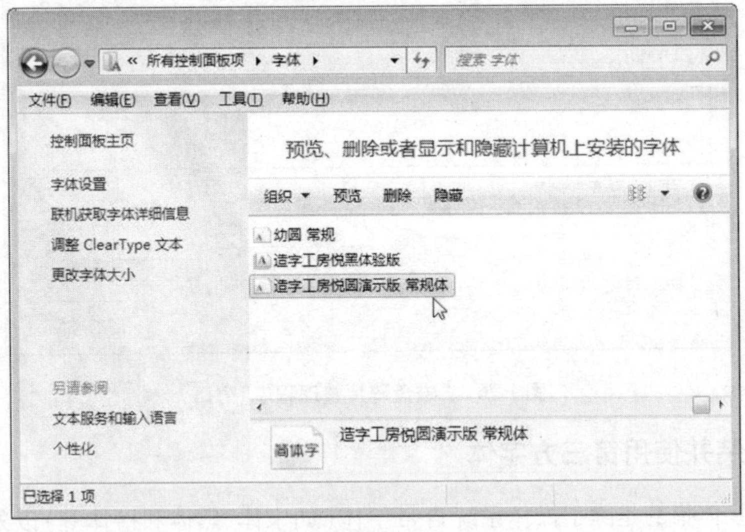

图 1-78　成功安装第三方字体

1.4.6　课堂思考与技能训练

1. 查看本地计算机使用的操作系统版本,其中,处理器信息中“2. 8GHz”代表什么含义?

2. 简述磁盘碎片的产生及其清理方法。

3. 当打开的程序长时间无响应时,使用什么方法能够结束该程序?

4. 在网络上下载“文鼎火柴体”第三方字体,完成本地安装过程。打开文字编辑软件,应用“文鼎火柴体”到文字上面。

第2章 文字处理软件Word

文字处理是人们在日常工作中常做的事情，通常借助计算机文字处理软件来完成各类文稿的编辑和制作。目前使用最为广泛的文字处理软件，是由微软公司开发的Microsoft Word应用程序软件，该软件不仅具有强大的文字处理功能，而且具有友好的操作界面和便捷的操作方法。

2.1 认识 Word 2010

Word 具有强大的文字处理功能，包括文字编辑、表格制作、图文混排，以及 Web 文档制作等各项功能。

【本节知识与能力要求】

(1)掌握正确启动和退出 Word 2010 的方法；

(2)熟悉 Word 2010 工作环境；

(3)了解 Word 2010 的多种视图模式。

2.1.1 启动 Word 2010

有多种方法可以启动 Word 2010，常用的三种方法如下：

1. 通过桌面快捷方式

在 Microsoft Word 2010 正常安装后，一般会在桌面自动添加一个 Word 2010 桌面快捷图标，用鼠标双击该图标，便可启动 Word 2010。但若桌面没有 Word 2010 快捷方式，可以通过创建快捷方式的方法手动创建，具体操作如下：

①在系统桌面左下角，单击“开始”按钮，弹出“开始”菜单。

②在菜单中选择“所有程序”→“Microsoft Office”→“Microsoft Office Word 2010”选项。

③鼠标右键选择“Microsoft Office Word 2010”，在弹出的二级菜单中执行“发送到”→“桌面快捷方式”选项即可。

2. 通过系统的“开始”菜单

①在系统桌面左下角，单击“开始”按钮，弹出“开始”菜单。

②在菜单中执行“所有程序”→“Microsoft Office”→“Microsoft Office Word 2010”选项，即可启动软件。

3. 直接打开 Word 2010 文档

在“我的电脑”中，找到需要编辑的 Word 文档，直接用鼠标左键双击该文档，软件即可启动。

2.1.2 Word 2010 工作界面介绍

成功启动 Word 2010 后，软件的工作界面如图 2-1 所示。其界面主要由快速访问工具栏、标题栏、状态栏、各类型选项卡，以及选项卡中各种功能按钮组成。

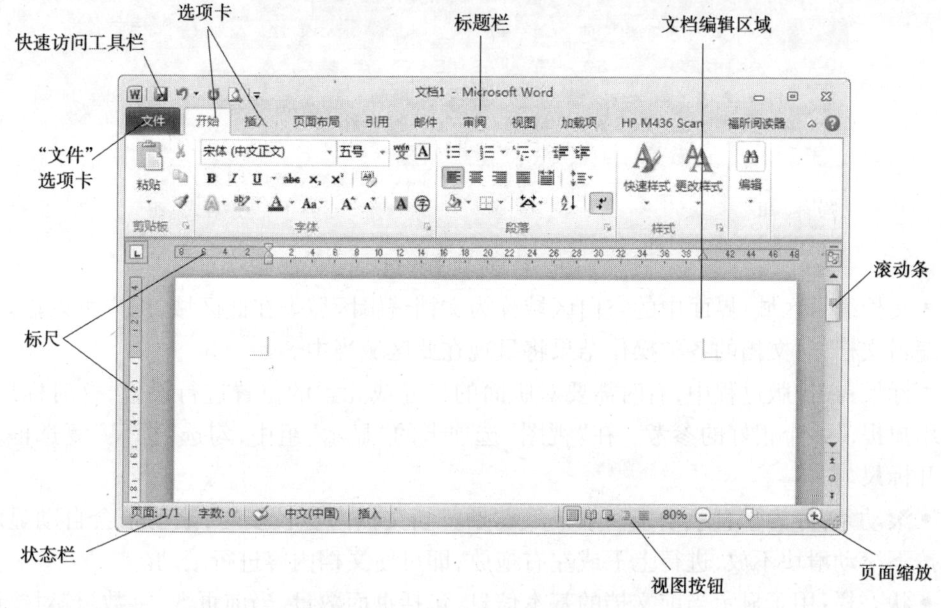

图 2-1 Word 2010 工作界面

● 标题栏：在软件窗口的顶部，用于显示当前正在编辑的文档信息。

● "文件"选项卡：该选项卡位于界面的左上角，单击该选项卡可以展开相对应的二级菜单，如图 2-2 所示。

● 快速访问工具栏：快速访问工具栏是使用频率较高的工具栏，里面包含"保存"按钮、"撤消键入"按钮和"重复键入"按钮等。此外，单击快速访问工具栏右侧的"自定义快速访问工具栏"按钮，弹出如图 2-3 所示的下拉菜单，可以进一步添加或删除快速访问按钮。

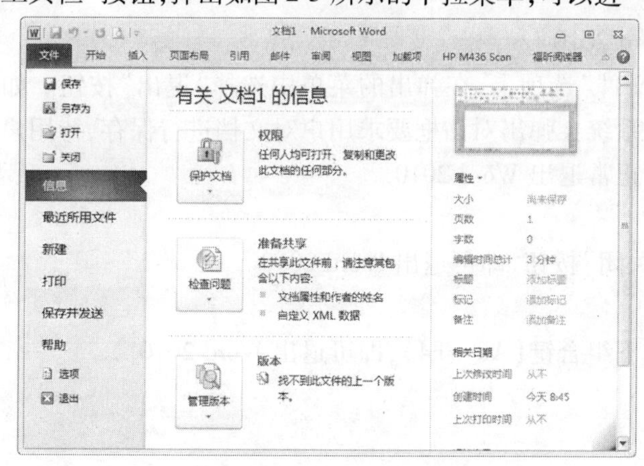

图 2-2 "文件"选项卡

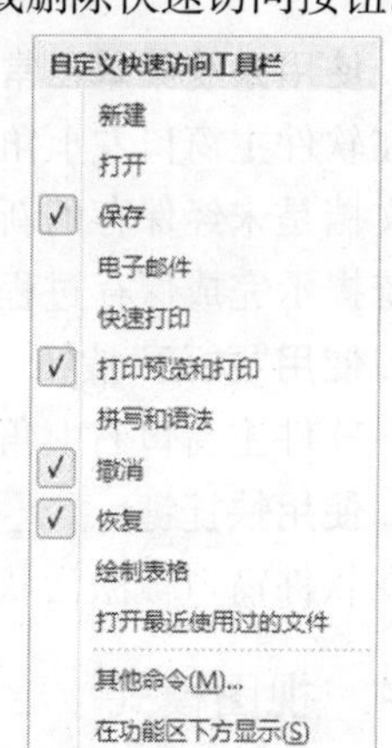

图 2-3 自定义快速访问按钮

• 选项卡:为了便于用户分类操作,软件在上部区域分类别对各功能按钮进行划分,每个选项卡又细化为多个组,每个组中又包含许多功能按钮,如图2-4所示。

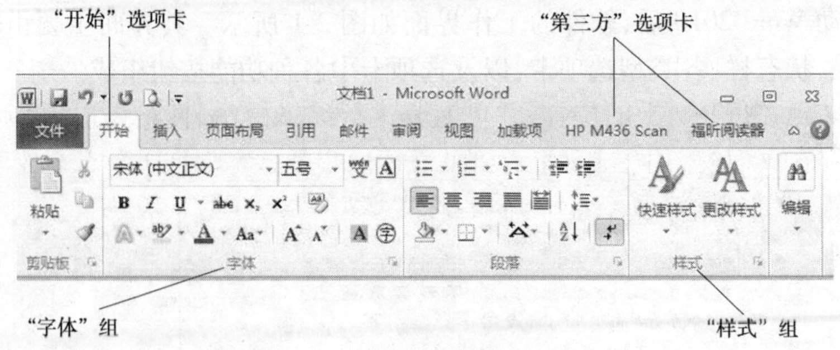

图2-4　选项卡和组

• 文档编辑区域:界面中的空白区域称为文档编辑区域。在此区域,用户可以输入文字和编辑文档,对文档的各类操作结果将呈现在此区域当中。

• 标尺:在排版过程中,有时需要对版面的尺寸或元素的位置进行设置,这时标尺能够为用户提供一个很好的参考。在“视图”选项卡的“显示”组中,勾选“标尺”复选框,即可打开标尺。

• 滚动条:分为垂直滚动条和水平滚动条。当文档内容较多时,滚动条会自动显示。鼠标按下滚动滑块不放,进行上下或左右拖放,即可使文档内容进行滚动。

• 状态栏:用于显示当前文档的基本信息,包括页面数量、当前页数、字数、校对错误、语言状态等内容。

• 视图按钮:用于在多个视图模式之间进行切换。具体每个视图的使用环境,详见后续内容。

• 页面缩放:用于显示当前文档的显示比例,用户可以拖动控制滑块来自定义缩放比例,默认显示比例为100%。

2.1.3　退出 Word 2010

1. 使用系统菜单正常退出 Word 2010

在软件主窗口左上角,单击“文件”选项卡,在弹出的菜单中选择“退出”按钮。如果当前文档是未经保存的新文档,则系统会弹出对话框要求用户对文档进行保存,待用户跟随系统提示完成保存过程后,即可正常退出 Word 2010。

2. 使用“关闭”按钮

在软件主窗口右上角,单击“关闭”按钮,即可退出 Word 2010。

3. 使用快捷键

在软件窗口被激活状态下,按下组合键【Alt + F4】,即可退出 Word 2010。

2.1.4　视图模式

视图模式指的是文档的显示模式。在 Word 2010 中软件为用户提供了五种视图模式:页面视图、阅读版式视图、Web 版式视图、大纲视图和草稿视图,这些视图之间可以相互切换。同一篇 Word 文档,在不同视图模式下所呈现的版面布局是不同的,下面分别介绍不同视图模式的特点与应用场景。

1. 页面视图

页面视图是一种使用最频繁的视图方式,用于显示文档所有内容在整个页面的分布状况和整个文档在每一页上的位置,并可对其进行编辑操作,具有真正的"所见即所得"的显示效果。在页面视图中,屏幕上看到的页面内容就是实际打印的真实效果。

在页面视图中,用户可进行编辑排版,设置页眉页脚、多栏版面,还可以处理文本框、图文框和检查文档的最后外观。

在软件工作界面的"视图"选项卡中,单击"文档视图"组中的"页面视图"按钮,或者直接在工作界面右下角区域单击"页面视图"按钮,即可切换到页面视图,如图 2-5 所示。

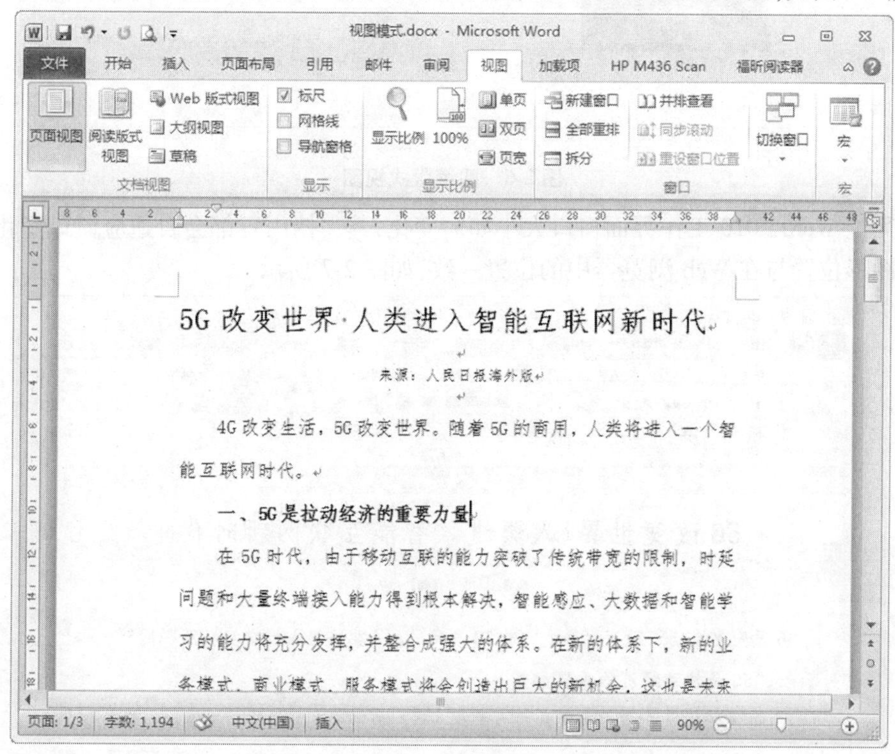

图 2-5　页面视图

2. 阅读版式视图

阅读版式视图能够将当前文档以图书分栏的样式外观进行显示,"文件"按钮、功能区等窗口元素均被隐藏起来。切换至阅读版式视图的方法与页面视图类似,只需要在"视图"选项卡中的"文档视图"组进行设置即可,这里不再赘述。

在此视图模式下,通过页面顶部的左右箭头按钮可以实现前后翻页;通过页面右上角"视图选项"下拉菜单,还可以对浏览时的各类选项进行设置,如图 2-6 所示。单击页面右上角"关闭"按钮,即可退出阅读版式视图。

3. Web 版式视图

Web 版式视图能够模拟当前文档在 Web 浏览器中显示的外观。在 Web 版式视图方

图 2-6 阅读版式视图

式下，无论 Word 2010 工作界面窗口大小如何变化，其文档内容都会自适应窗口变化而变化，且图形位置与在 Web 浏览器中的位置一致，如图 2-7 所示。

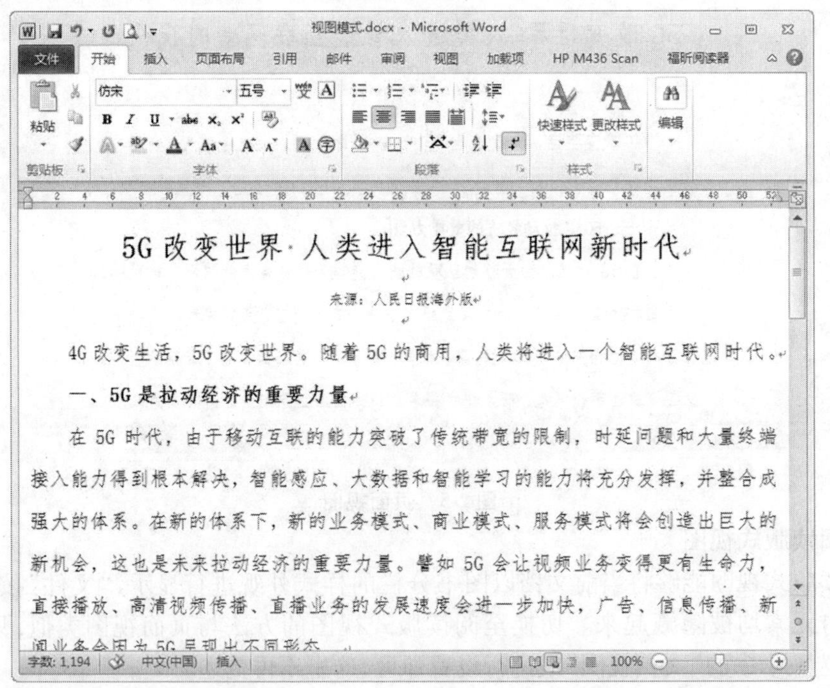

图 2-7 Web 版式视图

4. 大纲视图

大纲视图主要用于设置和显示标题的层级结构，并可以方便地折叠和展开各种层级的文档。因此，大纲视图适合对纲目结构的文档进行编辑，如图 2-8 所示。

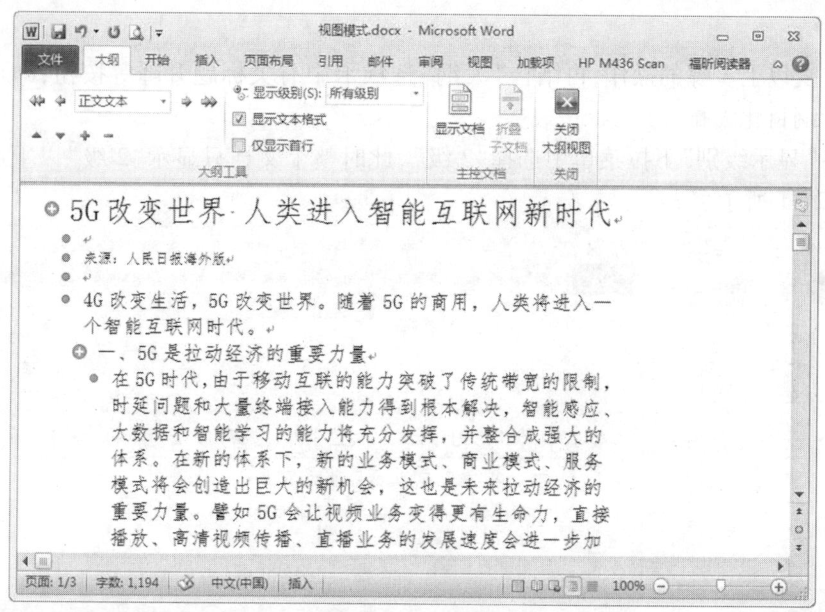

图 2-8 大纲视图

(1)“大纲”选项卡

进入大纲视图以后，软件会自动加载“大纲”选项卡，如图 2-9 所示。在此选项卡中，用户可以对文档内容进行级别设置。

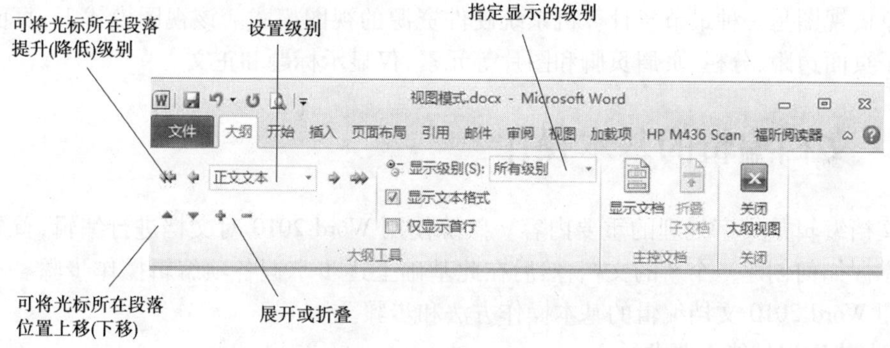

图 2-9 “大纲”选项卡

(2)新建大纲

无论是新建文档，还是已经有纲目结构的文档，在大纲视图中都可以再次编辑，具体步骤如下：

①打开没有纲目结构的文档，并进入大纲视图。

②将光标定位在文档的标题，然后在“大纲”选项卡的“设置级别”下拉列表中选择标题样式为“1 级”，如图 2-10 所示。

③将光标定位在文档的段落标题，然后在“设置级别”下拉列表中选择标题样式为“2 级”。

④将光标定位在文档的正文内容，在“设置级别”下拉列表中选择标题样式为“正文

文本”。

⑤重复以上步骤的操作，再结合“大纲”选项卡中有关标题升降等按钮，即可将整篇文档进行纲目化编排。

⑥在“显示级别”下拉菜单中选择“2 级”，此时整个文档只显示“2 级”以上的标题内容，如图 2-11 所示。

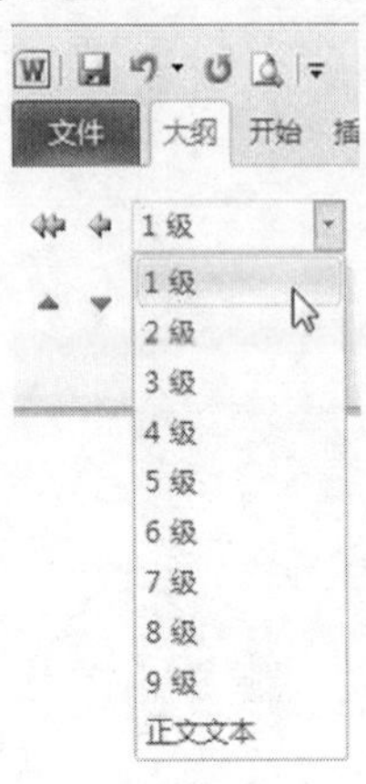

图 2-10 设置级别

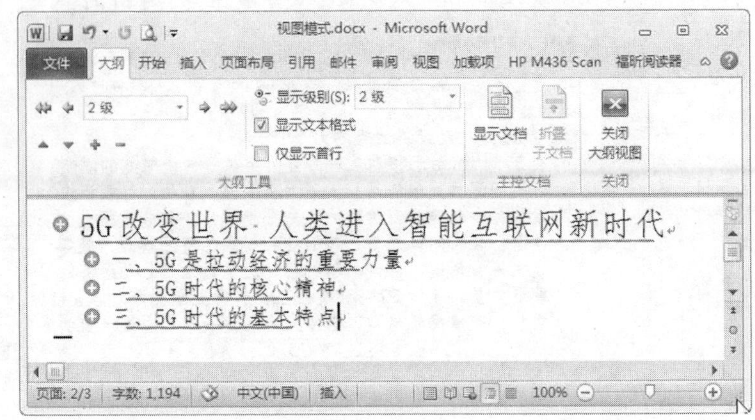

图 2-11 显示级别为“2 级”时文档效果

5. 草稿视图

草稿视图是一种最节省计算机系统硬件资源的视图模式。该视图模式下，页面布局取消了页面边距、分栏、页眉页脚和图片等元素，仅显示标题和正文。

2.2 文档编辑的基本操作

文档编辑是文字处理的重要内容。熟练使用 Word 2010 对文档进行编辑，首先要求用户掌握如何创建一个新的文档，然后在此基础上逐步掌握各项编辑操作步骤。本节重点介绍 Word 2010 文档编辑的基本操作方法和步骤。

【本节知识与能力要求】

(1) 掌握新建 Word 文档的方法；

(2) 掌握文本信息录入及特殊字符的插入方法；

(3) 掌握文本字号、颜色、字体类别及文本显示效果等属性的设置；

(4) 掌握文本的复制、粘贴、剪切等常规操作方法；

(5) 掌握在文档中查找与替换指定文本字符的操作方法。

2.2.1 新建文档

1. 新建空白 Word 文档

①正常启动 Word 2010 之后，在工作界面顶部区域选择“文件”选项卡，此时在弹出的菜单中选择“新建”命令，随后界面右侧显示有关新建的内容，如图 2-12 所示。

图 2-12 新建空白文档

②在“可用模板”列表中选择“空白文档”选项，然后单击界面右下部的“创建”按钮，即可完成新建文档的过程。此外，按下组合键【Ctrl + N】亦可快速创建空白文档。

2. 使用模板创建文档

Word 为用户提供了一大批模板，用户可以通过模板来快速创建应用于不同场合的文档，具体操作如下。

①在“文件”选项卡中，选择“新建”命令，在图 2-12 所示的界面“可用模板”区域，选择“样本模板”。

②软件罗列出软件默认自带的各类模板，根据用户实际需要选择某个模板，这里选择“基本报表”，如图 2-13 所示。

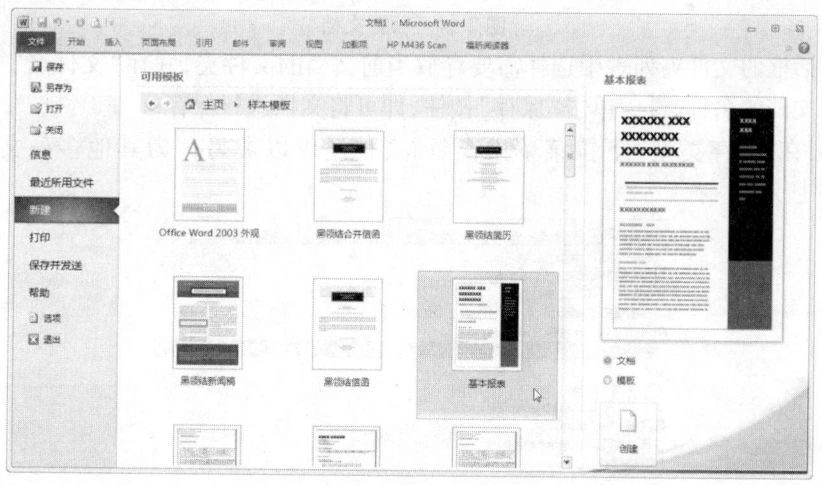

图 2-13 使用模板创建文档

③单击界面右下部的“创建”按钮，即可完成基于模板文档的创建过程。进入文档编辑状态后，用户只需在模板指定位置修改对应的文字，即可快速完成一篇文档。

2.2.2 保存文档

在文档编辑过程中，应该时刻注意保存文档，避免在编辑过程中一些突发情况（如停电、死机等）造成文档编辑进度丢失。保存文档的方法有多种，具体内容如下：

1. 使用组合键保存

在文档编辑过程中，按下组合键【Ctrl + S】是最简单、最便捷的保存文档的方法。

2. 使用“保存”按钮

在“快速访问工具栏”中，单击“保存”按钮，即可将文档保存。

3. 另存为

之前介绍的 2 种方法，都是在已有文档的基础上进行保存的。假如在编辑的文档还未取文件名，则在首次存盘时，系统会弹出“另存为”对话框，如图 2-14 所示。

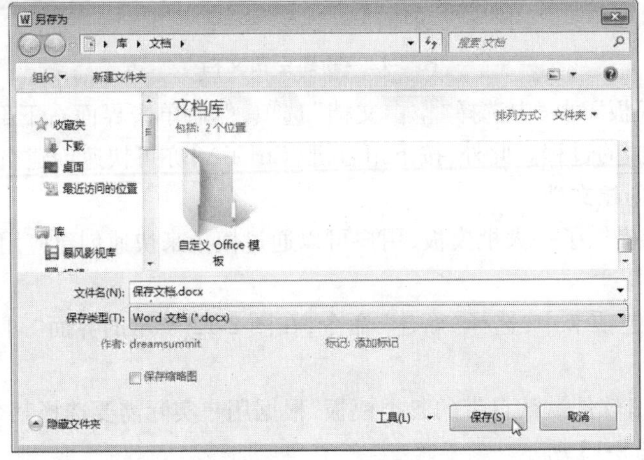

图 2-14　保存文档

在对话框的文件夹列表中选择需要存放当前文档的文件夹，并在“文件名”文本栏中输入当前文档的名称，最后单击“保存”按钮，即可将文档进行保存。

此外，在“保存类型”下拉菜单中，当前文档还可以被另存为其他多种文档形式，如图 2-15 所示。

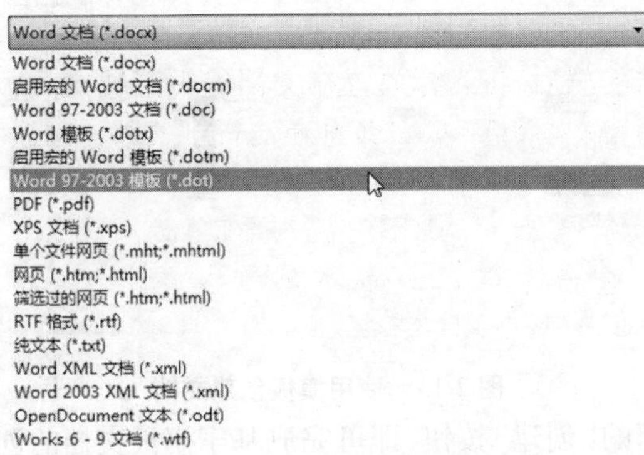

图 2-15　保存类型

4. **自动保存间隔时长的设置**

除了上述介绍的集中保存文档的方法以外，软件自身为了避免用户忘记保存，还提供了自动保存的功能。

在默认情况下，文档自动保存的间隔时间为 10 分钟。用户可以在“文件”选项卡中，执行“选项”命令，在弹出的对话框左侧列表中选择“保存”类别，此时右侧对话框即显示相关设置内容，如图 2-16 所示。根据实际需要，勾选“保存自动恢复信息时间间隔”复选框，并在后面的文本框中设置需要间隔的时长，这里设置为“4 分钟”，即每间隔 4 分钟，软件会自动保存一次当前编辑的内容。

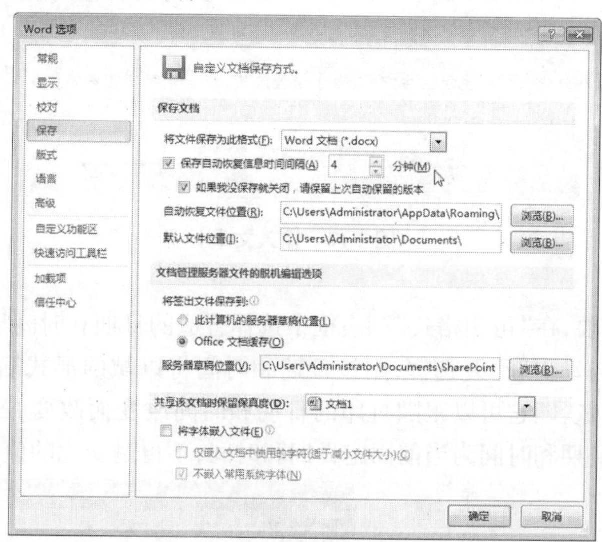

图 2-16　设置自动保存间隔时长

2.2.3　输入文本

成功创建 Word 文档后，即可在文档编辑区域输入文本。在第 1 章中，已经介绍了文字输入的指法，这里继续介绍其他类型的文本。

1. **输入文字**

在 Word 环境下输入文字，首先按下【Ctrl + Shift】组合键将输入法切换到中文状态，选择适合自己的输入法。然后，将光标放置在文档编辑区域，每输入一个文字或字符，光标就会向后移动，当一行输入满后，文字会自动换行。若要新增段落，按下【Enter】键，即可另起新的段落，如图 2-17 所示。

2. **插入日期**

在文档编辑过程中，经常遇到插入日期的需求，这里介绍两种插入日期的方法，可以快速实现该操作。

①在文档中，将光标定位在要插入日期的位置上。

②若直接输入当前年份但还未输入完成时，系统会自动弹出悬浮提示，按下【Enter】键即可插入当前日期，如图 2-18 所示。

③或者，在“插入”选项卡的“文本”组中，单击“日期和时间”按钮，弹出如图 2-19 所

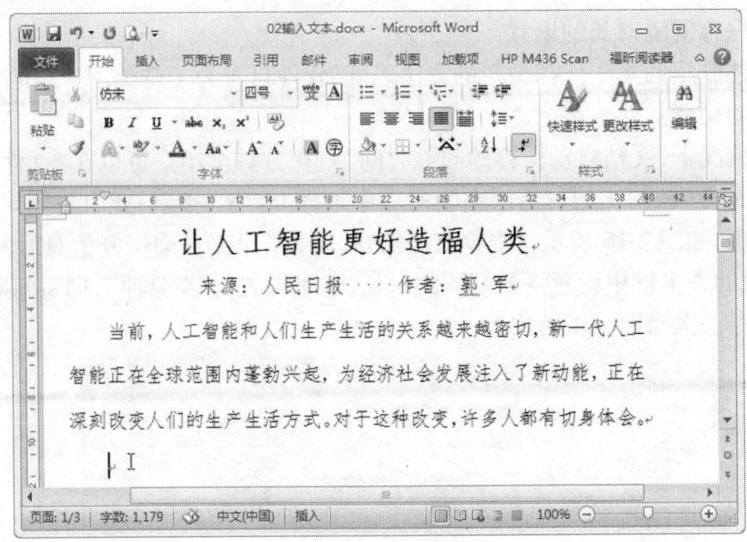

图 2-17 输入文本

示的对话框。

④根据实际需要，在“可用格式”列表框中选择合适的日期和时间显示格式。

⑤如果勾选“自动更新”复选框，则该日期和时间将以域的形式插入到文本中，该日期和时间为一个变量，即它可以跟随打印的日期和时间改变而改变；若取消“自动更新”复选框，则插入的日期和时间为当前固定日期和时间，不再是变化的值。

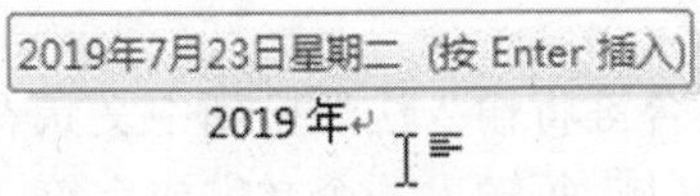

2019年7月23日星期二 (按 Enter 插入)

2019 年

图 2-18 插入日期

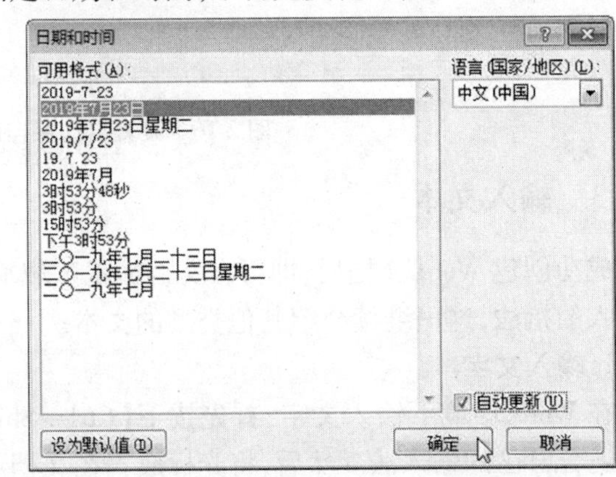

图 2-19 “日期和时间”对话框

3. 插入特殊字符

在文档编辑时不仅有中文和英文，还可以在文档中插入一些特殊的或专业领域的字符，例如“®”、“㎜”和“♫”等，具体操作如下。

①在文档中，将光标定位在要插入特殊字符的位置。

②在“插入”选项卡的“符号”组中，单击“符号”按钮，选择二级菜单中的“其他符号”选项，这时弹出“符号”对话框，如图 2-20 所示。

图 2-20 “符号”对话框

③在该对话框的“字体”下拉列表中选择所需要的字体，在“子集”下拉列表中选择所需的选项，然后通过滚动纵向滑块即可查找某些特殊字符。

④在特殊字符列表框中，选中某个字符，单击“插入”按钮，即可将对应的字符插入到光标所在位置。

2.2.4 字体属性的设置

在 Word 文档中完成文字的输入后，还需要进一步对字体属性进行设置，以便使整个版面规范、美观。

在 Word 2010 中，对字体属性进行设置有多种操作方法，最为直观的方法是使用“开始”选项卡中的“字体”组，如图 2-21 所示。下面将主要的设置方法向读者讲解。

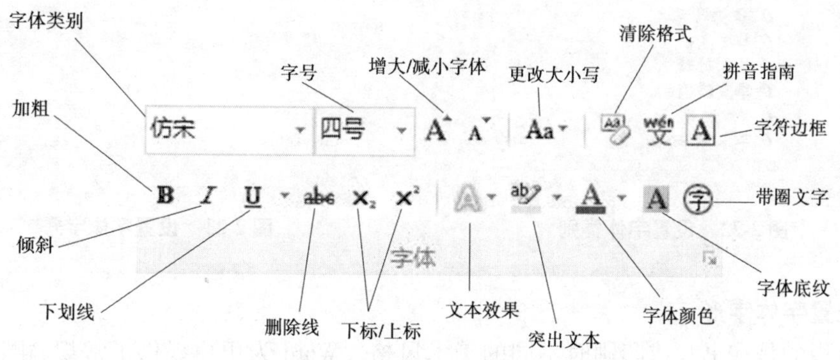

图 2-21 “字体”组

1. 设置字体类别

字体结构经过数千年不断创造、改进而成，有较强的规律性。从大的方面来讲，字体一般分为中文和英文两大类。其中常见的中文字体有“黑体”“宋体”“仿宋”“微软雅黑”“隶书”等；常见的英文字体有“Arial”“Times New Roman”“Calibri”等。设置字体的具体操作如下：

①选择拟改变字体类别的文字。

②在“开始”选项卡中的“字体”组中,单击“字体类别”下拉菜单,如图 2-22 所示。

③在弹出的列表窗内选择某一字体即可,例如这里将文档标题设置为“仿宋”。

2. 设置字体字号

字号指的是文字的大小,它是一种度量单位。在对文档进行排版时,通过文字在大小方面的变化,可以区分层次,标明重点。

在 Word 中,以“字号”为单位时,字号越大文字越小,即从“初号”到“八号”文字依次减小;以“磅”为单位时,磅值越大文字越大,在系统默认环境下从“5 磅”到“72 磅”文字依次增大。

特别说明的是,如果在“字号”文本框中直接输入大于 72 磅的数值,同样能够增大字号,此种方式通常在特殊时刻需要制作巨型文字时使用。设置字体字号的具体操作如下:

①选择拟改变字体大小的文字。

②在“开始”选项卡中的“字体”组中,单击“字号”下拉菜单,如图 2-23 所示。

③在弹出的列表窗内选择某一字号即可。

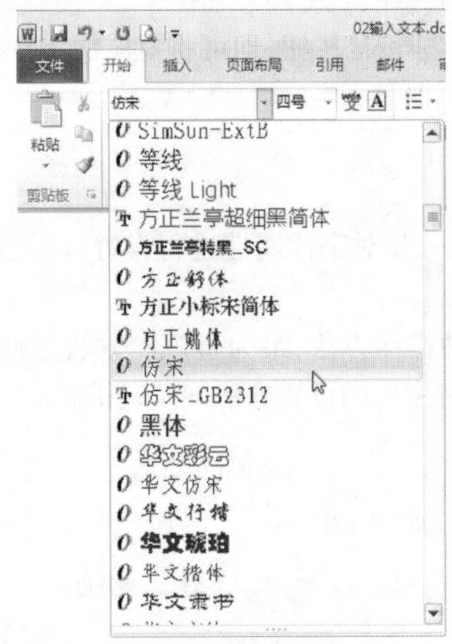

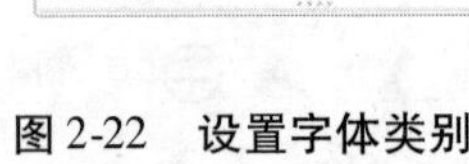

图 2-22　设置字体类别

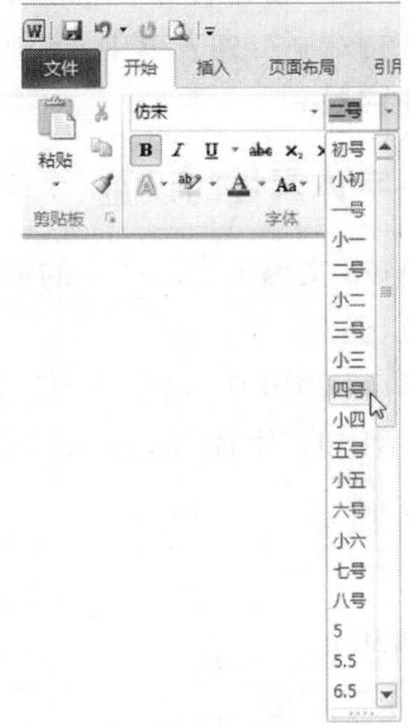

图 2-23　设置字体字号

3. 设置字体字形

字形指的是在书写或印刷时不同的美术风格。Word 为用户提供了常规、粗体、斜体和下划线四种字形。文档编辑时,默认使用常规字形,用户可以按照下面的操作方法对文本进行设置。

①选择拟改变字体字形的文字。

②在“开始”选项卡中的“字体”组中,单击“加粗”按钮即可将对应文字显示为粗体。若依次单击“加粗”“倾斜”“下划线”按钮,则文字效果叠加显示,如图 2-24 所示。

4. 添加删除线

删除线用于标记文档中被删除的文字,起到突出显示作用。其他用户在看到删除线

让人工智能更好造福人类—— 仿宋常规二号

让人工智能更好造福人类—— 李旭科书法加粗小初

让人工智能更好造福人类—— 仿宋倾斜+下划线三号

让人工智能更好造福人类——华文彩云加粗+下划线二号

图 2-24 设置字体字形

时,可以根据自己的理解决定是否采纳。添加删除线的步骤如下。

①选择拟添加删除线的文字。

②在“开始”选项卡中的“字体”组中,单击“删除线”按钮,即可为当前文字添加删除线,如图 2-25 所示。

~~让人工智能更好造福人类~~

图 2-25 添加删除线

5. 设置带圈字符

①选择拟添加带圈字符的一个文字。

②在“开始”选项卡中的“字体”组中,单击“带圈字符”按钮,弹出如图 2-26 所示的对话框。在该对话框中简要设置,即可为当前文字添加带圈效果,如图 2-27 所示。

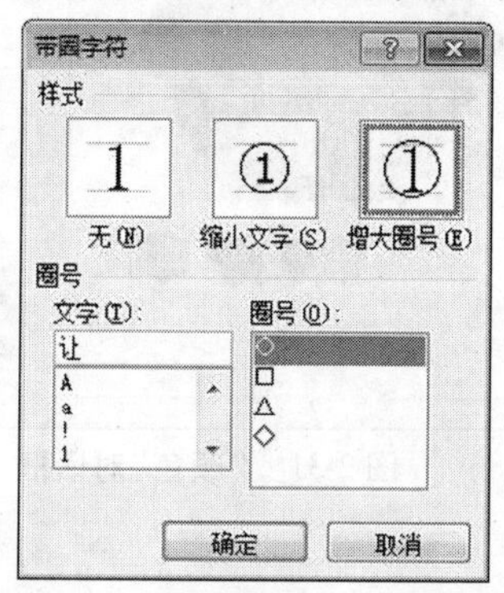

图 2-26 “带圈字符”对话框

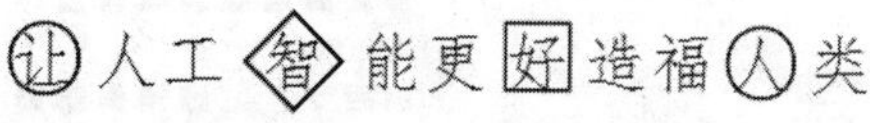

让人工智能更好造福人类

图 2-27 “带圈字符”效果

6. 设置上标和下标

设置上标和下标是文档编辑过程中经常遇到的情况,例如参考文献、数学符号等。具体设置方法如下:

①选择拟设置上标或下标的文字。

②在“开始”选项卡中的“字体”组中,单击“上标”或“下标”按钮,即可将被选择的文字设置为上标或下标,如图 2-28 所示。

$2^{10}=1024$

$C_{15}H_{16}O_5$

图 2-28 设置上标和下标

7. 设置字体边框与底纹

①选择拟设置边框或底纹的文字。

②在“开始”选项卡中的“字体”组中,单击“边框”或“底纹”按钮,即可对被选择的文

字设置边框与底纹,如图 2-29 所示。

边框—让人工智能更好造福人类—底纹

图 2-29　设置字体边框与底纹

8. 设置字体颜色

在编辑文档过程中,经常要为文字增加颜色,一方面是为了版面的美观,另一方面是为了引起其他修改者的注意。用户可以根据需要,为字体设置任何颜色,具体操作步骤如下:

①选择拟设置字体颜色的文字。

②在“开始”选项卡中的“字体”组中,单击“字体颜色”按钮旁边的下拉菜单,即可在弹出的颜色列表中选择合适的颜色,如图 2-30 所示。此外,假如当前颜色列表中没有合适的颜色,还可以单击“其他颜色...”选项,在弹出的“颜色”对话框中选择需要的颜色,如图 2-31 所示。

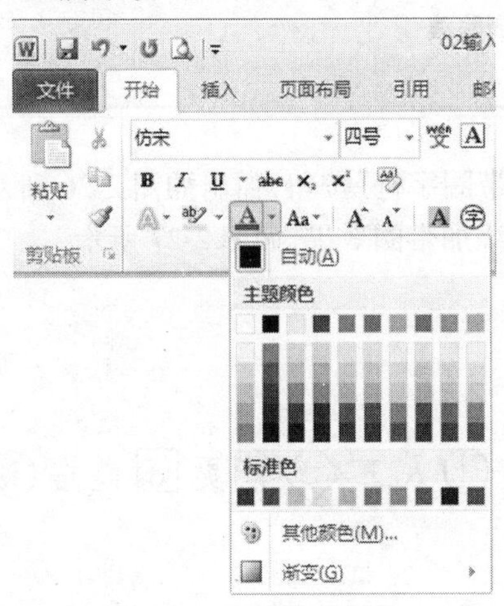

图 2-30　设置字体颜色

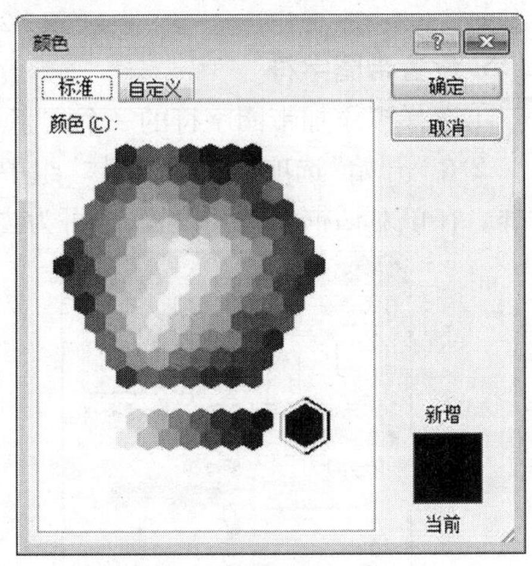

图 2-31　“颜色”对话框

9. 加注拼音

Word 2010 能够为某些特殊用途的字体快速添加拼音效果,具体操作如下:

①选择拟添加拼音的文字。

②在“开始”选项卡中的“字体”组中,单击“拼音指南”按钮,弹出如图 2-32 所示的对话框。

③此时,Word 已经自动为文字加注了拼音效果,用户可以根据需要对拼音的对齐方式、字号和字体等常见属性进行设置。

④设置完成后,单击“确定”按钮,即可完成对指定文字的拼音添加。

10. 使用对话框设置字体属性

除了上述介绍的使用“字体”组中的各类按钮对文本进行设置外,还可以使用“字体”对话框来设置文字的字体、字形、字号等属性,具体操作如下:

①选择拟设置字体属性的文字。

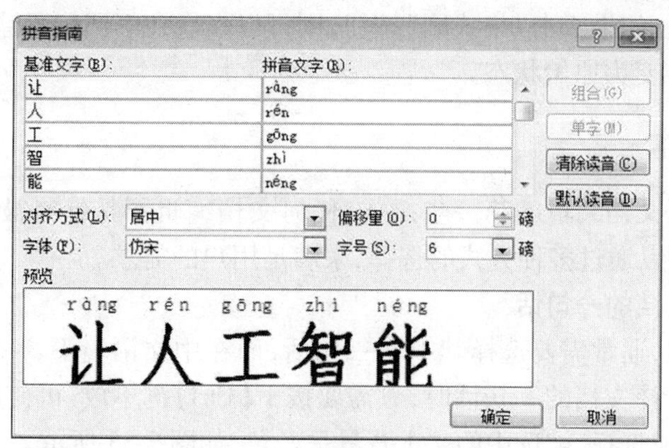

图 2-32 “拼音指南”对话框

②在“开始”选项卡中的“字体”组的右下角,单击“ ”按钮,弹出如图 2-33 所示的对话框。

③在“字体”对话框的“字体”选项卡内部可以对字体、字号、字形等多种效果进行设置;在“高级”选项卡内部,还可以对字符间距和 OpenType 功能进行设置,如图 2-34 所示。由于篇幅所限,这里不再对每个选项展开进行讲解,请读者自行练习。

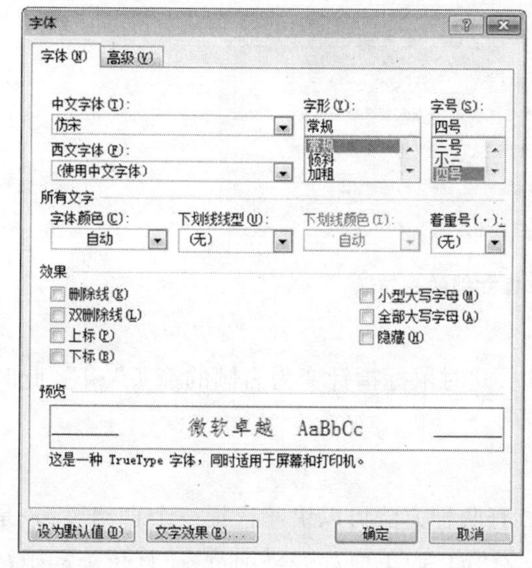

图 2-33 “字体”对话框——“字体”选项卡

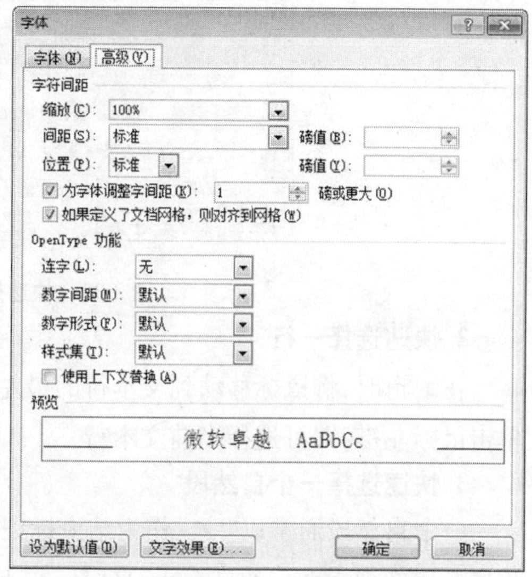

图 2-34 “字体”对话框——“高级”选项卡

11. 使用“格式刷”设置字体属性

在文档编辑时,文档内部有许多位置不同,但字体属性相同的文字,只要某一处文字进行了属性设置,就可以通过“格式刷”快速实现对其它部位文本的字体属性复制。

①将鼠标定位在已经设置好格式属性的文字中间。

②在“开始”选项卡的“剪贴板”组中,单击“格式刷”按钮,此时光标变为“ ”。

③移动鼠标至拟更改样式的文字上方,按下鼠标左键涂刷文字,被涂刷的文字即可设置为之前的属性,随即光标变为原始状态。

特别说明的是，如果双击“格式刷”按钮，则可以多次在不同位置涂刷文字，直到按下【Esc】键后，光标才变为原始状态。

2.2.5 选择文本

选择文本是对文档编辑的第一步操作，任何文档编辑都是针对被选中对象执行的。在 Word 2010 中可以通过多种方式的选择，来满足用户的需求。

1. 快速选择文档的一句话

在文档编辑时，通常需要选择其中的一句话，而在中文语境下，一句话是以“。”为结束标记的。快速选择文档的一句话时，只需要按下【Ctrl】键不放，再使用鼠标左键单击某句话，即可快速完成选择，被选中的文本背景呈蓝色，如图 2-35 所示。

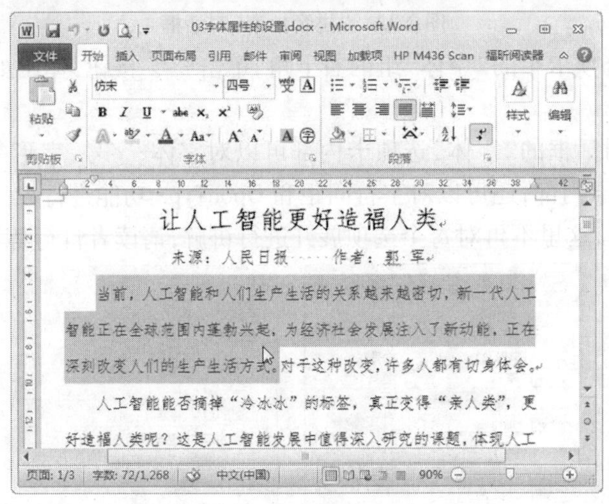

图 2-35 快速选择文档的一句话

2. 快速选择一行

在编辑时，将鼠标移动到文本行的最左边，此时鼠标指针变为右倾的箭头“↗”，此时单击鼠标左键，即可选择当前文本行。

3. 快速选择一个自然段

一个自然段通常以“↵”作为结束标记。有两种方法可以快速选择一个自然段：一是将鼠标移动到文本行的最左边，当鼠标变为“↗”时，双击鼠标左键即可；二是将光标定位在拟选择自然段内部任意位置，三击鼠标左键即可。

4. 快速选择整个文档

一是将鼠标移动到文本行的最左边，当鼠标变为“↗”时，三击鼠标左键即可。此外，按下组合键【Ctrl + A】，同样可以快速选择整个文档。

5. 快速选择任意区域

在编辑时，有些时候选取的内容跨越多个页面，若要一直按下鼠标左键拖拽进行选择，操作起来不太方便，这时可以配合【Shift】键来完成操作。

首先，需要将光标定位在拟选择文本的第一个字前面，然后滚动页面至拟选文本的结尾处，最后按下【Shift】键的同时，单击鼠标左键，即可完成选择操作。

2.2.6 复制、粘贴、剪切和删除文本

在文档编辑过程中有些文本经常需要重复出现，或者需要调整位置、直接清除等。Word 2010 提供了相应的操作方法，即文本的复制、粘贴、剪切和删除。其基本操作如下：

1. 复制文本

有多种方式可以完成复制文本的操作，文本被复制后，暂存在系统的剪贴板内。

①选择拟复制的文字，在“开始”选项卡的“剪贴板”组中，单击“复制”按钮即可。

②选择拟复制的文字，按下组合键【Ctrl + C】即可。

③选择拟复制的文字，单击鼠标右键，在右键菜单中选择“复制”选项。

④选择拟复制的文字，按下【Ctrl】键不放的同时，单击鼠标左键，将文字以拖拽的形式复制到目标位置。释放鼠标后，即可完成复制操作。

2. 粘贴文本

①在“开始”选项卡的“剪贴板”组中，单击“粘贴”按钮，即可将复制文本粘贴在目标位置。

②按下组合键【Ctrl + V】即可完成粘贴。

③将鼠标定位在目标位置，单击鼠标右键，在右键菜单中选择“粘贴”选项。

3. 剪切文本

①选择拟剪切的文字，在“开始”选项卡的“剪贴板”组中，单击“剪切”按钮即可。

②选择拟剪切的文字，按下组合键【Ctrl + X】即可。

③选择拟剪切的文字，单击鼠标右键，在右键菜单中选择“剪切”选项。

④将鼠标定位在目标位置，在“开始”选项卡的“剪贴板”组中，单击“粘贴”按钮，即可将剪切文本粘贴在目标位置。

4. 删除文本

使用【Del】键可以删除光标右侧的一个字或一个字符；使用【Backspace】键可以删除光标左侧一个字或一个字符；若已经选择某些文本块，使用【Del】键可以删除文本块的整个内容。

2.2.7 撤销之前的操作

在使用 Word 2010 进行文档的排版、文本输入、格式设置等工作时，难免会有些误操作，如打错字、段落设置错误、图片插入不对、样式不对等。当出现这些误操作时，有什么好办法挽回呢？其实，可以利用 Word 2010 编辑窗口快速访问工具栏上的“撤销”按钮或撤销快捷键恢复到之前的状态。

撤销之前的操作有两种方法：一是按下组合键【Ctrl + Z】；二是在界面左上角“快速访问工具栏”中单击“撤销”按钮。需要说明的是，每执行一次撤销操作，仅仅是撤销上一步操作，若要撤销之前多步操作，只需要反复执行撤销即可。

2.2.8 查找与替换

在文档编辑过程中，经常需要在文档中快速查找或替换某些特定的文本片段，或是一

个字词,或是某个符号等。利用Word 2010的查找功能,用户能够在文档中快速搜索所需要的字词或符号,并对搜索结果高亮显示;通过替换功能还能够将文档中同类型词语批量替换,可以极大地提高文本编辑的效率。查找和替换操作如下:

1.查找

有两种方式可以实现查找操作。

(1)使用"导航"窗格完成查找

①打开待编辑的文档。

②在"开始"选项卡的"编辑"组中,单击"查找"按钮,即可在软件界面左侧打开"导航"任务窗格。

③在"导航"任务窗格"搜索文档"文本框内输入要查找的文字内容,这里输入"人工智能",此时系统会在右侧文档编辑区域内自动查找"人工智能"的词语,并且以高亮的形式进行展示,如图2-36所示。

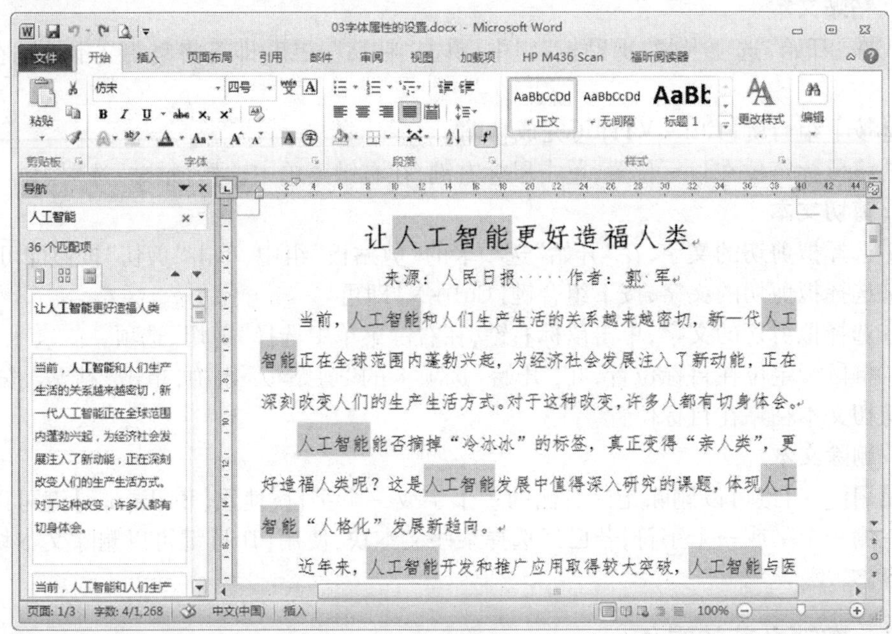

图2-36 查找

④单击"导航"任务窗格右上角的"×"号,即可关闭任务窗格,若要再次开启,只需要在"视图"选项卡的"显示"组中勾选"导航窗格"复选框即可。

(2)使用"查找和替换"对话框完成查找

①打开待编辑的文档。

②在"开始"选项卡的"编辑"组中,单击"查找"按钮旁边的下拉菜单,选择其中的"高级查找"选项,这时弹出如图2-37所示的对话框。

③在"查找内容"文本框中输入待查找的关键字"人工智能",然后单击"查找下一处"按钮,系统即可从光标所在位置开始查找指定内容,并突出显示。

④单击"更多"按钮,对话框展示更多有关查找的选项,如图2-38所示。在"搜索"下拉菜单中包含"全部""向上""向下"三个选择,其中"全部"指的是对整个文档进行搜索,

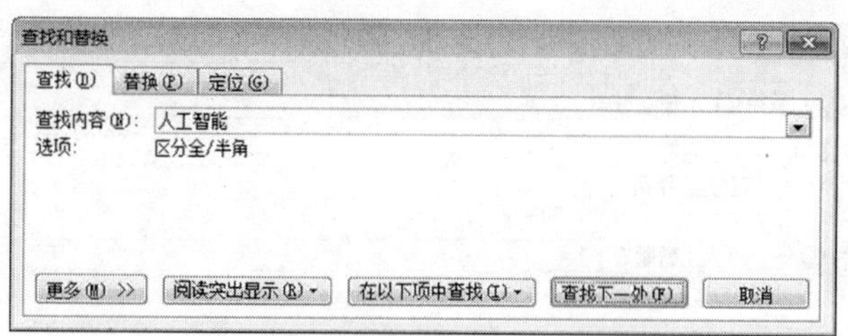

图 2-37 “查找和替换”对话框

“向上”指的是从光标所在位置向文档开始处搜索,“向下”指的是从光标所在位置向文档结尾处搜索。对于其他更多设置,这里不再一一解释,请读者自行练习。

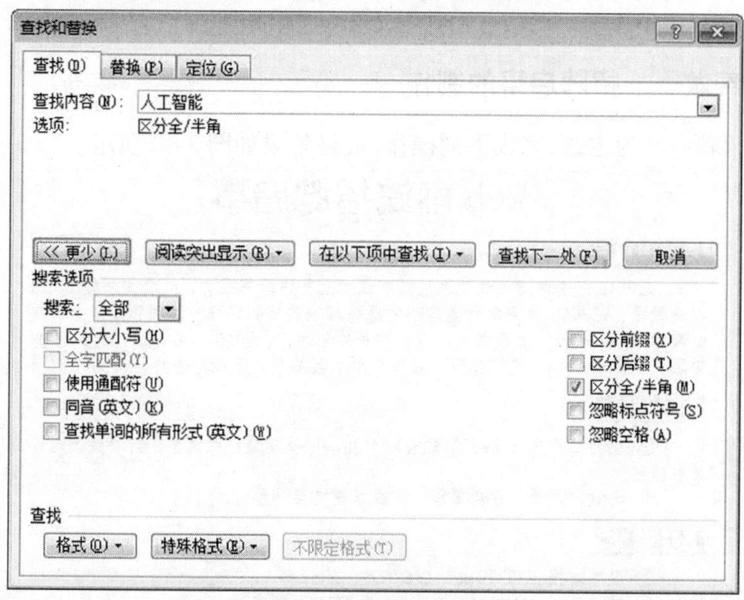

图 2-38 高级查找模式

2. 替换

替换功能是在查找功能基础上的延伸操作,该功能能够帮助用户快速替换文档中指定的内容,使用起来特别方便。

①打开待编辑的文档。

②在“开始”选项卡的“编辑”组中,单击“替换”按钮,此时弹出“查找和替换”对话框。

③选择“替换”选项卡,在“查找内容”文本框中输入拟被替换的文字内容,在“替换为”文本框内输入要替换的文字,如图 2-39 所示。

④单击“全部替换”按钮,Word 将查找文档中所有内容为“人工智能”的关键字,直接替换为目标文字。

⑤为了避免大批量替换造成文档前后语序不通顺的现象,用户还可以单击“查找下一处”按钮,Word 将逐个查找。确认要替换时,单击“替换”按钮即可。

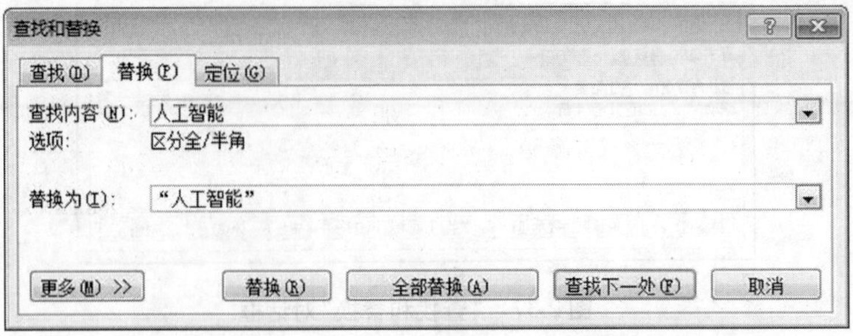

查找和替换

查找(D)　替换(P)　定位(G)

查找内容(N)：人工智能
选项：区分全/半角

替换为(I)："人工智能"

更多(M) >>　替换(R)　全部替换(A)　查找下一处(F)　取消

图 2-39　替换

2.2.9　跟着做——招聘启事的制作

以编排招聘启事为主题，完成下列操作，最终效果如图 2-40 所示。

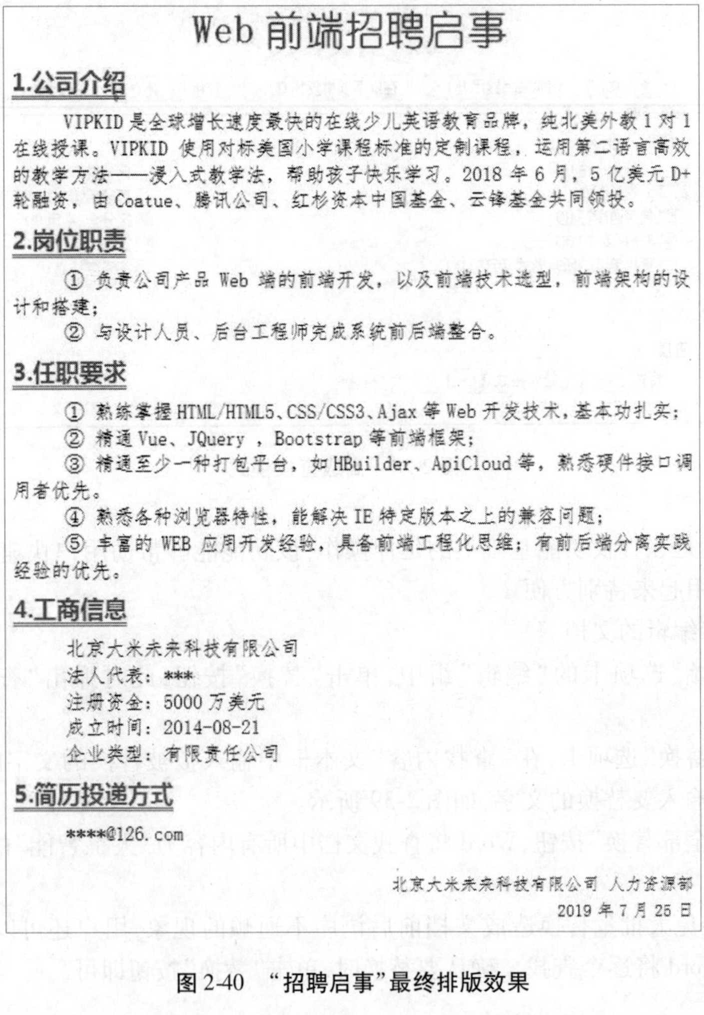

Web 前端招聘启事

1.公司介绍

VIPKID 是全球增长速度最快的在线少儿英语教育品牌，纯北美外教 1 对 1 在线授课。VIPKID 使用对标美国小学课程标准的定制课程，运用第二语言高效的教学方法——浸入式教学法，帮助孩子快乐学习。2018 年 6 月，5 亿美元 D+轮融资，由 Coatue、腾讯公司、红杉资本中国基金、云锋基金共同领投。

2.岗位职责

① 负责公司产品 Web 端的前端开发，以及前端技术选型，前端架构的设计和搭建；

② 与设计人员、后台工程师完成系统前后端整合。

3.任职要求

① 熟练掌握 HTML/HTML5、CSS/CSS3、Ajax 等 Web 开发技术，基本功扎实；

② 精通 Vue、JQuery ，Bootstrap 等前端框架；

③ 精通至少一种打包平台，如 HBuilder、ApiCloud 等，熟悉硬件接口调用者优先。

④ 熟悉各种浏览器特性，能解决 IE 特定版本之上的兼容问题；

⑤ 丰富的 WEB 应用开发经验，具备前端工程化思维；有前后端分离实践经验的优先。

4.工商信息

北京大米未来科技有限公司
法人代表：***
注册资金：5000 万美元
成立时间：2014-08-21
企业类型：有限责任公司

5.简历投递方式

****@126.com

北京大米未来科技有限公司 人力资源部
2019 年 7 月 25 日

图 2-40　"招聘启事"最终排版效果

①在 D 盘新建名为"招聘启事"的文件夹，并在文件夹内创建名为"Web 前端招聘启

事”的 Word 文档。

②在新建的 Word 文档内部,输入图 2-40 所示的文字内容。

③将标题设置为小一、幼圆、标准色红色、加粗、居中。

④将文档内所有标题设置为四号、微软雅黑、蓝色、加粗,并增加双下划线效果。

⑤将所有正文内容设置为小四、仿宋,通过增加空格,使得段落开始有 2 个汉字的距离。

⑥在落款处插入能够自动更新的日期。

⑦操作完成后,以原文件名保存文档。

2.2.10 课堂思考与技能训练

1. Word 的视图模式有哪些? 应用场景又有哪些?

2. 使用 Word 自带的“执行新闻稿”模板创建文档。

3. 如何将 Word 的自动保存间隔时长设置为 5 分钟?

4. 新建 Word 文档,在文档中插入以下特殊字符:“☯”“✈”“❄”“▦”“☎”“◈”“➘”“◤”“⏲”“ϟ”“Ш”。

5. 如何为文字添加上标和下标?

2.3 文档版式布局

文档的编辑除了对文档的字体属性进行设置以外,在对整个版式和页面的设置也需要考虑。本节向读者重点介绍有关页面设置的相关知识,以及丰富版面的常见操作。

【本节知识与能力要求】

(1)掌握纸张大小、方向和页边距等设置;

(2)掌握页眉和页脚的添加方法;

(3)在理解缩进的基础上,能够对段落进行常规编辑;

(4)掌握为文本对象添加边框和底纹的操作方法;

(5)了解项目符号和编号的含义;

(6)掌握首字下沉、分栏、插入分节符、添加水印等操作方法;

(7)能够使用公式编辑器完成复杂公式的编辑。

2.3.1 页面设置

页面设置指的是对当前文档整个版面的设置,主要涉及纸张大小、纸张方向和页边距等内容。

1. 页边距与纸张方向

①使用 Word 打开任意文本文档。

②在“页面布局”选项卡的“页面设置”组中,单击“页面设置”按钮,弹出如图 2-41 所示的对话框。

- 上:指的是当前页面中,文档的第一行文字距页面顶端的距离。

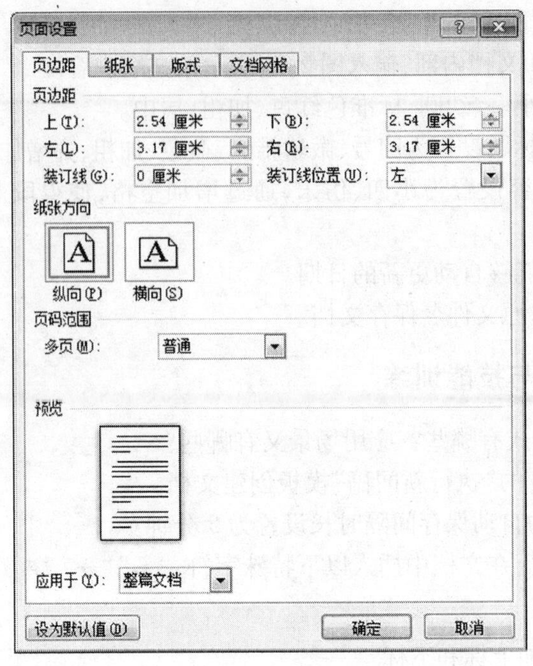

图 2-41 “页面设置”对话框——页边距

- 下:指的是当前页面中,文档的最后一行文字距页面底端的距离。
- 左:指的是当前页面中,文档无缩进正文左端距页面左边的距离。
- 右:指的是当前页面中,文档无缩进正文右端距页面右边的距离。
- 装订线:指的是要添加到页边距上以便进行装订的空间距离。
- 装订线位置:指的是装订线位于整个页面的左边还是右边。
- 纸张方向:指的是当前文档是纵向放置还是横向放置。
- 页码范围:包含多种选项,其中“普通”表示单面打印;“对称页边距”表示双面打印,用于杂志、书籍等环境。
- 应用于:指的是上述设置在文档的应用范围,默认设置是“整篇文档”,根据需要也可以在下拉菜单中更改设置。

2. 纸张与版式设置

在文档排版前期需要确定纸张的使用大小,常见的纸张大小通常有 A4、A3 和 B5。在图 2-41 所示的对话框中选择“纸张”选项卡,即可在“纸张大小”下拉菜单中找到对应的纸张类型,如图 2-42 所示。其中,“宽度”和“高度”指的是纸张的宽和高,根据实际需要可以自定义修改大小。

在“版式”选项卡中,可以对节的起始位置,以及“奇偶页不同”的页面进行设置,如图 2-43所示。有关页眉页脚的知识将在后续内容讲解。

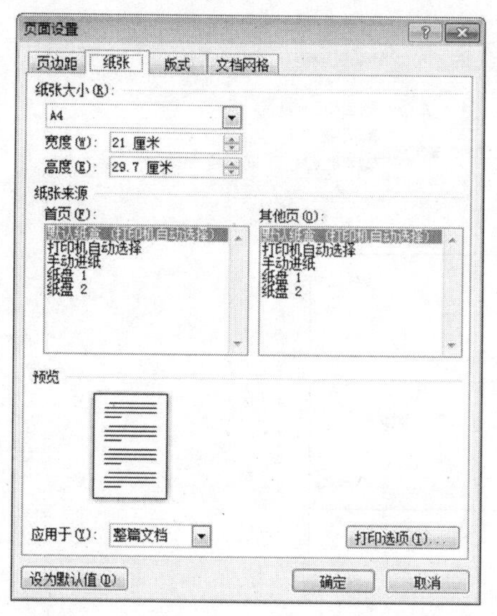

图 2-42 “页面设置”对话框——纸张

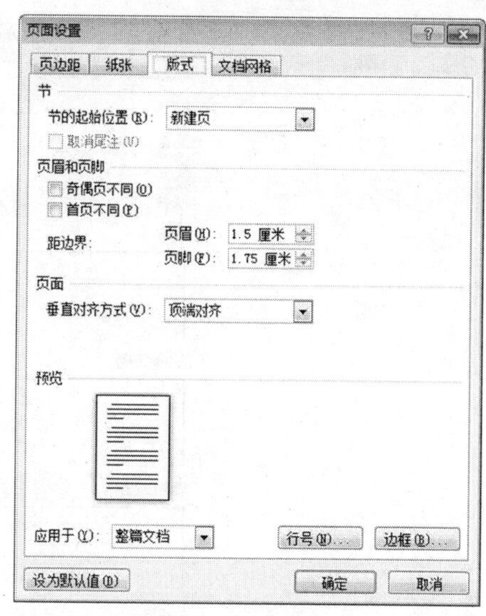

图 2-43 “页面设置”对话框——版式

2.3.2 页眉与页脚

在 Word 中,页眉与页脚都是文档的一部分,每个页面的顶部区域为页眉,每个页面的底部区域为页脚。页眉与页脚常用于显示文档的附加信息,可以插入时间、图形、公司微标、文档标题、文件名或作者姓名等注释信息。

1. 编辑页眉

①使用 Word 打开已有文档。

②在“插入”选项卡的“页眉和页脚”组中,单击“页眉”按钮,此时弹出如图 2-44 所示的菜单。

③根据个人喜好,可以直接从系统内置的页眉版式中选择某个版式,也可以选择“编辑页眉”选项,无论执行何种命令,此时都将进入编辑页眉的状态。

④进入编辑页眉状态后,页眉区域会显示一条蓝色虚线,该虚线限制了页眉内容的显示范围。将鼠标定位在页眉区域输入相应的文字内容即可,如图 2-45 所示。

⑤页眉编辑完成后,单击“关闭页眉和页脚”按钮,或者双击文档的正文区域即可返回文档的编辑状态。

2. 编辑页脚

①在“插入”选项卡的“页眉和页脚”组中,单击“页脚”按钮,用户可以在内置的菜单中选择合适的页脚版式,这里选择“编辑页脚”选项,进入页脚编辑状态。

②根据实际需要,可以为当前文档添加页脚,如图 2-46 所示。编辑完成后,单击“关闭页眉和页脚”按钮,即可退出编辑状态。

3. 插入页码

为文档插入页码是文档编辑过程中最常见的操作。

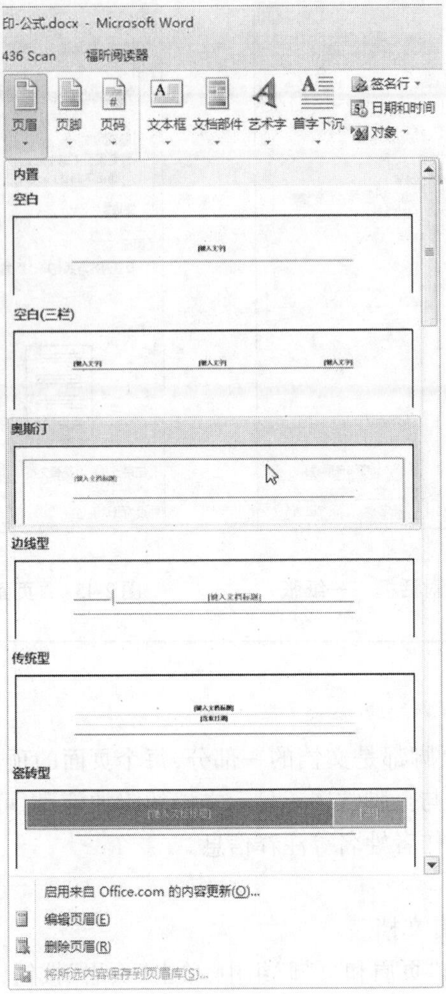

图 2-44　页眉菜单

①在“插入”选项卡的“页眉和页脚”组中，单击“页码”按钮，在弹出的二级菜单中选择“页码底端”选项，在三级菜单中选择适宜的页码版式即可。

特别说明的是，如果使用此操作方法，之前已有的页脚将会被页码版式所覆盖。若要在页脚区域添加页码，需要在弹出的二级菜单中选择“当前位置”选项。

②选择已经插入的页码，在“插入”选项卡的“页眉和页脚”组中，单击“页码”按钮，在弹出的二级菜单中选择“设置页码格式”选项，此时弹出如图 2-47 所示的对话框。在此对话框中，用户可以对页码格式进行设置，或者设置起始页码。

2.3.3　段落设置

文档编辑中，段落指的是一个自然段，可以包括文字、图形、表格等内容。对段落的设置也是文档编辑中常见的操作，图 2-48 所示的是“段落”组中的各类按钮。

1. 段落对齐方式

段落设置中包含 5 种对齐方式，即左对齐、居中对齐、右对齐、两端对齐和分散对齐。

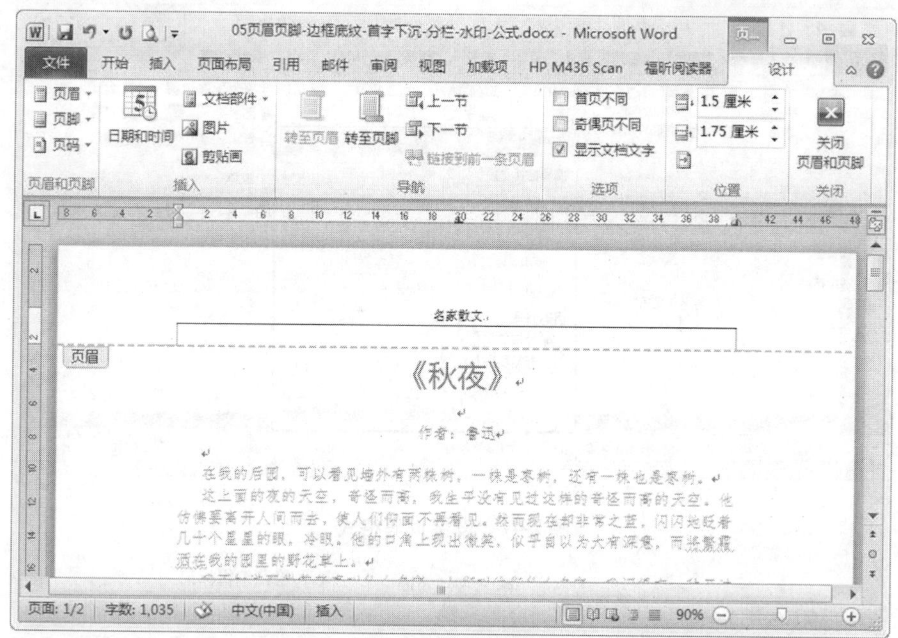

图 2-45 编辑页眉

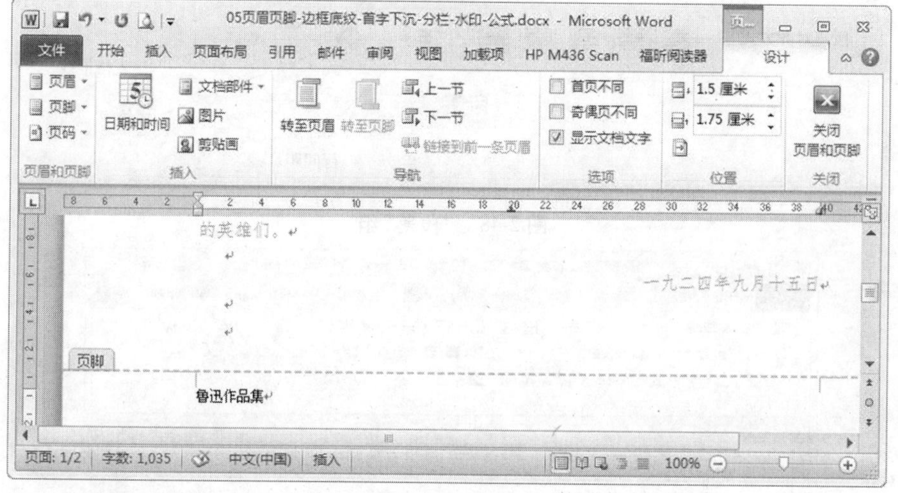

图 2-46 编辑页脚

具体操作如下。

①将光标定位在需要编辑的段落文本内部。

②在“开始”选项卡的“段落”组中单击“段落对齐方式”按钮即可，如图 2-49 所示。

- 左对齐：段落文字从左向右排列对齐。
- 居中对齐：段落文字居中放置。
- 右对齐：段落文字从右向左排列对齐。
- 两端对齐：同时将文字两端左右对齐，并根据需要增加字间距。
- 分散对齐：使段落两端同时对齐，并根据需要增加字间距。

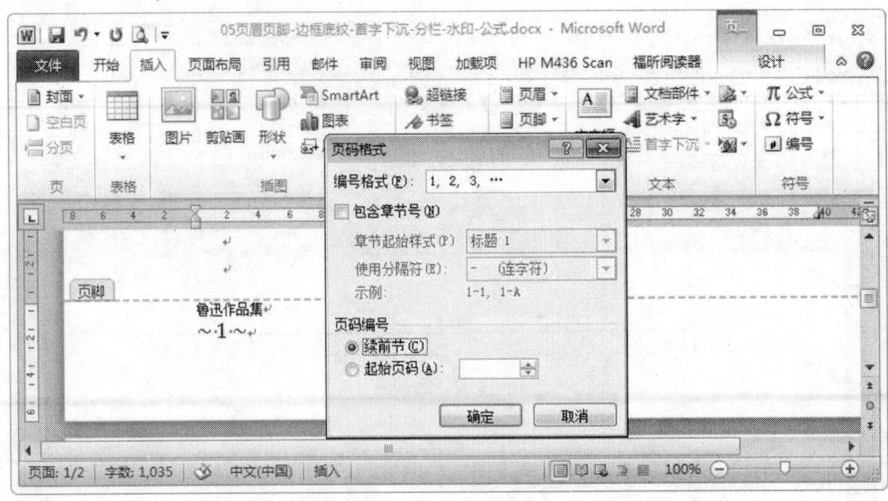

图 2-47　设置页码格式

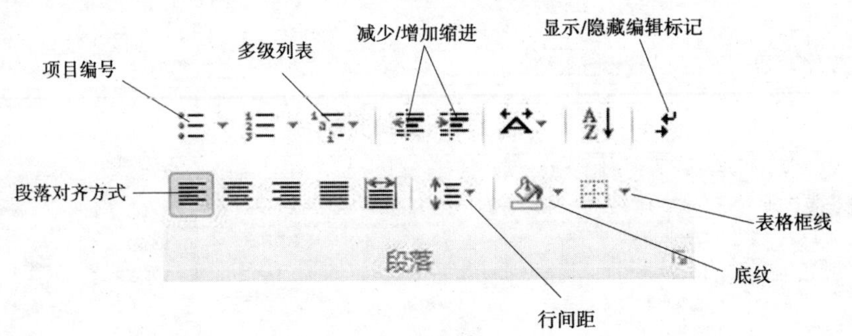

图 2-48　“段落”组

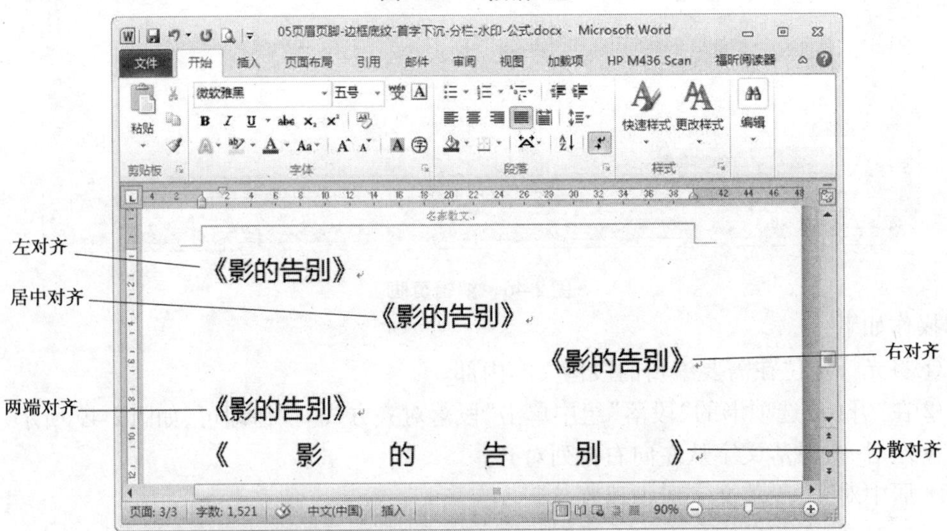

图 2-49　段落对齐方式

2. 缩进

缩进是指调整文本与页面边界之间的距离。在水平标尺上,有四个段落缩进滑块:首行缩进、悬挂缩进、左缩进以及右缩进,如图 2-50 所示。

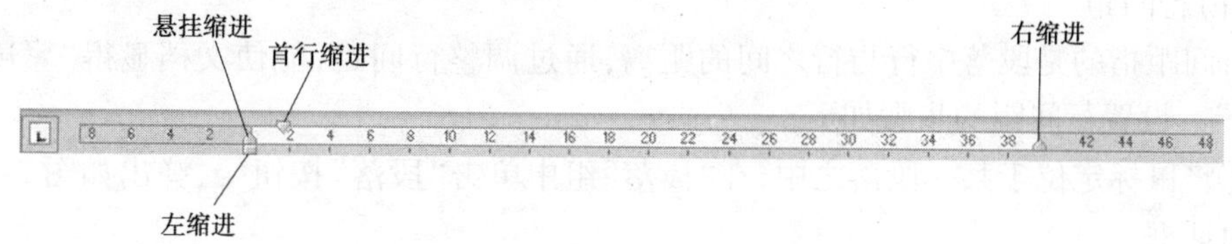

图 2-50　标尺

● 左缩进:整个段落左边界的位置。

● 右缩进:整个段落右边界的位置。

● 悬挂缩进:段落的首行文本不加改变,而除首行以外的文本缩进一定的距离。悬挂缩进常用于项目符号和编号列表。悬挂缩进是相对于首行缩进而言的。

● 首行缩进:将段落的第一行从左向右缩进一定的距离,首行外的各行都保持不变,便于阅读和区分文章整体结构。

此外,将鼠标定位于某一段落之中,在"段落"组中单击"段落"按钮,弹出如图 2-51 所示的对话框。在此对话框中,"缩进"选项中的相关设置都是与缩进相关的,更改某项设置时,会在"预览"窗格中实时显示,有关"缩进"设置的具体含义如下。

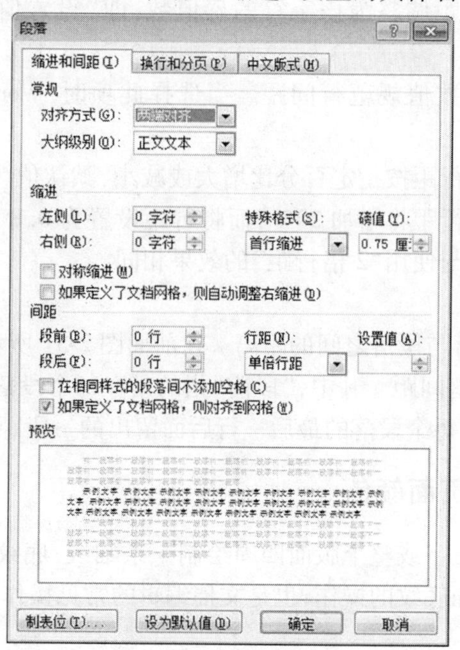

图 2-51　"段落"对话框

● 左侧:输入的数值代表从左侧页边距缩进的距离。如果是负值,则当前段落文字会出现在左侧页边距的左侧。

● 右侧:输入的数值代表从右侧页边距缩进的距离。

• 特殊格式:可以选择段落的第一行具有的缩进类型,包含首行缩进和悬挂缩进。

• 磅值:在"特殊格式"下拉菜单中选择缩进类型后,缩进的磅值。

3. 行间距与段落间距

(1)行间距

行间距指的是段落中行与行之间的距离,通过调整行间距,能使文档显得"紧凑"或"疏松"。设置行间距的步骤如下。

①将鼠标定位于某一段落之中,在"段落"组中单击"段落"按钮,弹出如图 2-51 所示的对话框。

②在"间距"设置区域中,找到"行距"下拉菜单,在其中各类行距选项中选择一种即可。

• 单倍行距:所选择的文本的行间距为所使用文字大小的 1 倍行距。例如,对于文字大小为 10 磅的文字,其行距约为 10 磅。

• 1.5 倍行距:所选择的文本的行间距为所使用文字大小的 1.5 倍行距。例如,对于文字大小为 10 磅的文字,其行距约为 15 磅。

• 2 倍行距:所选择的文本的行间距为所使用文字大小的 2 倍行距。

• 最小值:用于设置行间距的最小值,当选择该选项时,可以在"设置值"文本框中输入对应的磅值。如果行中含有大的字符或图形,Word 会相应地增加行间距;若输入的数值大于该行字符的磅值,则会在字符上方加相应的空白;若输入的数值小于该行中最大字符的磅值,则会自动将行距调整为该字符的磅值数,即"设置值"框中输入的数值不起作用。

• 固定值:以固定的数值规范行间距。当选择此项时,Word 不再调整各行的间距相等。

• 多倍行距:指的是行距按指定百分比增大或减小,默认值为 3,单位是倍数。例如,将行距设置为 1.2 时,则行距将增加 20%,而将行距设置为 0.8 时,则行距将缩小 20%。将多倍行距设置为 2 时,与使用"2 倍行距"的效果相同。

(2)段落间距

段落间距指的是段落与段落之间的距离。在前面图 2-51 所示的对话框中,"段前"和"段后"选项用于设置段落间距。其中,"段前"指的是在每个段落的第一行之上留出的一段距离;"段后"指的是在每个段落的最后一行后面留出的一段距离,如图 2-52 所示。

2.3.4 边框、底纹与页面颜色

边框指的是为段落文字或整个版面四周绘制一条细线;底纹指的是为编辑对象填充不同的背景。对于边框和底纹的操作,也是文档编辑的常见操作。

1. 边框

为文档添加边框效果,包含为文字添加边框、为段落添加边框,以及为整个版面添加边框三大类,具体操作步骤如下。

①如果要为某部分文字增加边框,则选择某部分文字;若要为段落增加边框,则选择整段文字。

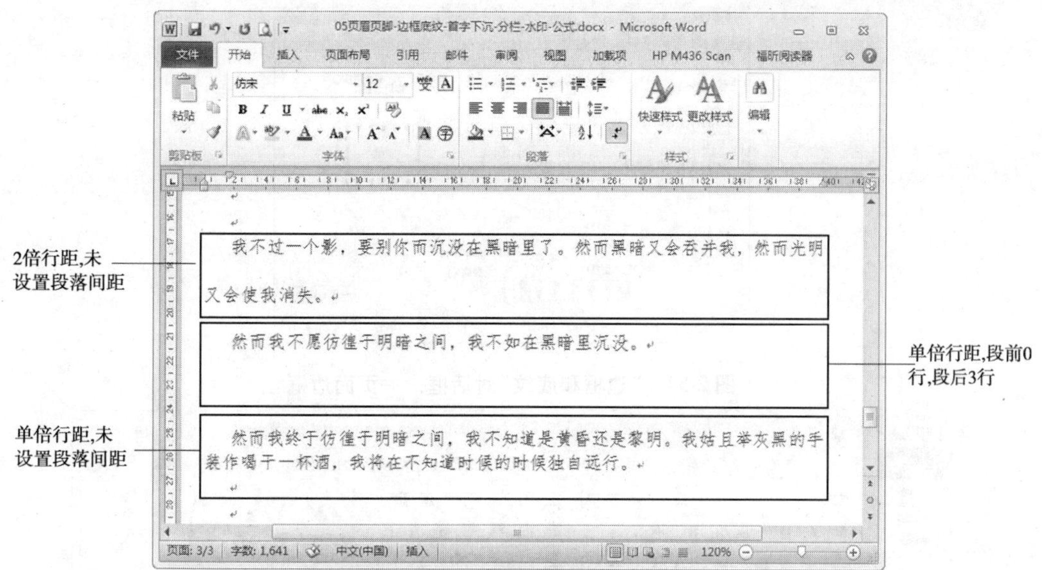

图 2-52　行间距与段落间距

②在“开始”选项卡的“段落”组中单击“下框线”按钮,并在其中的下拉菜单中选择“边框和底纹”选项,这时弹出如图 2-53 所示的对话框。

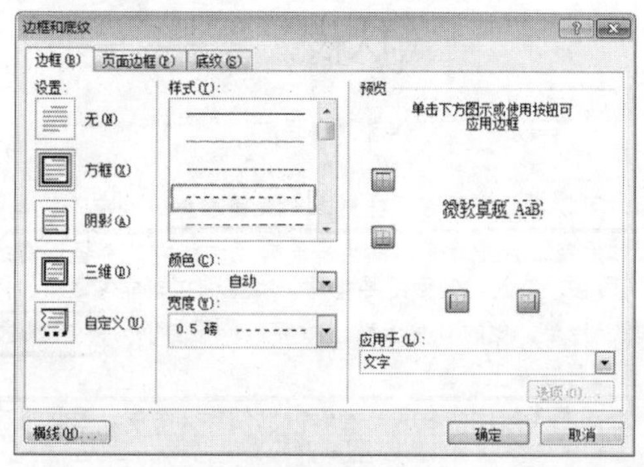

图 2-53　“边框和底纹”对话框——边框

③在对话框左侧“设置”列表中,可以选择边框的外观类型;在“样式”列表中,可以对边框具体的线型进行设置;“颜色”和“宽度”可以为边框增加特殊的属性;在“应用于”下拉菜单中可以指定当前设置的应用范围。

④若要为整个文档的版面添加边框,则需要选择“页面边框”选项卡,如图 2-54 所示。或者在“页面布局”选项卡的“页面背景”组中,单击“页面边框”按钮,同样可以打开此对话框。用户可以根据需要,在“艺术型”下拉菜单中选择艺术效果,其余设置与步骤③雷同。

⑤设置完成后,单击“确定”按钮,即可完成边框的设置,如图 2-55 所示。

⑥清除边框时,只需在图 2-53 中的“设置”列表中,选择“无”即可。

2. 底纹

为段落文字增加底纹的操作步骤如下。

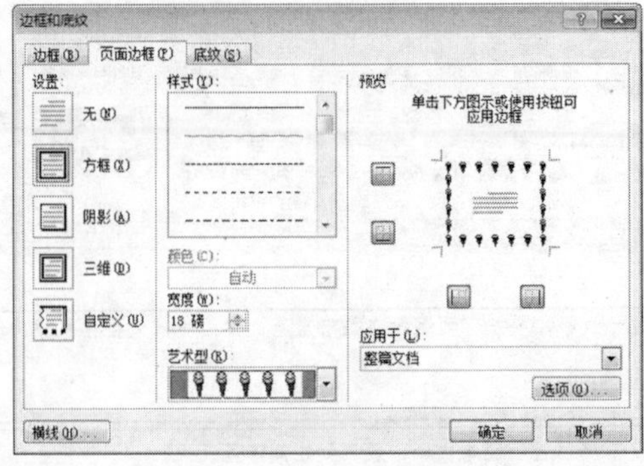

图 2-54 “边框和底纹”对话框——页面边框

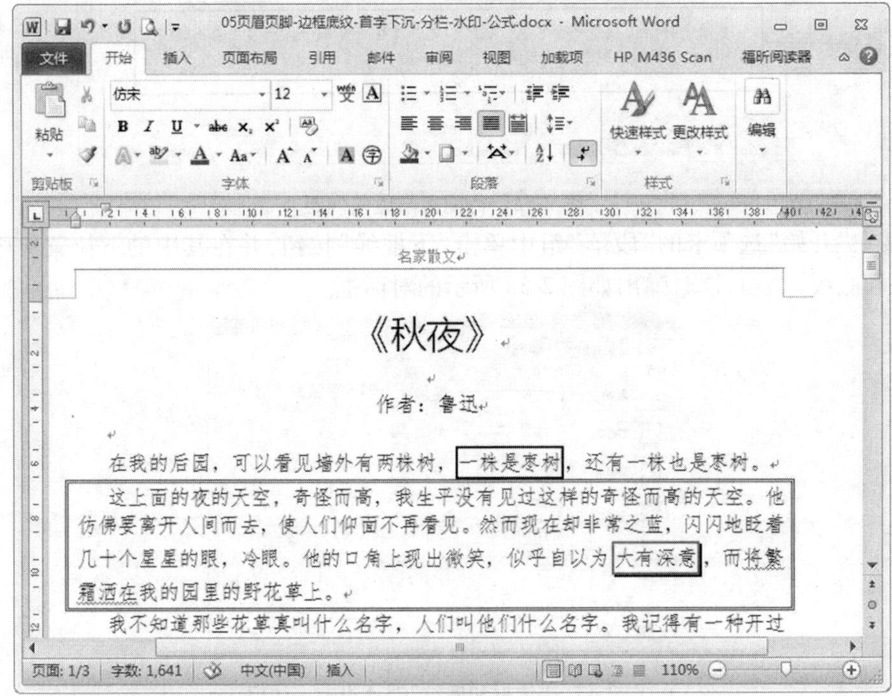

图 2-55 为文字和段落设置不同类型的边框

①如果要为某部分文字增加底纹，则选择某部分文字；若要为段落增加底纹，则将鼠标定位在段落的任意位置。

②在“开始”选项卡的“段落”组中单击“下框线”按钮，并在其中的下拉菜单中选择“边框和底纹”选项，在弹出的对话框中选择“底纹”选项卡，如图 2-56 所示。

③在“应用于”下拉框内选择底纹的应用范围。

④在“填充”下拉列表中选择合适的颜色当作背景。

⑤在“图案”栏的“样式”下拉列表中选择底纹样式；在“颜色”下拉列表中选择喜欢的颜色。

⑥单击“确定”按钮，即可完成对文字或段落增加底纹，如图 2-57 所示。

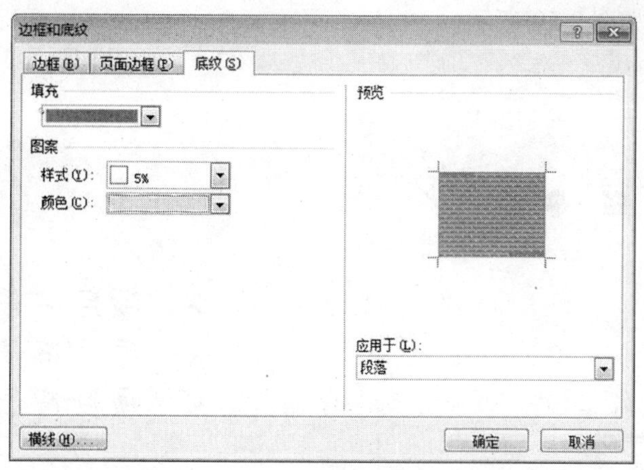

图 2-56 “边框和底纹”对话框——底纹

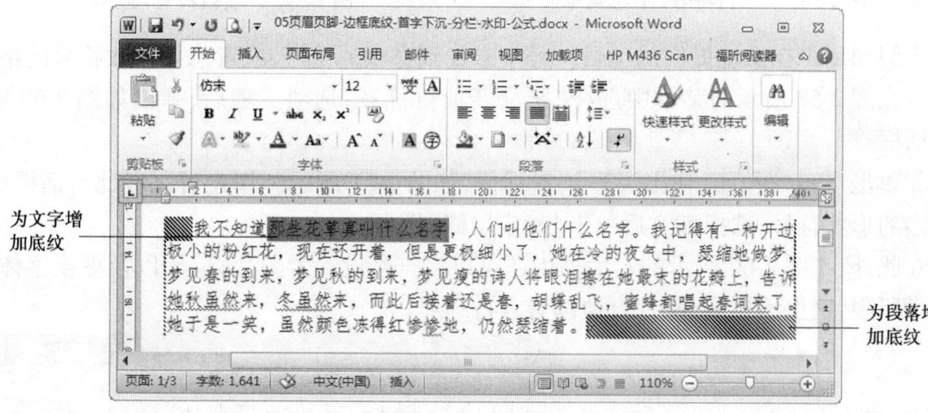

图 2-57 底纹效果

3. 页面颜色

页面颜色指的是当前文档整个版面的背景颜色。设置页面颜色的步骤如下。

①将鼠标定位在文档的任意位置。

②在“页面布局”选项卡的“页面背景”组中,单击“页面颜色”下拉菜单,在其中选择需要的颜色即可。

2.3.5 项目符号与编号

文档编辑中,项目符号用于突出显示某类内容,项目编号则使得文字内容更有逻辑性。在文档内部出现诸如“●”“■”“◆”等的符号形状,叫作项目符号;在文档内部出现诸如“(一)”“(二)”“(三)”等的描述,叫作项目编号。

1. 添加项目符号

①选择拟添加项目符号的文本。

②在“开始”选项卡的“段落”组中单击“项目符号”按钮,此时弹出如图 2-58 所示的下拉菜单。

③在该下拉菜单中,系统已经提供了常见的项目符号,根据需要用户只需要选择某一

个项目符号即可，如图 2-59 所示。

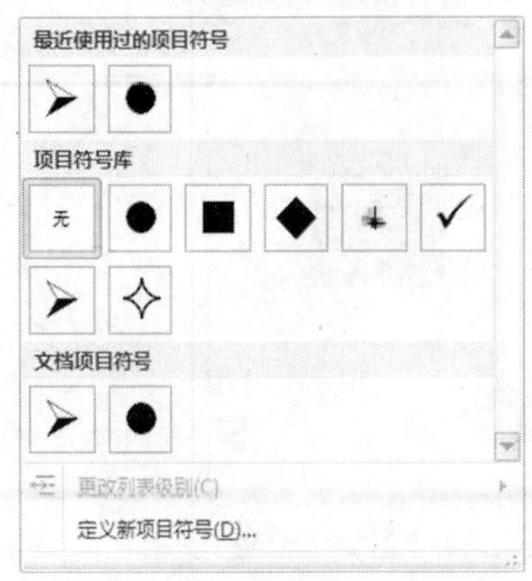

图 2-58 “项目符号”下拉菜单

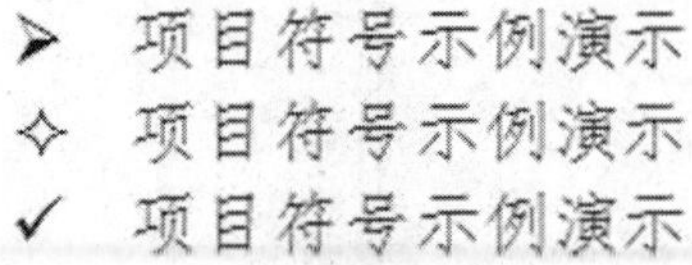

➢ 项目符号示例演示
✧ 项目符号示例演示
✓ 项目符号示例演示

图 2-59 “项目符号”应用效果

④假如用户在系统提供的项目符号中未找到喜欢的符号，或者想要修改符号的格式，还可以在图 2-58 所示的菜单中选择“定义新项目符号”选项。随后，弹出如图 2-60 所示的对话框。

⑤单击“符号”按钮，弹出“符号”对话框，如图 2-61 所示。用户可以在此对话框中查找更多的形状符号，选择满意后单击“确定”按钮即可。

⑥此外，在图 2-60 所示的对话框中还可以将符号设置为图片符号，以及更换字体，由于篇幅所限，这里不再展开讲解，请读者自行练习。

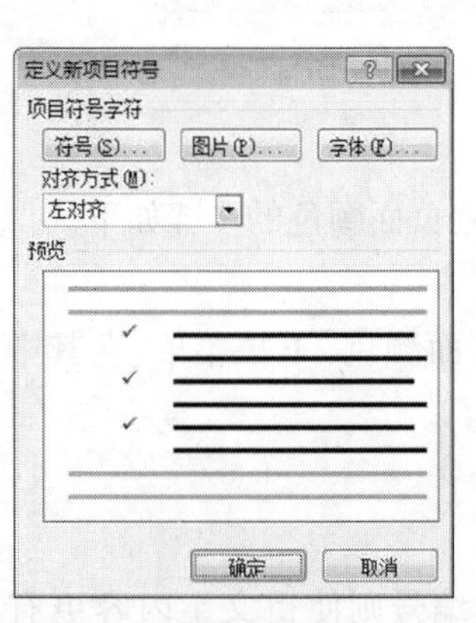

图 2-60 “定义新项目符号”对话框

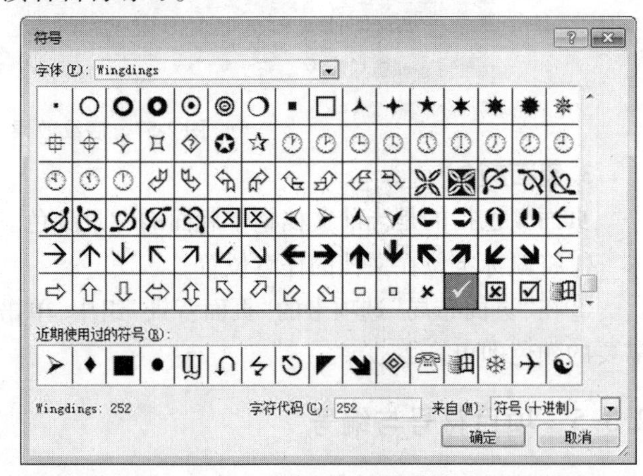

图 2-61 “符号”对话框

2. 添加项目编号

①选择拟添加项目编号的文本。

②在“开始”选项卡的“段落”组中单击“编号”按钮，此时弹出如图 2-62 所示的下拉菜单。

③在该下拉菜单中，系统已经提供了常见的项目编号，根据需要用户只需要选择某一个项目编号即可，如图 2-63 所示。

④假如用户在系统提供的项目编号中未找到需要的编号类型，还可以在图 2-62 所示的菜单中选择“定义新编号格式”选项。随后，弹出如图 2-64 所示的对话框。

⑤在“编号样式”下拉菜单中有多种样式供用户选择，其余选项设置这里不再赘述。

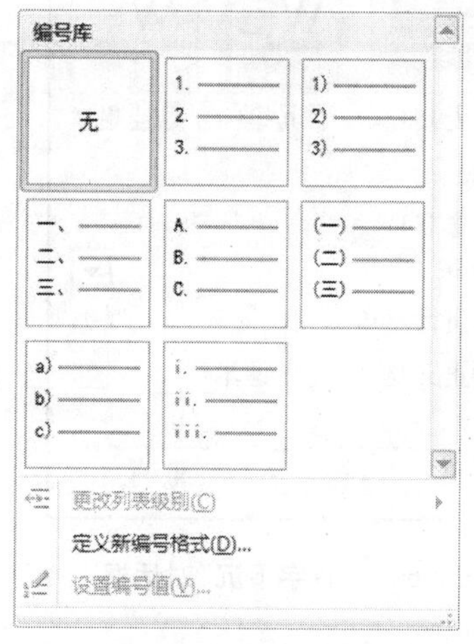

(一)　项目编号示例演示

(二)　项目编号示例演示

(三)　项目编号示例演示

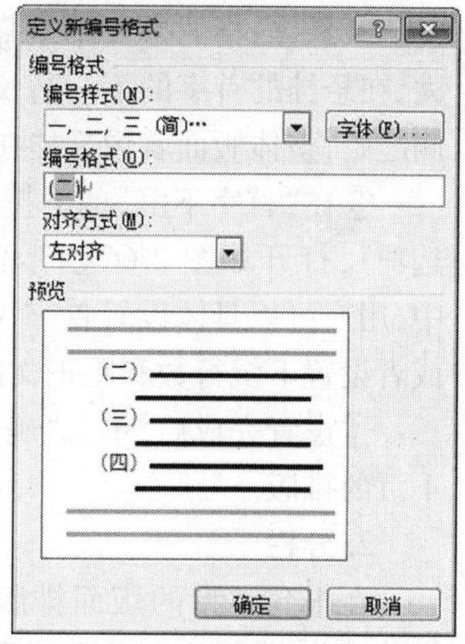

图 2-62　“编号”下拉菜单　　图 2-63　“项目编号”应用效果　　图 2-64　“定义新编号格式”对话框

2.3.6　首字下沉与分栏

1. 首字下沉

首字下沉是一种西方书写排版的习惯，指的是段落的第一个字符或文字采用字号变大，并有下沉的外观样式，主要用来对字数较多的文章来进行编排，其作用为标示章节位置。设置首字下沉的具体操作如下：

①将鼠标定位在拟进行首字下沉的段落之中。

②在“插入”选项卡的“文本”组中，单击“首字下沉”按钮，在下拉菜单中根据需要选择“下沉”或“悬挂”选项即可看到效果，如图 2-65 所示。

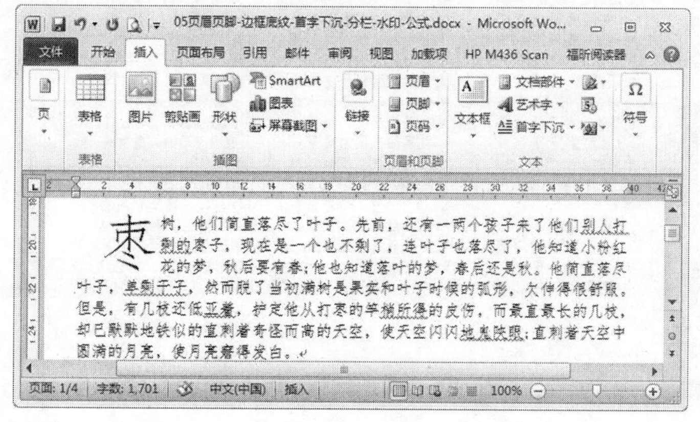

图 2-65　“首字下沉”应用效果

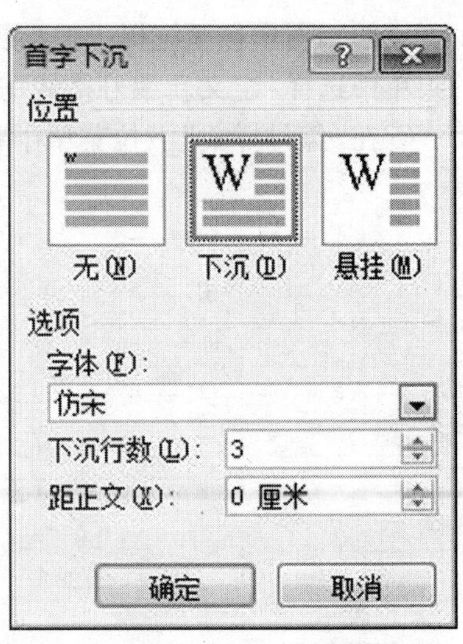

图 2-66 “首字下沉”对话框

• 下沉：指的是文字在原有位置上，等高等宽字体变大，在下沉的首字的下一行文字依旧从左侧开始排版。

• 悬挂：指的是文字紧靠左侧，等高等宽字体变大，在悬挂的首字的下一行文字，会从悬挂的文字右侧起始，整体版面就像悬挂在段落外侧一样。

③在“首字下沉”的下拉菜单中，选择“首字下沉选项”，打开如图 2-66 所示的对话框。在此对话框中，用户可以具体设置首字下沉所选用的字体类型，或者设置下沉行数和距正文的距离。

④设置完成后，单击“确定”按钮，即可完成首字下沉的排版。

2. 分栏

在报刊类型的版面排版中，经常遇到将整篇文章分成几栏，贯穿于整个版面，此类排版效果称为分栏。具体操作如下。

①选择拟分栏的段落文本。

②在“页面布局”选项卡的“页面设置”组中，单击“分栏”按钮，在弹出的二级菜单中直接选择“三栏”选项。随后，被选段落文字自动分为三栏，如图 2-67 所示。

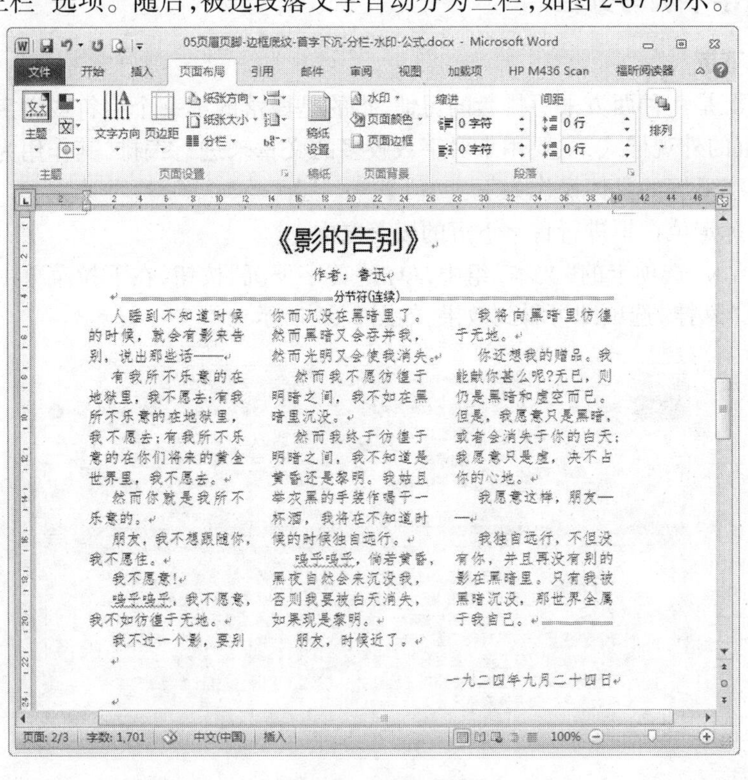

图 2-67 分三栏效果

③在“分栏”按钮的二级菜单中，选择“更多分栏”选项，弹出如图 2-68 所示的对

话框。

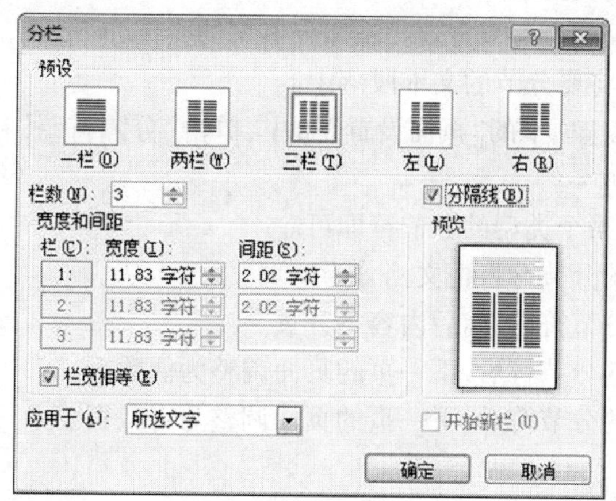

图 2-68 “分栏”对话框

- 预设:指的是 Word 为用户提供分栏的类型。
- 栏数:指的是分栏的数量,这里用户可以自定义分栏的数量。
- 宽度和间距:指的是每一栏的宽度,以及栏与栏之间的距离。
- 分割线:勾选此复选框后,栏与栏之间除了有空隙以外,还显示有一条分割线。
- 栏宽相等:勾选此复选框后,各分栏的宽度均相同。
- 应用于:用于指定当前分栏设置的应用范围。

④完成设置后,单击“确定”按钮,即可完成分栏操作。

2.3.7 分页与分节

1. 分页

页指的是当前文档页面被文字或图形填满后的版面。在打印时,每一页就占用一张纸。在 Word 文档中,“页”是使用分页符标识的,在不同视图模式下,分页符显示方式不尽相同。设置分页符的方法有两种。

(1)自动分页

当文档内容填满一页时,Word 会插入一个自动分页符并开始新的一页。在“页面视图”模式下,页与页之间的深灰色线条即为分页符。

(2)手动分页

假如用户对分页效果不满意,而要在指定位置进行分页,则可以将光标定位在需要分页的位置上,在“插入”选项卡的“页”组中,单击“分页”按钮,或者按下组合键【Ctrl + Enter】即可完成分页。此时,页面中显示如图 2-69 所示的效果(若未看到此效果,请在“开始”选项卡的“段落”组中,将“显示/隐藏编辑标记”按钮打开)。

2. 分节

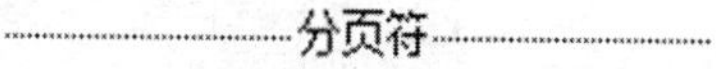

..........分页符..........

图 2-69 插入分页符

节是文档的一部分。假如整个 Word 文档视为一节,那么在整个文档中如果想要改变某些页面的页眉页脚、页边距等属性,就要使用分节符将文档分为多个节,然后再分别设置某一节的属性。例如,在之前讲授知识中如果把应用范围设置为节,则页面设置仅仅对当前节有效。添加分节符的操作如下。

①将鼠标定位在将要分节的文本段落中。

②在“页面布局”选项卡的“页面设置”组中,单击“分隔符”按钮,此时弹出如图 2-70 所示的二级菜单。

③在菜单中选择某个类型的分节符即可。

- 下一页:添加的分节符将把文档分为两页。
- 连续:添加的分节符后,前后内容不分页。
- 偶数页:添加的分节符后,下一页的页面调整为偶数页。
- 奇数页:添加的分节符后,下一页的页面调整为奇数页。

2.3.8 水印与公式

1. 水印

现实生活中的水印,是在纸张生产过程中用改变纸浆纤维密度的方法而制成的,迎光透视时可以清晰地看到明暗纹理的图形,例如人民币等都采用此种方式进行防伪。而在 Word 中,系统为用户提供了一种增加防伪水印的功能,具体操作如下。

①在“页面布局”选项卡的“页面背景”组中,单击“水印”下拉菜单,弹出如图 2-71 所示的二级菜单。

②在系统罗列的各类水印预览图中选择适合的一个,即可快速添加水印。

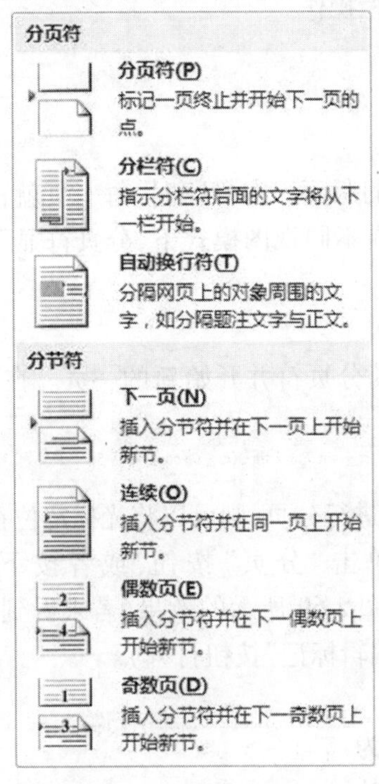

图 2-70 “分节符”下拉菜单

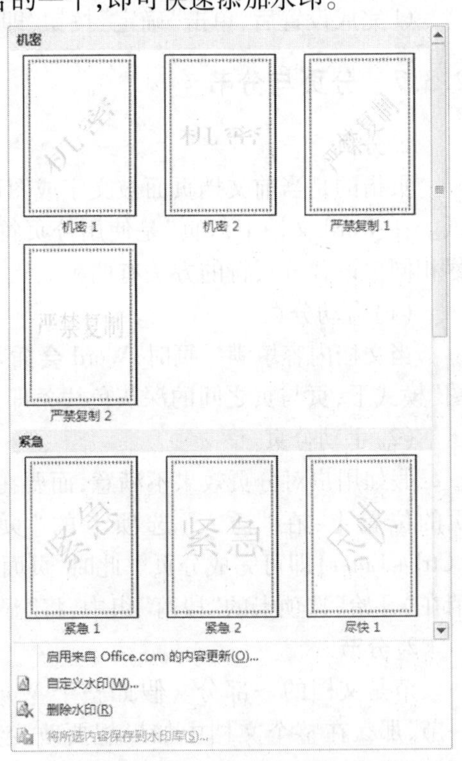

图 2-71 “水印”二级菜单

③选择“自定义水印”选项，弹出“水印”对话框，如图 2-72 所示。在此对话框中，选择“图片水印”单选按钮，激活对应的设置选项，用户可以使用第三方图像当作水印；选择“文字水印”单选按钮，可以在“文字”文本框中输入任意内容的水印文字。

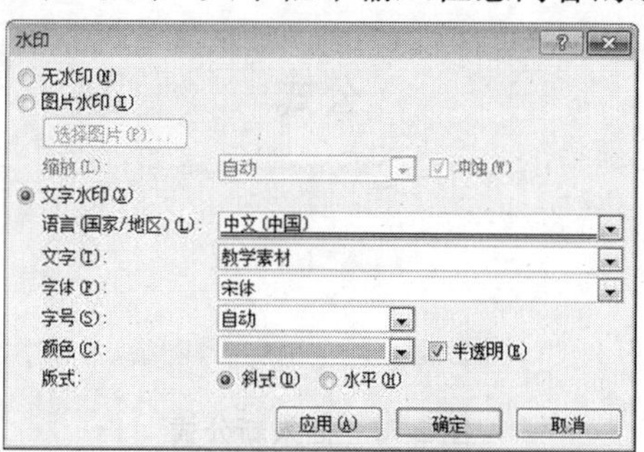

图 2-72 “水印”对话框

④设置完成后，单击“确定”按钮，即可为整个文档添加指定样式的水印。

2. 公式

在编辑数学类文档时，许多复杂的数学计算公式是不可缺少的元素。在 Word 中，可以使用公式编辑器来完成复杂公式的录入与编辑。具体操作如下。

①将光标定位在拟插入公式的位置。

②在“插入”选项卡的“符号”组中，单击“公式”按钮，此时弹出如图 2-73 所示的二级菜单。

③在此菜单列表中，系统提供了常见的二次公式、二项式定理、勾股定理、傅里叶级数、三角恒等式等公式。选择某个公式后，即可插入对应的公式。

④假如用户在系统提供的公式中未找到适合的公式，还可以在菜单列表中选择“插入新公式”选项。

⑤此时，在 Word 顶部的选项卡栏中新增“设计”选项卡，该选项卡内部集成了许多公式按钮，如图 2-74 所示。

⑥仔细观察“设计”选项卡，其中除了包含编辑数学公式所用到的特殊符号，还有数学公式的格式和类型。

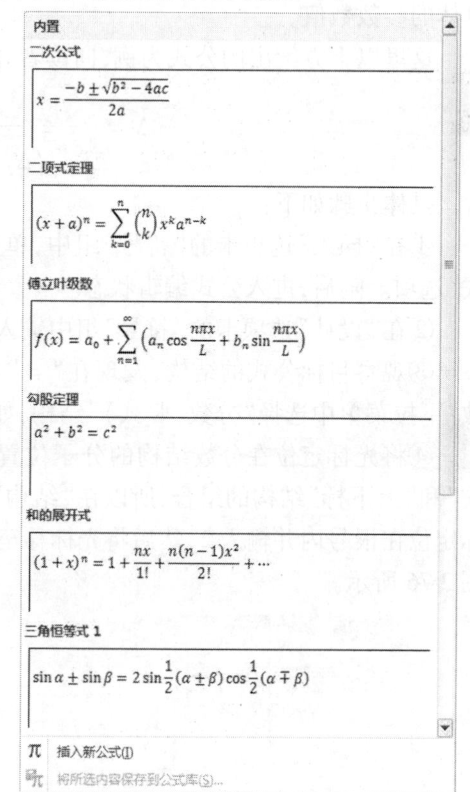

图 2-73 “公式”二级菜单

在“符号”组中包含许多数学符号，选中某个符号即可插入。

在“结构”组中包含分数类、根式类、极限和对数类、矩阵类等诸多类型的结构，每个按钮下方均有小箭头，可以展开更多的类型结构。

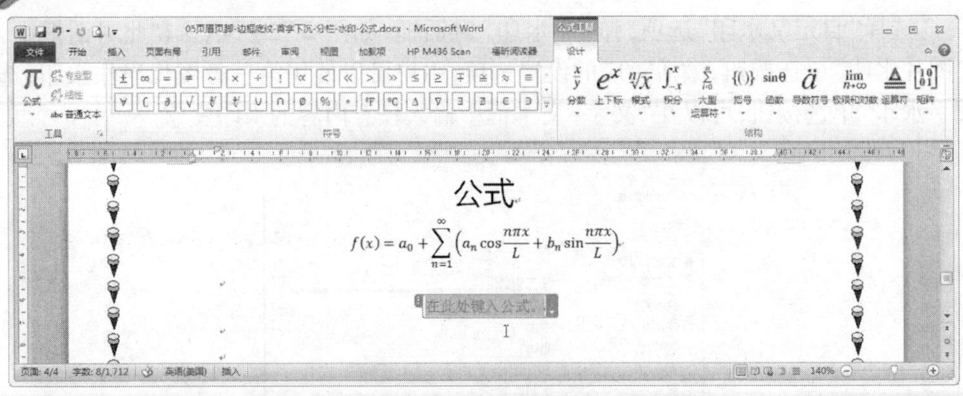

图 2-74　插入新公式

利用这些数学公式工具栏中的各类按钮，就可以在公式编辑窗口进行新公式的编辑。特别说明的是，在制作新数学公式时，首先要从公式的结构开始制作，然后再具化到某个具体的参数数值。

这里以下方给出的公式为例，向读者介绍插入公式的具体思路与制作步骤。

$$\Delta = \frac{\sqrt[3]{2}\ \Delta_1}{3a\ \sqrt[3]{\Delta_2 + \sqrt{-4\ \Delta_1^3 + \Delta_2^2}}}$$

具体步骤如下：

①在“插入”选项卡的“符号”组中，单击“公式”按钮，在二级菜单中选择“插入新公式”选项。随后，进入公式编辑状态。

②在“设计”选项卡的“符号”组中输入“Δ”和“=”。

③观察目标公式的结构，发现在“=”右侧结构为分数结构，所以在“结构”组的“分数”下拉菜单中选择“分数(竖式)”结构，如图 2-75 所示。

④将光标定位在分数结构的分子位置，再次观察目标公式。目标公式的分子为“根式”和“上下标”结构的组合，所以在“结构”组的“根式”下拉菜单中选择“立方根”，将光标定位在根号内并输入 2，然后将光标移至根号之外，再选择“上下标”完成 Δ_1 的输入，如图 2-76 所示。

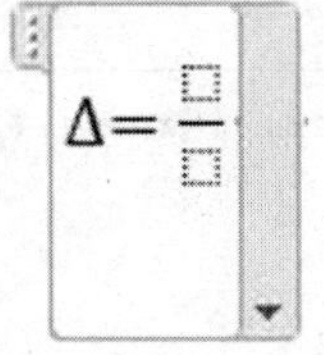

图 2-75　“分数(竖式)”结构

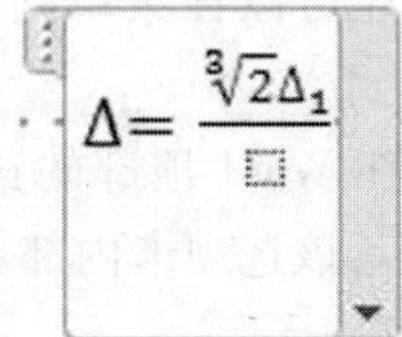

图 2-76　“根式”与“上下标”

⑤将光标定位在分数结构的分母位置，再次观察目标公式。由于分母为嵌套的“根式”结构，所以先从外到内进行完善。这里输入“3a”后，在“结构”组的“根式”下拉菜单中选择“立方根”，如图 2-77 所示。

⑥将光标定位在分母的立方根内部，在“结构”组中选择“上下标”完成 Δ_2 的输入，以及平方根的输入，如图 2-78 所示。

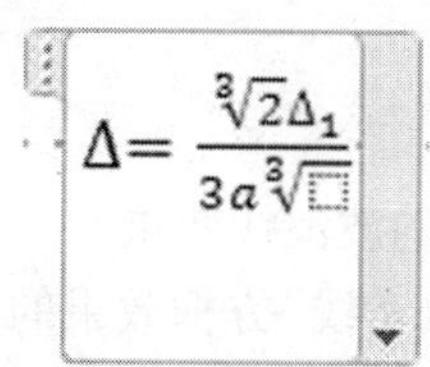

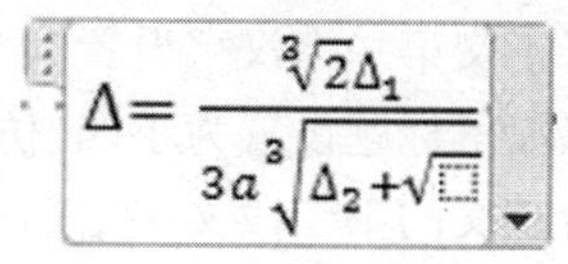

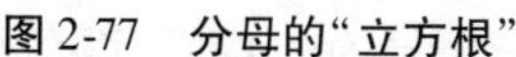

图 2-77　分母的“立方根”　　图 2-78　分母的“上下标”与“平方根”

⑦以此类推,按照先分析结构、后进行细化的规律,即可完成公式的输入。

2.3.9　跟着做——科普宣传单

打开配套素材中“科普宣传单(原始).docx”文件,完成下列操作,最终效果如图 2-79 所示。

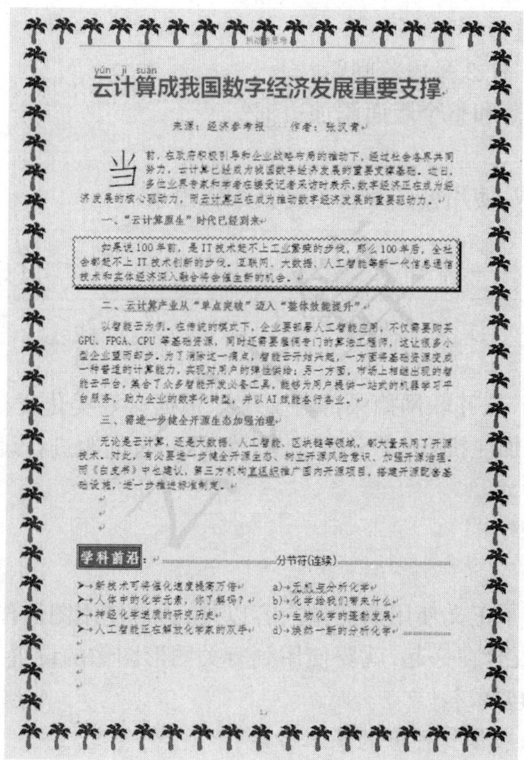

yún jì suàn
云计算成我国数字经济发展重要支撑

来源：经济参考报　　作者：张汉青

当前，在政府积极引导和企业战略布局的推动下，经过社会各界共同努力，云计算已经成为我国数字经济发展的重要支撑基础。近日，多位业界专家和学者在接受记者采访时表示，数字经济正在成为经济发展的核心驱动力，而云计算正在成为推动数字经济发展的重要驱动力。

一、“云计算原生”时代已经到来

如果说100年前，是IT技术赶不上工业繁荣的步伐，那么100年后，全社会都赶不上IT技术创新的步伐。互联网、大数据、人工智能等新一代信息通信技术和实体经济深入融合将会催生新的机会。

二、云计算产业从“单点突破”迈入“整体效能提升”

以智能云为例，在传统的模式下，企业要部署人工智能应用，不仅需要购买GPU、FPGA、CPU等基础资源，同时还需要雇佣专门的算法工程师，这让很多小型企业望而却步。为了消除这一痛点，智能云开始兴起，一方面将基础资源变成一种普适的计算能力，实现对用户的弹性供给；另一方面，市场上相继出现的智能云平台，集合了众多智能开发必备工具，能够为用户提供一站式的机器学习平台服务，助力企业的数字化转型，并以AI赋能各行各业。

三、需进一步健全开源生态加强治理

无论是云计算，还是大数据、人工智能、区块链等领域，都大量采用了开源技术。对此，有必要进一步健全开源生态、树立开源风险意识、加强开源治理。而《白皮书》中也建议，第三方机构直接组织推广国内开源项目，搭建开源配套基础设施，进一步推进标准制定。

学科前沿：　分节符(连续)

- 新技术可将催化速度提高万倍
- 人体中的化学元素，你了解吗？
- 神经化学递质的研究历史
- 人工智能正在解放化学家的双手

a) 无机与分析化学
b) 化学给我们带来什么
c) 生物化学的蓬勃发展
d) 焕然一新的分析化学

图 2-79　“科普宣传单”最终效果

①将标题设置为小一、微软雅黑、标准色红色、加粗、居中。

②将正文段落文字设置为小四、仿宋,单倍的行间距,所有段落缩进 2 个汉字的距离。为文档添加页眉,页眉文字为“挑战与思考”;为文档添加页码。

③将标题下方的注释文字,段前段后距离设置为 1 行。

④为标题的“云计算”三个汉字添加拼音效果,拼音的对齐方式为“居中”,字号为 10 磅。

⑤将正文第一个汉字设置为“首字下沉”效果。

⑥将段落标题设置为小四、仿宋、加粗、标准蓝色。

⑦为正文的第二段文字增加粗细为0.75磅、带阴影的波浪线效果。

⑧选择“学科前沿”文字,为其增加蓝色“底纹”和“双实线”方框效果的边框。

⑨在为正文部分文字增加分栏效果的基础上,增加“项目符号”和“项目编号”。

⑩插入文字水印,文字为“云计算”,字体为“宋体”,字号为“自动”,颜色为“红色”。

⑪为整个宣传单添加“椰子树”艺术型边框。

⑫操作完成后,以原文件名保存文档。

2.3.10 课堂思考与技能训练

1. 在文档编辑时,如何自定义纸张类型?例如将A4版面改为B5版面。

2. 段落排版时,对齐方式有哪几类?

3. 什么是悬挂缩进?

4. 什么是行间距?什么是段落间距?

5. 如何为字体、段落和整个版面添加边框?

6. 什么是节?

7. 观察下列方程式,使用公式编辑器将其编辑出来。

$$x_1 = \frac{1}{2}\sqrt{\frac{b^2}{2a^2} - \frac{4c}{3a} - \Delta - \frac{-\frac{b^3}{a^3} + \frac{4bc}{a^2} - \frac{11d}{a}}{4\sqrt{\frac{b^2}{4a^2} - \frac{2c}{3a} + \Delta}}}$$

8. 新建Word文档,从互联网摘录部分文字。根据喜好美化文档排版,要求排版时对首字下沉、分栏、水印、加注拼音、文字边框、段落间距、行间距进行设置。

2.4 图文混排

在文档编辑时,除了正文使用的图像内容以外,通常使用图像作为辅助素材来美化版面。这时图片和文字混合在一起,就要使用到有关图形图像的设置和排版技巧。

【本节知识与能力要求】

(1)掌握插入图像和编辑图像的基本方法;

(2)理解图文混排中的各类环绕方式;

(3)能够对文档中的图形进行简单编辑;

(4)掌握插入和编辑SmartArt图形的方法;

(5)能够为文档中的字体增加艺术字效果;

(6)掌握文本框的多种编辑方法;

(7)理解超链接的概念,能够为文字添加超链接属性。

2.4.1 插入图像

在 Word 文档中插入图像能够活跃文档气氛，增加视觉冲击力。有两种途径能够向文档中插入图像：一种是系统自带的剪贴画，另一种是由用户提前准备的图像。

1. 插入剪贴画

剪贴画是 Word 软件在安装时自带的一组图像，仅能满足基本需要，在实际工作中由于剪贴画符合文档语境的图像较少，还需要通过提前准备对应图像素材来完成添加。这里仅介绍插入剪贴画的操作步骤。

①将光标定位在拟插入剪贴画的位置。

②在“插入”选项卡的“插图”组中，单击“剪贴画”按钮。随后，打开“剪贴画”任务窗格，如图 2-80 所示。

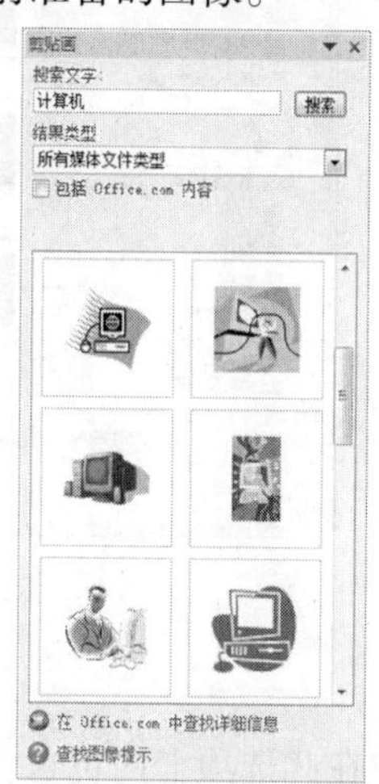

图 2-80 “剪贴画”任务窗格

③在此任务窗格的“搜索文字”文本框中，输入相关主题的关键字，在“结果类型”下拉列表中选择文件类型。

④单击“搜索”按钮，任务窗格将罗列出搜索到的相关图像。

⑤单击某个剪贴画，即可将剪贴画插入到文档中，如图 2-81 所示。

图 2-81 关键字为“计算机”的剪贴画

2. 插入第三方图像

①提前在互联网上获取图像素材，存放于本地磁盘。

②将光标定位在拟插入图像的位置。

③在“插入”选项卡的“插图”组中，单击“图片”按钮。随后，打开“插入图片”对话框，如图 2-82 所示。

④在磁盘上找到之前存放图像的路径，单击“插入”按钮即可。

2.4.2 编辑图像

当图像被插入到文档后，每当选择该图像时，在 Word 选项卡栏就会增加“格式”选项

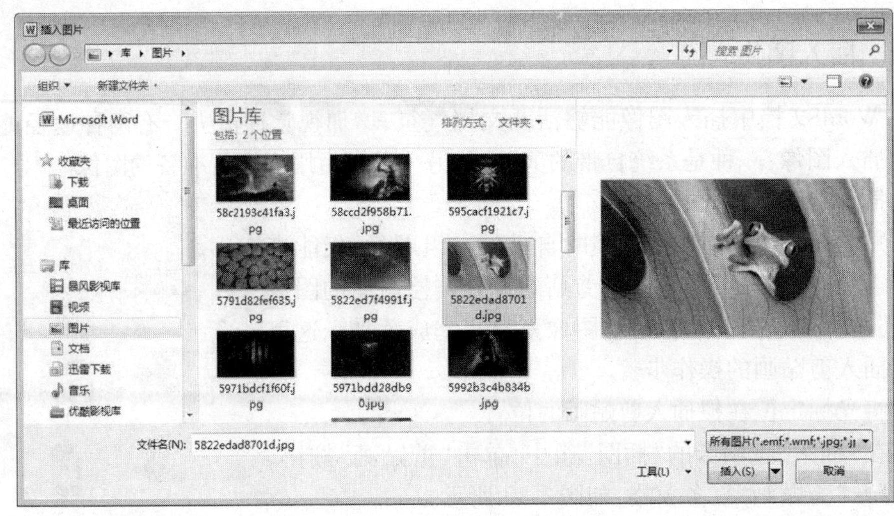

图 2-82 “插入图片”对话框

卡。在此选项卡内包含多种编辑图像用到的工具按钮，如图 2-83 所示。

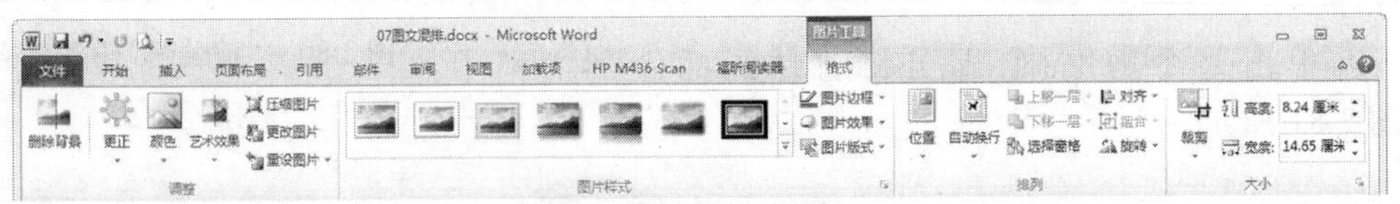

图 2-83 “格式”选项卡

用户通常使用这些工具按钮对图像进行简单的编辑，例如裁剪图像多余部分使其符合版面，调整图像颜色，增加图像的艺术效果等。下面分别向读者介绍如何对图像进行简单编辑。

1. 调整图像大小

原始图像被插入到文档后，由于图像大小并非定制的，所以不符合页面排版要求，此时就可以使用图像缩放功能进行调整，具体操作如下。

①插入图像，并选中该图像。此时图像周围出现 8 个控制锚点，如图 2-84 所示。

②将鼠标移动到“上下左右”的控制锚点上时，鼠标指针会变为“双向箭头”，此时按下鼠标左键不放，拖拽鼠标即可调整图像大小。

③将鼠标移动到“四个顶点”的控制锚点上时，按下鼠标左键不放，拖拽鼠标即可放大或缩小图像。特别说明的是，为了保证调整图像大小时图像比例不失真，按下鼠标左键的同时，还需要按下【Shift】键。

④将鼠标移动到顶部“绿色”杠杆时，鼠标指针变为“环形指针”，此时按下鼠标左键不放，拖拽鼠标即可实现图像旋转效果，如图 2-85 所示。

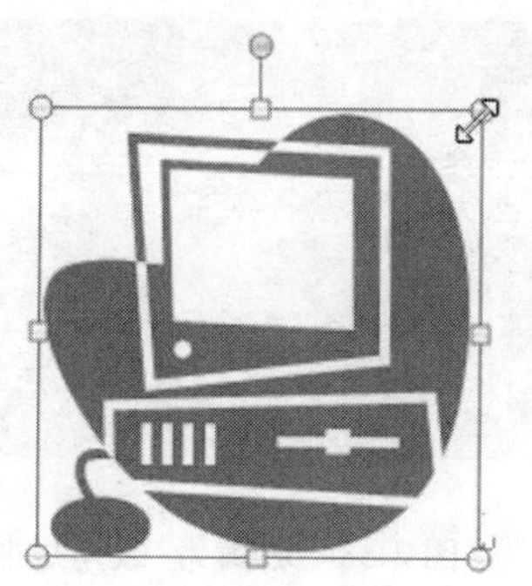

图 2-84　图像的控制锚点

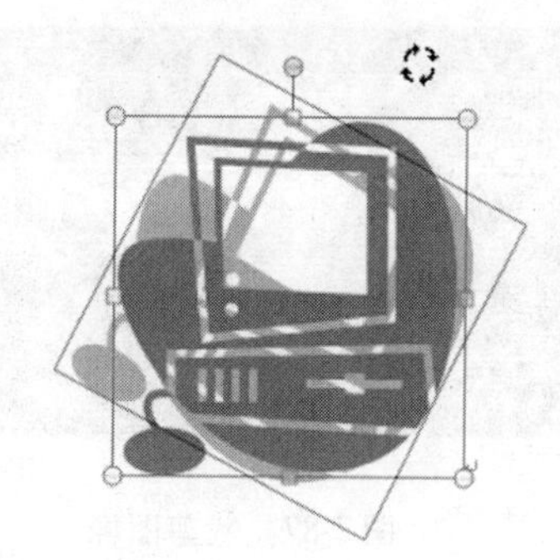

图 2-85　旋转图像

⑤此外，单击右键选择图像，执行右键菜单中的“大小和位置”命令，可弹出如图 2-86 所示的对话框。在此对话框中设置“缩放”选项内容，也可以按比例精确缩放图像。

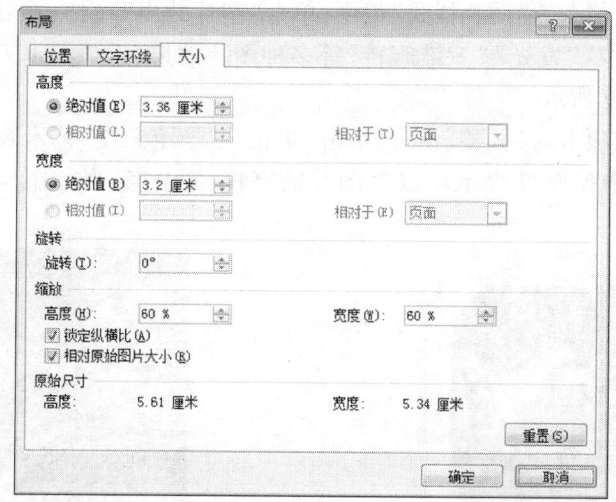

图 2-86　“布局”对话框

2. 裁剪图像

裁剪图像指的是将图像的某些区域“减去”，这里的“减去”并非真正意义上的删除，而是将图像的某一区域隐藏起来，使用户看起来像被“减去”一样，假如对裁剪结果不满意，还能够恢复图像原貌。

①插入图像，并选中该图像。

②在“格式”选项卡的“大小”组中，单击“裁剪”按钮。此时，图像四周出现黑色控制柄。

③根据需要分别调整控制柄的位置，灰色区域代表被裁剪掉的内容，彩色区域代表原图像剩余的内容，如图 2-87 所示。

④此外，单击“裁剪”按钮旁边的箭头，会弹出“裁剪”的二级菜单。用户可以在此二级菜单中对裁剪的比例和图形进行高级设置。图 2-88 所示就是使用菜单中“剪裁形状”内的“缺角矩形”裁剪而成的。

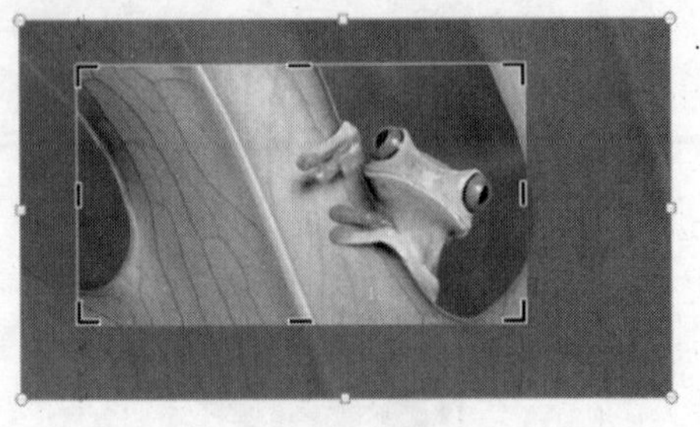
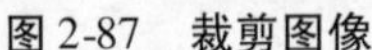

图 2-87　裁剪图像

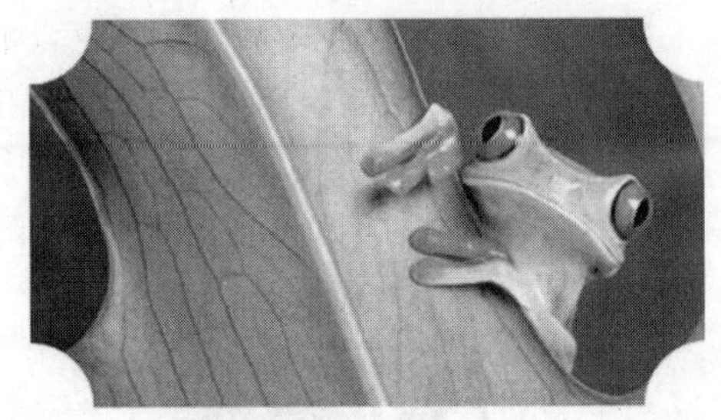

图 2-88　裁剪为“缺角矩形”

3. 美化图像

在 Word 中选中某一图像,在“设计”选项卡中可以对图像的亮度、对比度、饱和度、色调、图像边框、图像效果进行美化。

①插入图像,并选中该图像。

②在“格式”选项卡的“图片样式”组中,单击“图片效果”按钮,在其下拉菜单中系统内置了“阴影”“映像”“发光”“三维旋转”等多种图片效果,用户根据需要选择其中某一效果即可,如图 2-89 所示。

③在“格式”选项卡的“调整”组中,单击“更正”、“颜色”或“艺术效果”按钮,分别弹出二级菜单,用户根据软件提示可以对图片的亮度、对比度、饱和度等内容进行美化,如图 2-90 所示。

图 2-89　添加图片样式后的效果

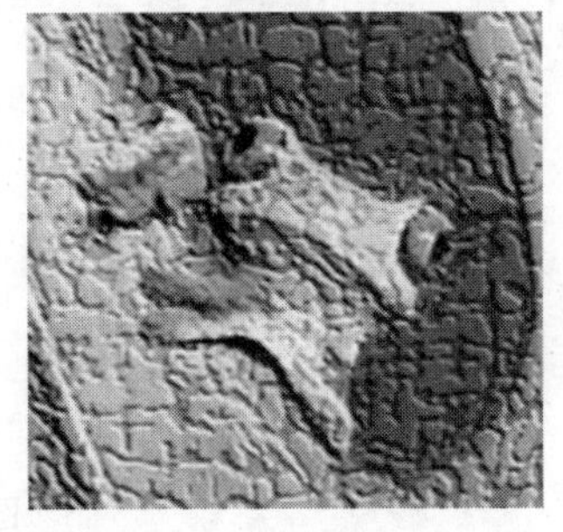

图 2-90　为图片添加“混凝土”艺术效果

2.4.3　图像与文字的环绕方式

在对图像进行必要的剪裁和美化后,需要通过设置图像的环绕方式使其与文本段落融为一体,下面主要向读者介绍图像的环绕方式。

①插入图像,单击鼠标左键选中该图像。

②在“格式”选项卡的“排列”组中,单击“自动换行”按钮,弹出“环绕方式”下拉菜单。

③或者,直接右键选择图片,在二级菜单中执行“自动换行”命令,在其三级菜单中包含多种环绕方式,如图 2-91 所示。

- 嵌入型:该类型环绕方式是 Word 默认的环绕方式,它将图像当作文本中的一个字符来处理,图像将跟随文本变动。

- 四周型环绕：文字以矩形方式环绕在图像四周，无论图像是否为矩形图像。
- 紧密型环绕：文字紧密贴合在实际图像的四周。
- 穿越型环绕：文字跟随环绕顶点进行环绕。
- 上下型环绕：文字在图像的上方和下方进行环绕。
- 衬于文字下方：图像衬于文字下方，即文字遮盖图像。
- 浮于文字上方：图像浮于文字上方，即图像遮盖文字。

④再或者，直接右键选择图片，在二级菜单中执行"大小和位置"命令，在弹出的对话框中选择"文字环绕"选项卡，如图 2-92 所示。

图 2-91 环绕类型

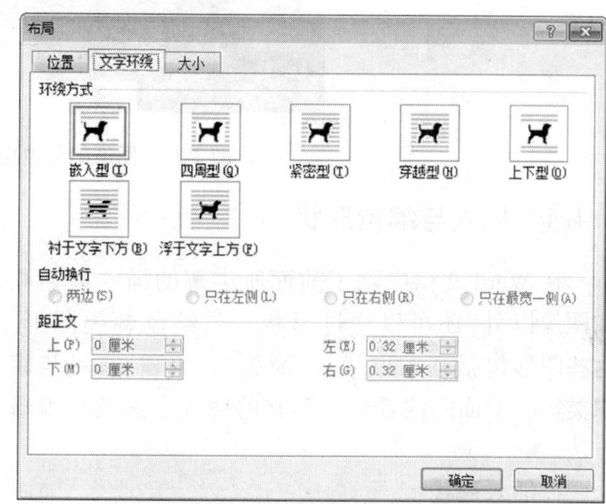

图 2-92 "布局"对话框——文字环绕

⑤根据实际需要选择某种环绕方式即可，如图 2-93 所示。

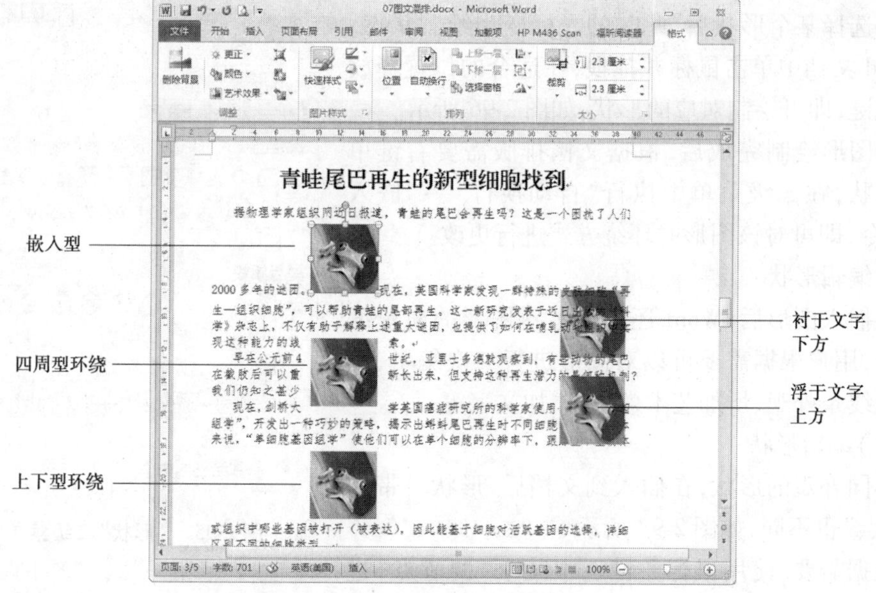

图 2-93 常用图文环绕示例

需要特别说明的是，当文档中插入多幅图像时，有时图像之间会自动叠加在一起，这时就需要通过更改叠放次序来聚焦某些元素。

鼠标右键选择需要改变叠放次序的图像，在右键菜单中选择“置于顶层”或“置于底层”选项，在其中二级菜单内选择具体选项即可，如图 2-94 所示。

图 2-94　图像的叠放次序

2.4.4　插入与编辑形状

在 Word 文档中除了前面所讲解的插入剪贴画和图像以外，还可以通过形状工具绘制各类图形。这些图形包括基本形状类、箭头类、流程图、星与旗帜类等。下面向读者介绍形状的插入方法及其编辑方法。

1. 插入形状

①将光标定位在拟插入形状的文档中。

②在“插入”选项卡的“插图”组中，单击“形状”按钮。此时，弹出如图 2-95 所示的二级菜单。

③选择某个形状后，此时的光标变为绘制状态。在 Word 文档中单击鼠标并拖拽，在适合的位置释放鼠标左键，即可绘制对应的形状，如图 2-96 所示。

④图形绘制完成后，根据文档排版需要右键单击该形状，在二级菜单中执行“自动换行”→“嵌入型”命令，即可对该图形的环绕方式进行更改。

2. 编辑形状

在插入图形后，Word 还提供了对图形的简单编辑功能，用户根据需要可以对图形进行二次编辑，例如变更线条外观、增加艺术效果、添加文字等。

(1) 编辑形状

不同外观的形状，在插入到文档后，形状自带的“调节点”也不同，如图 2-97 所示。

根据需要，使用鼠标左键选中某个“调节点”进

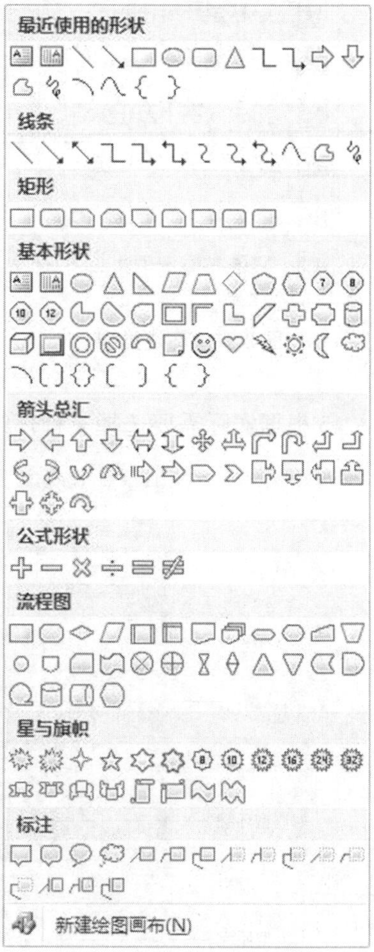

最近使用的形状
线条
矩形
基本形状
箭头总汇
公式形状
流程图
星与旗帜
标注
新建绘图画布(N)

图 2-95　“形状”二级菜单

行拖拽，此时会发现形状的某些属性也随之变化，通过此种方式可以对形状外观进行编辑和修改，如图 2-98 所示。

需要特别说明的是，在选中形状后，在“格式”选项卡的“插入形状”组中，单击“编辑形状”→“编辑顶点”命令，可以更为细致地对形状的顶点进行编辑。在编辑顶点时，每个顶点都有两个“调节杠杆”，通过拖拽杠杆的位置可以改变线条的曲率，如图 2-99所示。

(2) 为形状添加文字

①在文档中插入某个形状。

②右键选择该形状，在其二级菜单中执行“添加文字”命令。

③随后形状进入文字编辑状态，在其中输入文字即可，如图 2-100 所示。对于文字的编辑，参照之前讲解的内容即可。

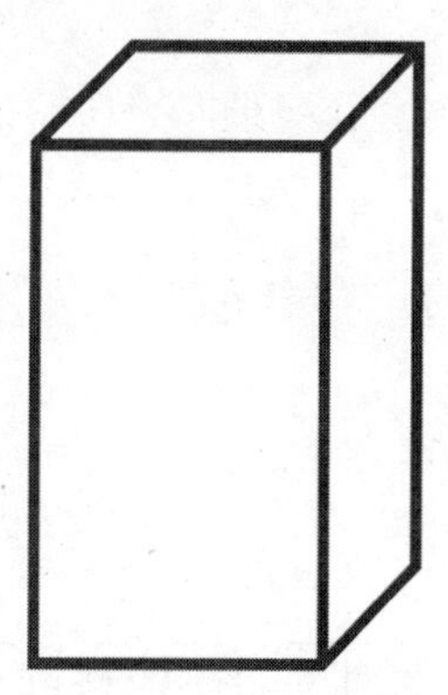

图 2-96 使用形状工具绘制的长方体

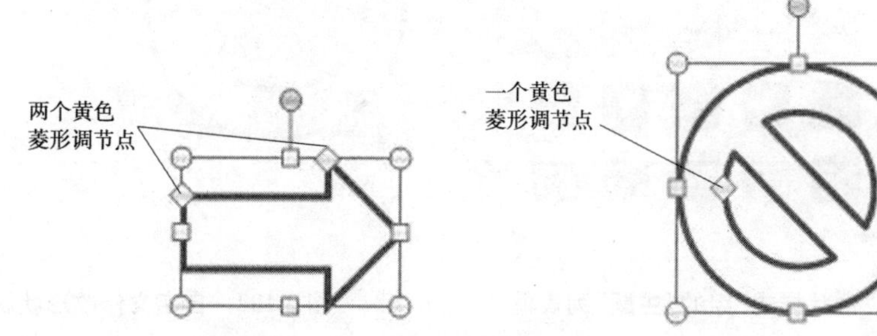

图 2-97 不同的形状包含不同的“调节点”

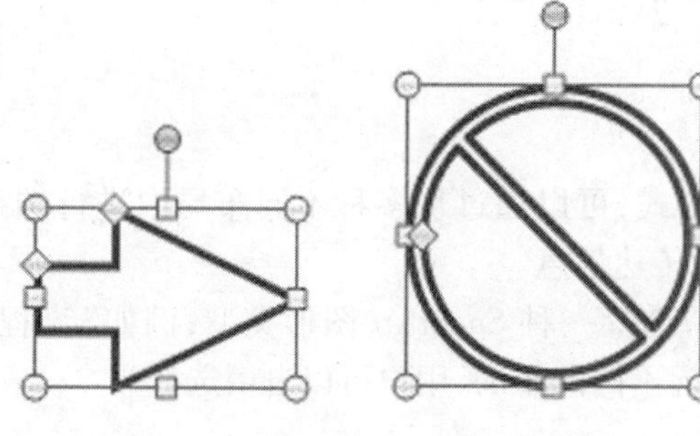

图 2-98 改变“调节点”后的外观

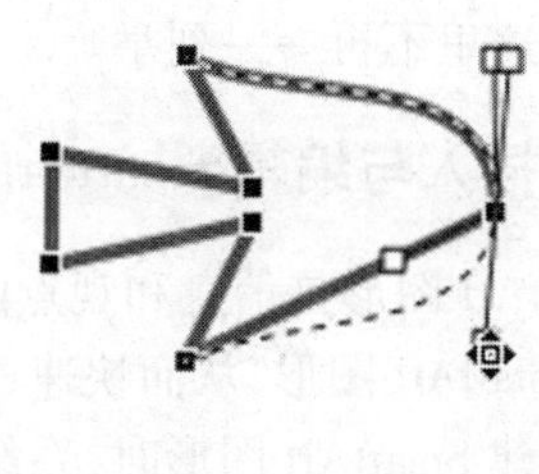

图 2-99 编辑顶点

(3) 为形状更改形状样式

①在文档中插入“笑脸”形状。

②选中该形状，在“格式”选项卡的“形状样式”组中，单击“主题”下拉列表，此时弹出如图 2-101 所示的列表框。在该列表框中选择合适的主题，即可将当前形状快速美化。

③如果用户对系统自带的主题不满意，还可以在“形状填充”“形状轮廓”“形状效果”对应的下拉菜单中进行修改，如图 2-102 所示。

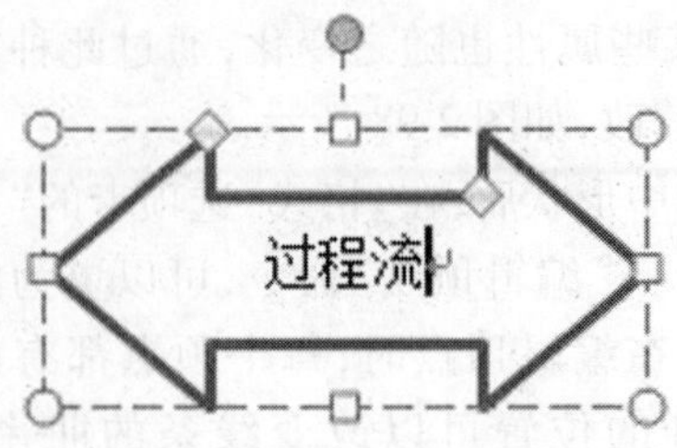

图 2-100　为形状添加文字

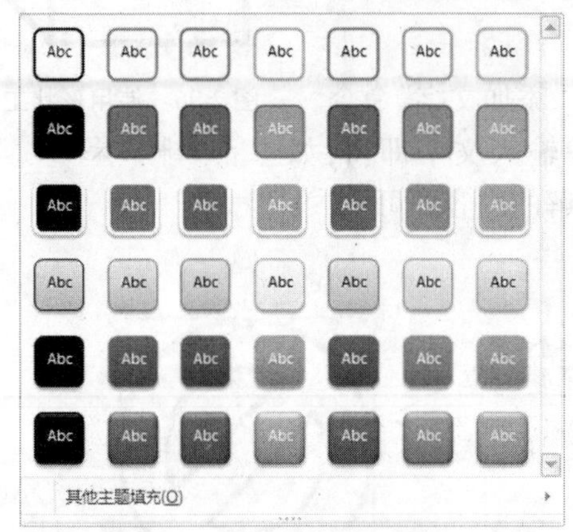

图 2-101　“形状样式”组的“主题”列表框

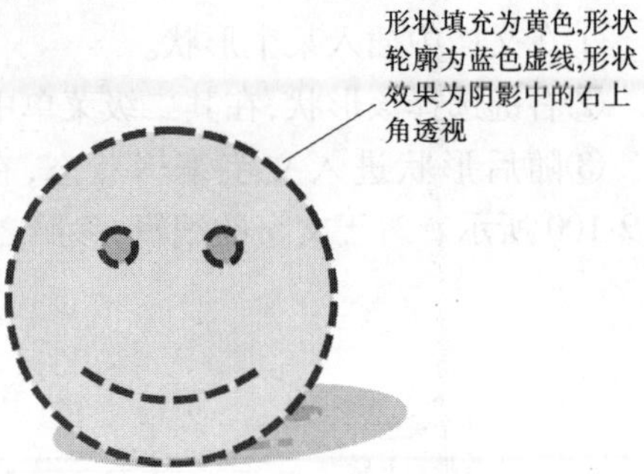

形状填充为黄色,形状轮廓为蓝色虚线,形状效果为阴影中的右上角透视

图 2-102　自定义修改形状属性

至于更改形状样式中的其他形状效果,例如“三维旋转”“柔化边缘”“棱台”等,由于篇幅所限这里不再一一列举。

2.4.5　插入与编辑 SmartArt 图形

SmartArt 图形是信息和观点的视觉表现形式,可以通过从多种不同布局中进行选择来创建 SmartArt 图形,从而快速、轻松、有效地传达信息。

在创建 SmartArt 图形时,系统将提示用户选择一种 SmartArt 图形类型,例如“流程”“层次结构”“循环”“关系”等,而每种类型包含不同的布局,用户可以自由选择。

1. 插入 SmartArt 图形

①将光标定位在拟插入图形的位置。

②选择“插入”选项卡,在“插图”组中单击“SmartArt”按钮,此时打开如图 2-103 所示的“选择 SmartArt 图形”对话框。

③在此对话框左侧列表中,选择某个 SmartArt 图形类型,中间的列表即可显示有关此类型的样式,选中某个样式,右侧列表即可显示预览效果。

④根据需要设置完成后,单击“确定”按钮即可完成插入,如图 2-104 所示。

2. 编辑 SmartArt 图形

在 Word 文档内插入并选中 SmartArt 图形后,软件顶部自动增加“设计”和“格式”选项卡,由于“格式”选项卡在之前知识中已经介绍,这里仅对“设计”选项卡进行讲解,

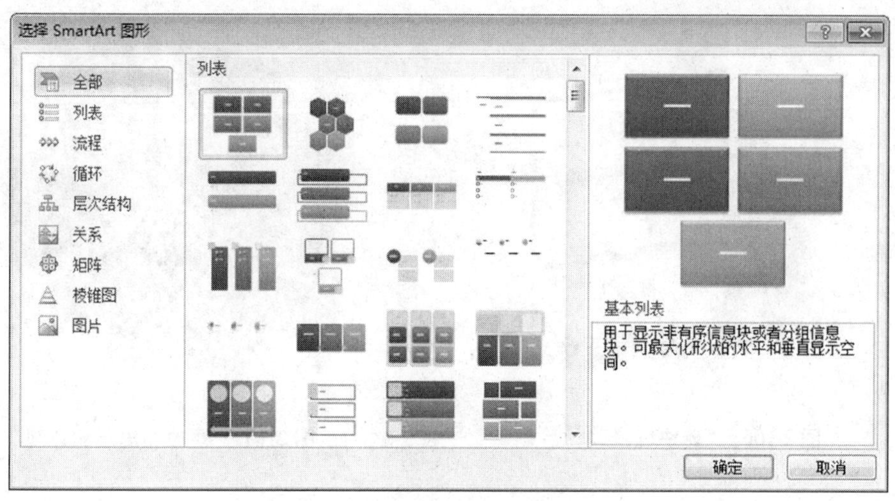

图 2-103 “选择 SmartArt 图形”对话框

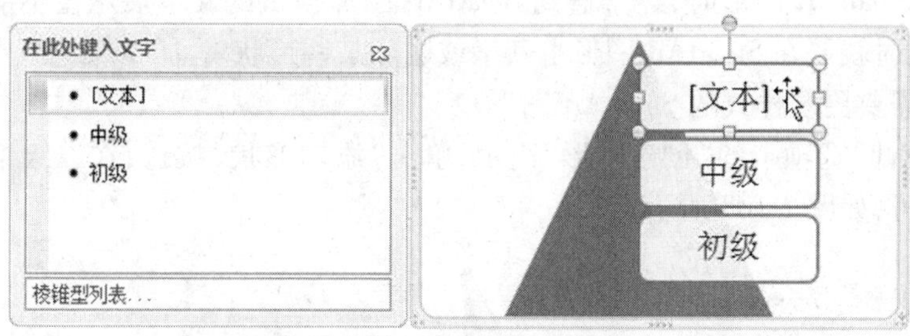

图 2-104 插入 SmartArt 图形

如图 2-105 所示。

图 2-105 SmartArt 图形的“设计”选项卡

(1)更改颜色和样式

①选中需要更改颜色和样式的 SmartArt 图形。

②在“设计”选项卡的“SmartArt 样式”组中单击下拉按钮,在展开的列表中选择任意一个即可,如图 2-106 所示。

③单击“更改颜色”下拉按钮,选择其中的内置颜色或自定义颜色即可。

(2)更改布局

①选中需要更改布局的 SmartArt 图形。

②在“设计”选项卡的“布局”组中单击下拉按钮,在展开的列表中选择任意一个布局,或者选择“其他布局”选项。

③在弹出的对话框中,根据需要选择其他布局即可,如图 2-107 所示。

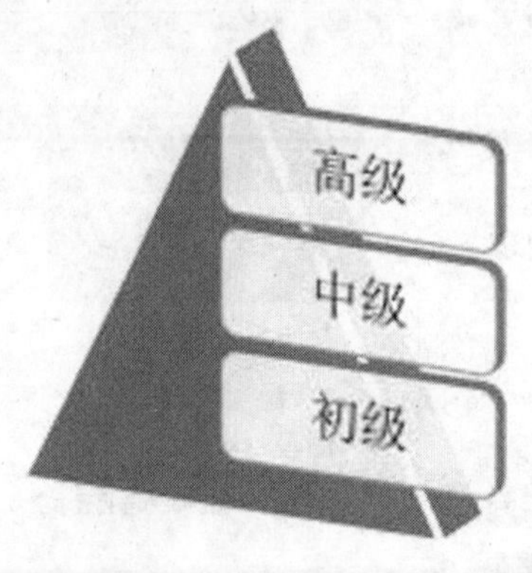

图 2-106 “砖块场景”样式

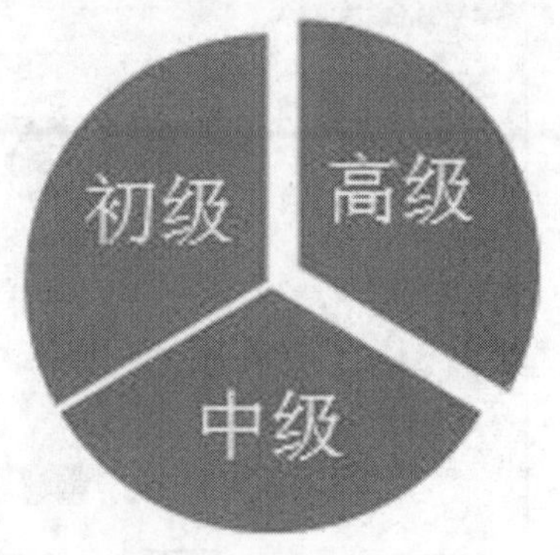

图 2-107 更改布局后的外观

(3)添加形状

在使用 SmartArt 图形时,经常遇到 SmartArt 图形提供的文本展示位不能满足实际需要的情况,此时就要在 SmartArt 图形上新增或删除某些形状。

①选中需要更改样式的 SmartArt 图形。

②在“设计”选项卡的“创建图形”组中,单击“添加形状”按钮,在二级菜单中选择适合的命令即可,如图 2-108 所示。

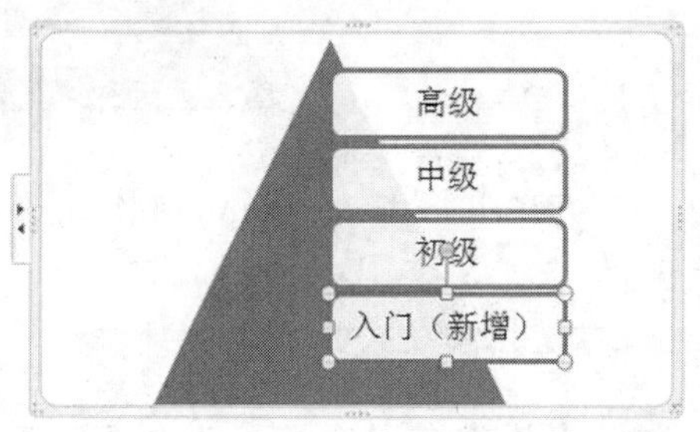

图 2-108 添加形状

2.4.6 艺术字

艺术字指的是在普通文本属性的基础上增加阴影、弯曲、旋转等特殊艺术效果后的字体。在文档编辑时,通常使用艺术字来为文档增加吸引力。

1. 插入艺术字

①将鼠标定位在拟插入艺术字的位置。

②在“插入”选项卡的“文本”组中,单击“艺术字”下拉按钮,在其二级菜单中选择一款喜欢的艺术字,如图 2-109 所示。

③随后,Word 在光标所在位置自动添加附加该属性的艺术字,如图 2-110 所示。用户二次修改其中的文字,即可完成艺术字的添加。

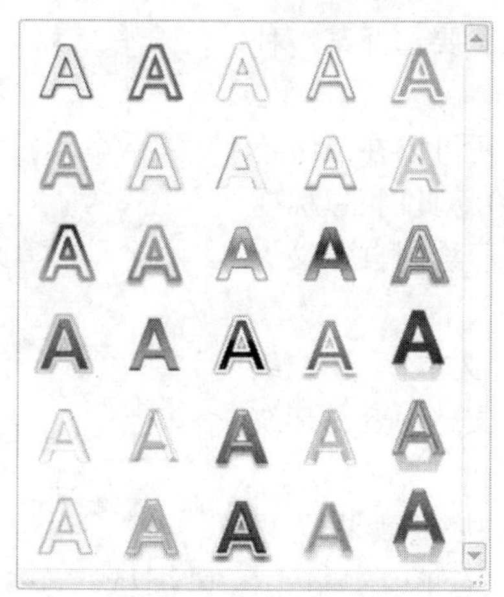
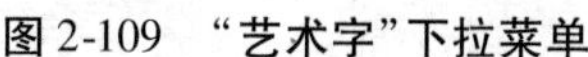

图 2-109 “艺术字”下拉菜单

图 2-110 添加艺术字

2. 编辑艺术字

当鼠标选中该艺术字时,激活软件页面顶端的“格式”选项卡,如图 2-111 所示。

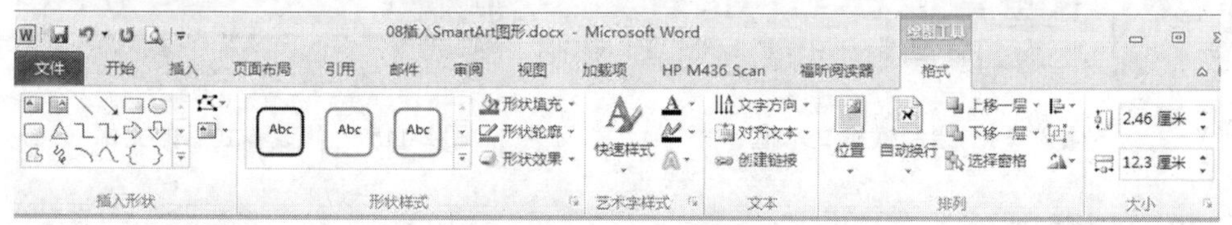

图 2-111 “格式”选项卡

(1)设置艺术字形状

①选中拟编辑的艺术字。

②在“格式”选项卡的“艺术字样式”组中,单击“文本效果”下拉按钮,选择其中的“转换”命令,在其二级菜单中选择某种艺术形状即可,这里选择“波形 2”效果。

③此外,拖动橙色“调节点”还可以进一步对艺术字弯曲程度进行调整,如图 2-112 所示。对于艺术字的更多艺术效果,请读者自行尝试练习,这里不再赘述。

图 2-112 “波形 2”艺术字效果

(2)设置艺术字方向

若要对文字方向进行改变,可以在“格式”选项卡的“文本”组中,选择“文本方向”按钮,展开如图 2-113 所示的菜单。根据需要选择某种文本方向即可。

2.4.7 文本框

在 Word 文档中文本框是指一种可移动、可调大小的文字或图形容器。使用文本框,可以在一页上放置多个文字块,或使文字按与文档中其他文字不同的方向排列。

①将光标定位在拟插入文本框的位置。

②在“插入”选项卡的“文本”组中,单击“文本框”菜单按钮,在展开的二级菜单中系

统内置了多种外观迥异的文本框类型，用户根据需要选择某一种即可。

③若系统内置的文本框不能满足实际需求，还可以在二级菜单中执行“绘制文本框”或“绘制竖排文本框”命令。此时，鼠标变为“ + ”号，在文档空白区域拖拽一定的距离，即可绘制自定义大小的文本框，如图 2-114 所示。

④在文本框内输入必要的文字后，右键单击文本框，在二级菜单中的“自动换行”子菜单中，可以对文本框与文档内容的环绕形式进行设置。

需要说明的是，默认状态下文本框带有线框和底纹效果，如果想去除或更改这些效果，可以在文本框被选中的状态下，在“格式”选项卡的“样式形状”组中修改，如图 2-115 所示，这里不再赘述。

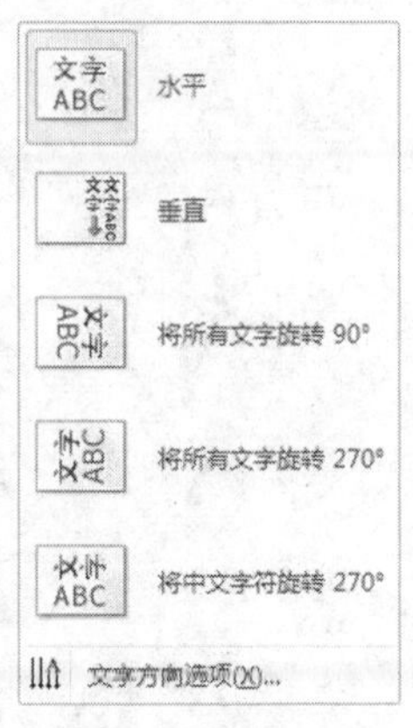

图 2-113 “文本方向”二级菜单

图 2-114 绘制横排文本框

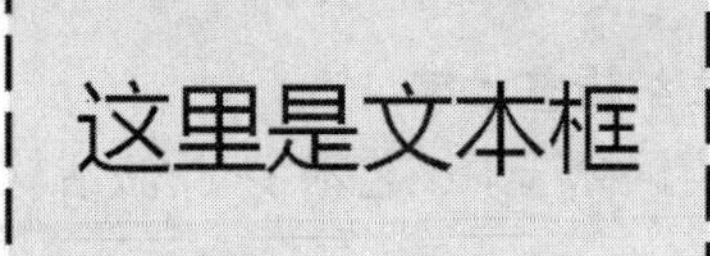

图 2-115 修改样式后的文本框

2.4.8 超链接

超链接是文本的一个属性，在 Word 文档中单击具有超链接属性的文字，可以在多个页面或文件之间跳转。为文字增加超链接属性的操作如下：

①在 Word 文档中，选择某些文字。

②单击鼠标右键，在弹出的二级菜单中执行“超链接”命令。此时，弹出如图 2-116 所示的对话框。

图 2-116 “插入超链接”对话框

• 现有文件或网页：指的是本地计算机中的各类文档，当选择该类型时，单击该超链接将会打开用户计算机内的其他文件。

• 本文档中的位置：指的是本文档中的其他节，当选择该类型时，单击该超链接将会跳转至本文档的某一位置。

• 新建文档：当选择该类型时，单击该超链接时，将会新建 Word 文档并进入编辑状态。

• 电子邮件地址：当选择该类型时，单击该超链接时，将会以邮件形式处理，即进入到撰写新邮件状态。

③在此对话框的左侧列表中，已经罗列了超链接的类型，根据需要选择其中一类，右侧窗格中即可展示对应的选项。

④单击“确定”按钮，即可完成超链接的添加。

2.4.9 跟着做——杂志内页

以杂志内页为版面，完成下列操作，最终效果如图 2-117 所示。

人工智能发展正迎来第三波浪潮

人工智能可谓当今社会的“明星”，许多国家都制定了人工智能发展计划。但人工智能的发展并不完全是一个技术问题，其对人类社会的改变是多方面的，影响也是深远的。

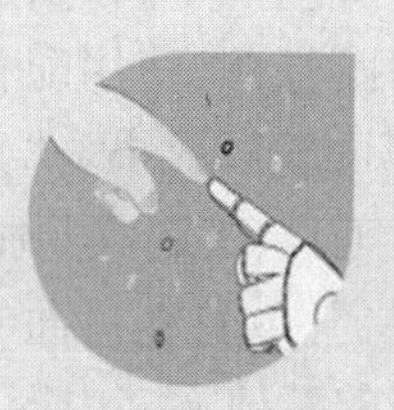

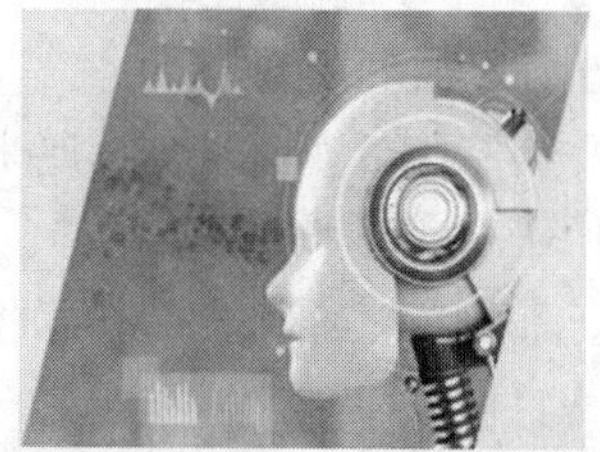

什么是人工智能？我们稍微作一个定义：人工智能就是对人类智能的模仿，并力图实现某些任务。

第一个是计算智能，涉及快速计算和记忆存储能力。在计算机科学家看来，人工智能首先是计算行为，即涉及数据、算力和算法。

第二个是感知智能，涉及机器的视觉、听觉、触觉等感知能力，即机器可以通过各种类型的传感器对周围的环境信息进行捕捉和分析，并在处理后根据要求作出合乎理性的应答与反应。

第三个是认知智能，即指机器具备独立思考和解决问题的能力。现在的人工智能主要停留在第一和第二层次，认知智能涉及深度的语义理解，还是非常难做到的。

应该看到，人工智能不仅是科技界的热闹，而且是社会科学界需要关心的一个重大问题。我提出一个概念，叫“赛维坦”。政治学中有个“利维坦”，这是古代的一个巨兽，后来被霍布斯用来指代国家，形容国家无所不能。我把“利维坦”的 L 变成 S，意指科学。科学很强大，但我们人类要驯服它，不能让它给我们找麻烦。这就需要在伦理、法制等多个维度上进行更多思考和实践。

超人工智能的“奇点”，有可能在什么时候出现

我经常会在演讲中作问卷调查，例如会问听众大概什么时候了解到人工智能。很多人都会讲到阿尔法狗和李世石的对决。实际上，绝大多数人理解的第一波人工智能浪潮，已经是世界范围内的第三波了。

第一波发生在 1950 年至 1970 年，当时的主要工作是计算机科学家在从事机器推理系统，同时发明了早期的神经网络和专家系统。这一时期的理论流派被称为符号主义。

第二波出现在 1980 年至 2000 年。我们现在讲的统计学派、机器学习和神经网络等概念，在这一阶段都已提出。此时的主流理论流派被称为联结主义。

第三波是在 2006 年之后，主要得益于大数据的推广。谷歌利用大数据成功地对流感进行预测，引起了卫生部门的关注，这是大数据和人工智能密切关联的一个重要例子。在这一波浪潮中，人工智能技术及应用有了很大的提高，以神经网络为中心的算法取得突破。

关于人工智能，有三个相关概念需要弄清楚：第一个是弱人工智能，第二个是强人工智能，第三个是超人工智能。弱人工智能是专用人工智能，很难直接用在别的场景中。现在很多科学家的理想目标是强人工智能，这样的通用人工智能可以迁移到其他应用场景中。超人工智能则是指超过人类的智能，现在还不存在，我也希望它永远不要存在，否则就会对人类的意义进行颠覆。

高速超级智能跟人脑相似，但速度要快于人脑的智能。用博斯特罗姆的话来讲，高速超级智能可以完成人类智能做的所有事情，但速度会快很多。

高素质超级智能和人类大脑一样快，但聪明程度与人类相比有质的超越。这种高素质智能同人类智能相比，就像人类智能与大象、海豚、猩猩的智能相比一样。

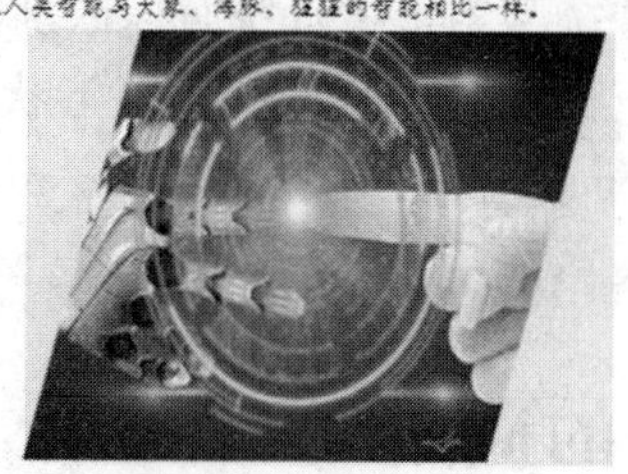

图 2-117 “杂志内页”最终效果

①在配套素材中打开“跟着做——杂志内页(原始).docx”文档。

②将页面的页边距上、下、左、右均设置为1厘米,保持A4纸张纵向幅面。

③在页面顶部多次按下【Enter】键,插入多行空白,为版面头部区域留出位置。

④绘制横排文本框,并设置文本框高度为4.5厘米,宽度为13厘米。

⑤将文档的标题和首段文字剪贴到文本框内。仅选择标题文字,将其字体属性设置为微软雅黑、小一、加粗,并添加艺术字类型;选择文本框内其他文字,将字体设置为楷体、五号、左对齐。

⑥再次选择该文本框,在“格式”选项卡的“形状样式”组中,去除文本框轮廓线和形状填充。

⑦将光标定位在文档任意位置,使用形状工具绘制“泪滴形”图形。选中该图形,将其环绕方式设置为“浮于文字上方”。拖动该图形,将其放置在页面右上角位置。

⑧选中“泪滴形”图形,在“格式”选项卡的“形状样式”组中,单击“形状填充”按钮,在其中选择“图片”选项,使用配套素材中的“人工智能1.jpg”图像作为背景进行填充;设置“泪滴形”图形的轮廓效果为“无”。

⑨使用矩形工具,绘制高7厘米、宽为界面宽度的矩形,填充为黄色,并将其叠放次序设置为“置于底层”,放置在页面的顶端。

⑩选择正文的其他文字内容,设置为“两栏”分栏效果。

⑪将正文文字设置为楷体、五号,并首行缩进2个字符的距离。

⑫将正文中的段落标题设置为微软雅黑、五号、加粗、标准蓝色。

⑬将光标定位在正文开始处,使用图形工具绘制宽8厘米、高6厘米的矩形;设置矩形为标准黄色填充,无边框,环绕方式为嵌入型。

⑭使用图形工具绘制平行四边形,使用配套素材“人工智能2.jpg”作为背景填充,无边框,环绕方式设置为“浮于文字上方”。

⑮移动平行四边形,使其与步骤⑬所绘制的矩形对齐放置。

⑯参照步骤⑬~⑮的方法,在正文结束位置插入同样类型的插图。

2.4.10 课堂思考与技能训练

1. 在文档中插入第三方图像,将该图像大小设置为原尺寸的30%,并根据喜好调整图像的色调。

2. 四周型环绕与紧密型环绕有何区别?

3. 在文档空白处插入“十字箭头”形状,并为其添加三维旋转效果。

4. 什么是SmartArt图形?

5. 什么是文本框?

2.5 表格的应用

表格,又称为表,既是一种可视化的交流模式,又是一种组织整理数据的手段。在Word文档处理时,经常会用到表格来展示数据。本节向读者介绍有关表格的知识。

【本节知识与能力要求】

(1)掌握插入表格和绘制表格的方法;

(2)掌握对表格及其单元格的基本操作方法,以及美化表格的方法;

(3)掌握合并单元格和拆分单元格的方法;

(4)能够绘制带有斜线表头的表格;

(5)掌握在表格内求和、求平均值,以及排序的方法。

2.5.1 插入与绘制表格

在 Word 中,系统提供了多种绘制表格的方式,可以使用表格工具由系统生成表格,也可以使用绘制工具自定义表格。

1. 插入表格

①将光标定位在拟插入表格的位置。

②在“插入”选项卡的“表格”组中,单击“表格”下拉按钮,此时弹出如图 2-118 所示的菜单。

③鼠标悬停在“小方格”上面时,系统自动提醒创建表格的行数与列数,选择合适数量的单元格后,单击鼠标左键,即可插入表格,如图 2-119 所示。

④在表格内输入文字即可丰富表格内容。

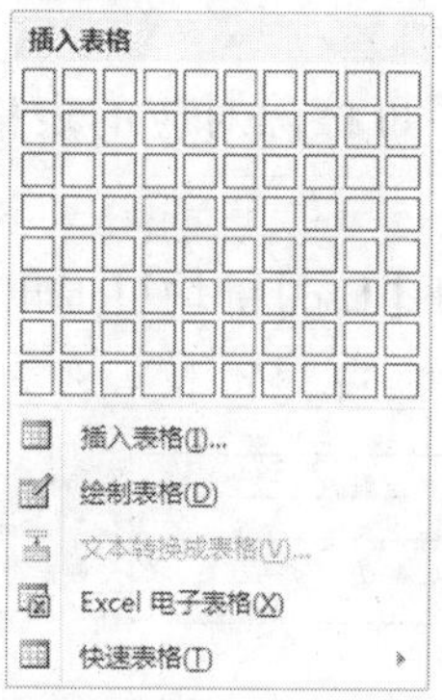

图 2-118 “表格”二级菜单

图 2-119 插入 3 行 3 列的表格

⑤假如用户希望创建其他数量的行与列表格,还可以在“插入”选项卡的“表格”二级菜单中执行“插入表格”命令。此时,弹出如图 2-120 所示的对话框。

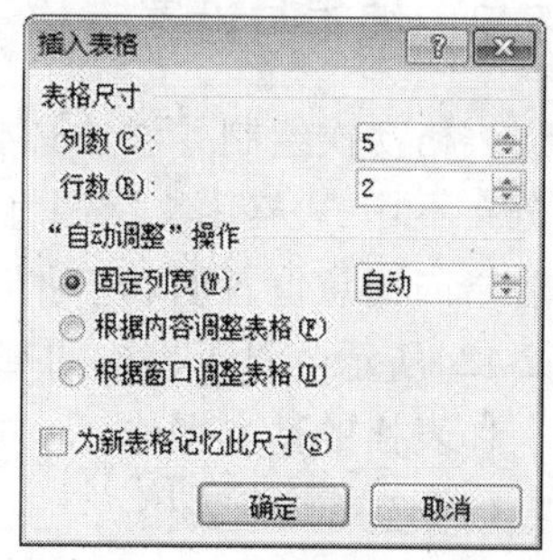

图 2-120 “插入表格”对话框

- 列数:指的是拟创建表格列的数量。
- 行数:指的是拟创建表格行的数量。
- 固定列宽:指的是表格每列的宽度均为固定值。
- 根据内容调整表格:指的是表格列宽与行高会根据当前单元格内的文字多少自动调整。
- 根据窗口调整表格:指的是表格宽度会跟随当前版面的页边距进行调整。

• 为新表格记忆此尺寸：指的是新建表格会使用上一次创建表格时的参数设置。

⑥根据需要设置表格参数后，单击“确定”按钮，即可创建表格。

2. 绘制表格

除了使用上述通过设置的方法插入表格以外，还可以使用表格绘制工具绘制表格。这里所讲的“绘制”并非从无到有的绘制，而是在基本表格的外观上“修补”表格，以达到绘制不规则表格的目的。

①在文档中插入一个 3 行 4 列的表格。

②此时在软件顶部的选项卡区域激活“设计”和“布局”选项卡。在“设计”选项卡的“绘图边框”组中，单击“绘制表格”按钮，光标变为“ ”笔形外观。

③移动光标在表格的第 1 行的第 3 列和第 4 列之间，按下鼠标左键绘制一条水平线，如图 2-121 所示。释放鼠标后即可完成自定义表格的绘制。

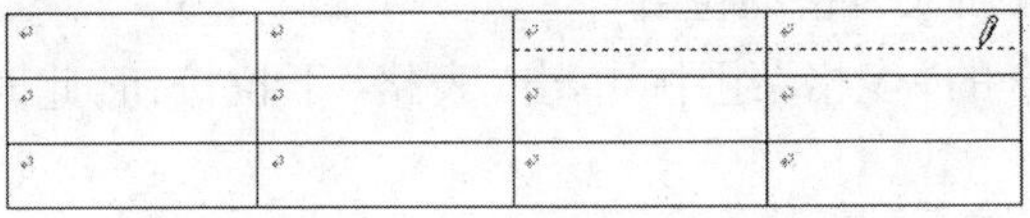

图 2-121　绘制表格

④将光标定位在表格内，在“布局”选项卡的“绘图边框”组中，单击“擦除”按钮，光标变为“ ”橡皮擦形外观。

⑤移动光标在表格的内部的某个边框，单击鼠标左键即可擦除对应的表格边框，如图 2-122 所示。

需要说明的是，无论光标处于“ ”还是“ ”状态，按下【Esc】键均可退出表格编辑状态。

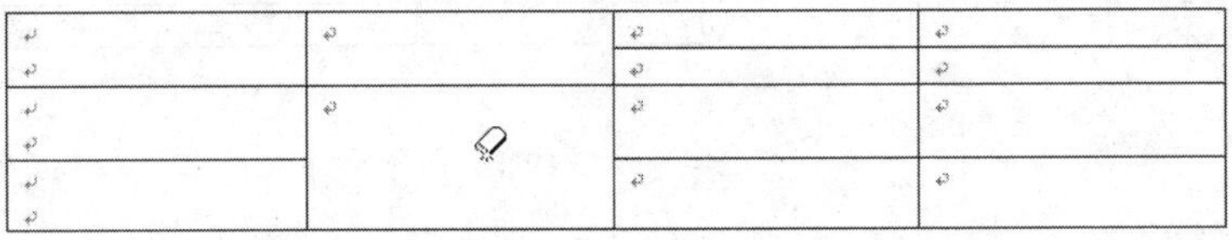

图 2-122　擦除表格

2.5.2　编辑与设置表格

表格初次绘制并添加必要文字后，一般情况下还不能满足实际的需要，例如列宽和行高分布不均、表格内文字属性没有统一、表格边框和内容想要进一步美化等。将光标定位在表格内任意位置时，选项卡区域将激活“设计”和“布局”两个选项卡，如图 2-123 和图 2-124所示。对于表格的基本操作及其相关参数设置几乎都在这两个选项卡内完成。

1. 表格的基本操作

(1)选择整个表格

移动鼠标指针置于表格任意位置，此时表格左上角会自动出现移动控制标志“ ”，将鼠标移动至控制标志时，鼠标指针也随之发生变化。单击鼠标左键即可选择整个表格，如图 2-125 所示。

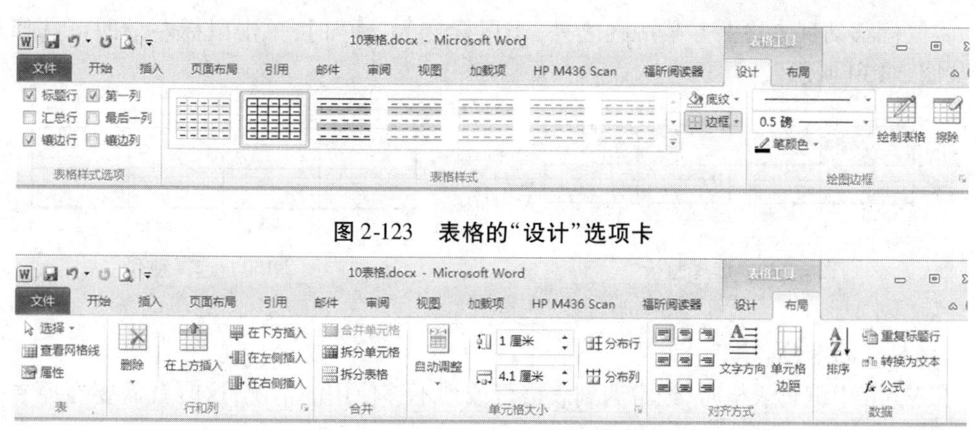

图 2-123　表格的“设计”选项卡

图 2-124　表格的“布局”选项卡

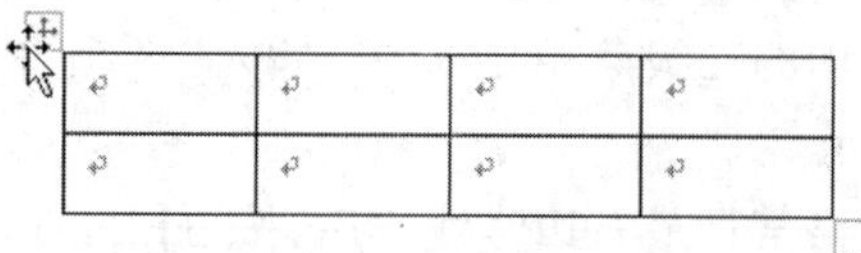

图 2-125　选择整个表格

此外，在“布局”选项卡的“表”组中，单击“选择”下拉按钮，在其二级菜单中同样可以选择整个表格。

(2)选择单元格

表是由单元格组成的，单元格指的是表中某个单独的方格。将鼠标定位在某个单元格内部，向单元格左边移动鼠标，当鼠标变为“➚”时，单击鼠标左键即可选择当前单元格，如图 2-126 所示。

选择多个不连续的单元格时，只需在选择第一个单元格后，按下【Ctrl】键，继续选择其他单元格即可。

选择多个连续的单元格时，将光标定位在第一个单元格内部，然后按下【Shift】键，再次单击其他单元格即可，或者直接使用拖拽的方式选择单元格，如图 2-127 和图 2-128 所示。

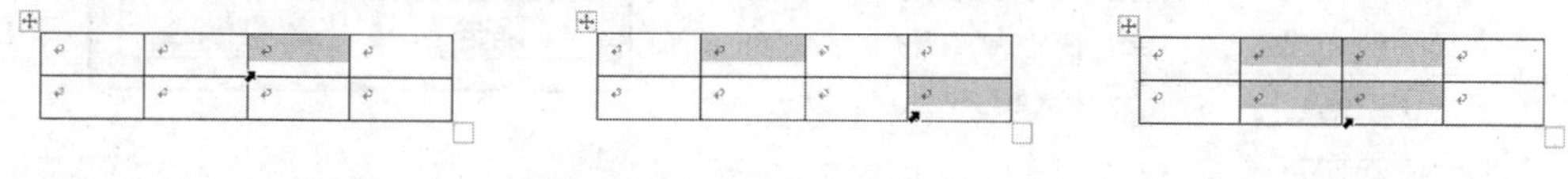

图 2-126　选择单元格　　图 2-127　选择不连续的单元格　　图 2-128　选择连续的单元格

(3)选择整行

将鼠标移动到表格左侧某一行之外，当鼠标变为“↗”时，单击鼠标左键即可选择整行，如图 2-129 所示。

此外，将鼠标定位在某个单元格内部，向单元格左边移动鼠标，当鼠标变为“➚”时，双击鼠标左键，即可选择光标所在位置的一行。

(4)选择整列

将鼠标移动到表格上方某一列之外，当鼠标变为“🡻”时，单击鼠标左键即可选择整列，如图 2-130 所示。

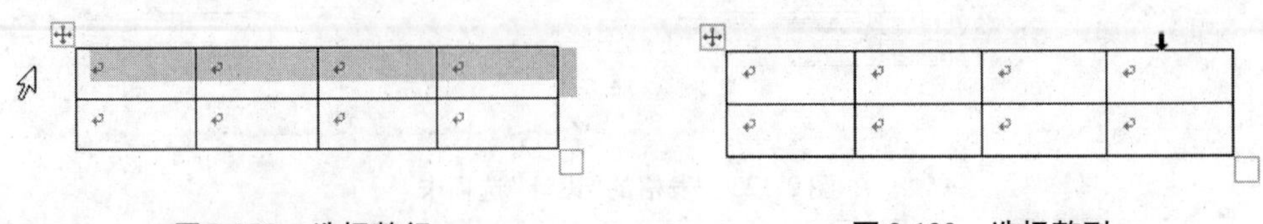

图 2-129　选择整行　　　　图 2-130　选择整列

（5）插入行与列

在 Word 中编辑表格时，经常遇到表格行或列不够使用的情况，这时就需要在原有表格的基础上增加行或列。

①将光标定位在拟插入行或列的邻近单元格内部。

②右键单击表格，在弹出的二级菜单中选择“插入”选项，然后在其子菜单中选择合适选项即可，如图 2-131 所示。

此外，将光标定位在表格某行最右边竖线之后，按下【Enter】键，则可以快速在当前行之后插入一行。

（6）插入单元格

①将光标定位在拟插入单元格的内部。

②单击鼠标右键，在弹出的二级菜单中执行“插入”→“插入单元格”命令。随后，弹出如图 2-132 所示的对话框。

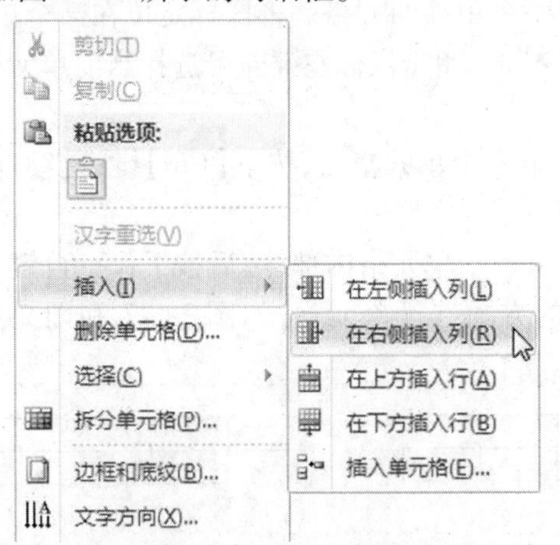

图 2-131　插入行或列

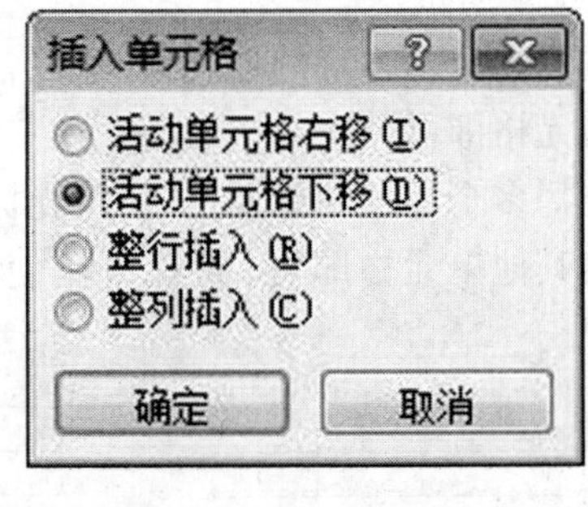

图 2-132　“插入单元格”对话框

- 活动单元格右移：指的是在所选单元格左侧插入新的单元格。
- 活动单元格下移：指的是在所选单元格上方插入新的单元格。
- 整行插入：指的是在所选单元格所在行之上插入一整行。
- 整列插入：指的是在所选单元格所在列左侧插入一整列。

③根据实际需要，选择插入方式后，单击“确定”按钮即可。

（7）删除行、列和单元格

使用之前所讲内容选择一行或多行(一列或多列),然后单击鼠标右键,在弹出的二级菜单中选择“删除行”或“删除列”命令即可。

删除单元格的操作与删除行与列类似,选中某个或多个单元格后,单击鼠标右键,在弹出的二级菜单中选择“删除单元格”选项,弹出如图 2-133 所示的对话框。

• 右侧单元格左移:选择该项后,将删除选中的单元格,剩下的单元格向左移,填补被删除单元格所在位置,表格框架结构改变,如图 2-134 所示。

• 下方单元格上移:选择该项后,将删除选中的单元格,剩下的单元格内容向上移,表格框架结构不变。

• 删除整行:选择该项后,单元格所在整行将被删除,剩下的行向上移动。

• 删除整列:选择该项后,单元格所在整列将被删除,剩下的列向左移动。

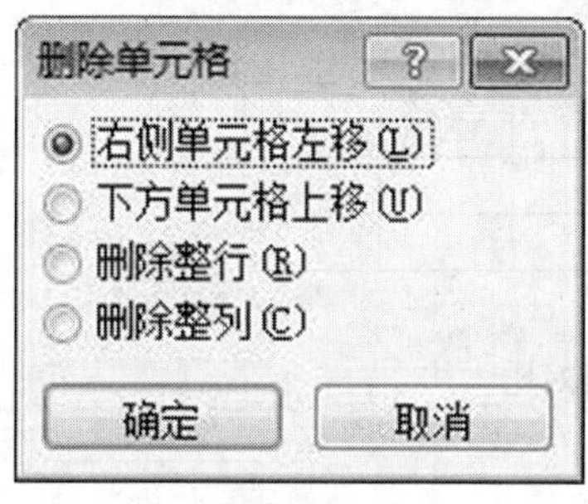

图 2-133 “删除单元格”对话框

↵	↵	↵	
↵	↵	↵	↵
↵	↵	↵	↵

图 2-134 右侧单元格左移效果

(8)合并单元格

合并单元格指的是将相邻的两个或多个单元格合并为一个大的单元格,若原有单元格内有文本数据,则合并单元格后数据单独保留。

选择两个或多个连续的单元格,单击鼠标右键,在弹出的二级菜单中执行“合并单元格”命令即可。

同样,选择拟合并的单元格,在“布局”选项卡的“合并”组中,单击“合并单元格”按钮,也可以实现单元格的合并。图 2-135 所示的是合并单元格前后的对比效果。

1↵	2↵	3↵	4↵
5↵	6↵	7↵	8↵
9↵	10↵	11↵	12↵

<table>
<tr><td>1↵</td><td colspan="2" rowspan="2">2↵
3↵
6↵
7↵</td><td>4↵</td></tr>
<tr><td>5↵</td><td>8↵</td></tr>
<tr><td>9↵</td><td>10↵</td><td>11↵</td><td>12↵</td></tr>
</table>

图 2-135 合并单元格前后对比效果

(9)拆分单元格

拆分单元格指的是将一个单元格拆分成多个单元格,使其满足细化表格结构的需求。

①将鼠标定位在拟拆分的单元格内部。

②单击鼠标右键,在二级菜单中选择“拆分单元格”选项。此时,弹出如图 2-136 所示的对话框。

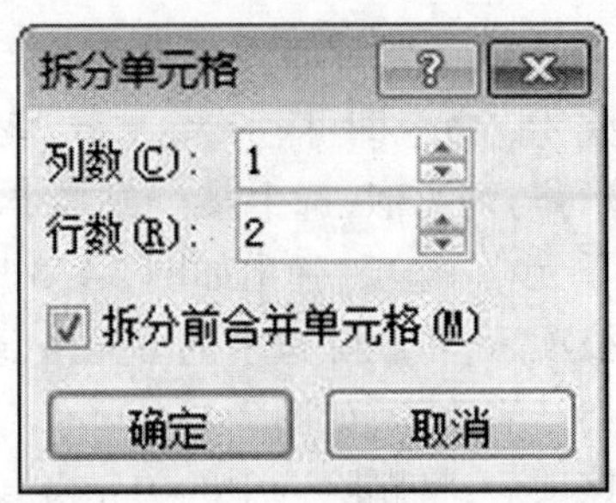

图 2-136 “拆分单元格”对话框

③根据实际需要,选择将单元格拆分的列数和行数。最后,单击“确定”按钮,即可完成拆分。图 2-137 所示是将单元格拆分为 1 列 2 行的效果。

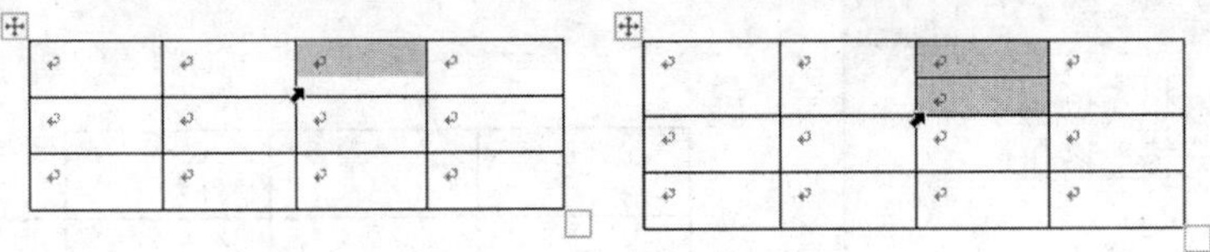

图 2-137 “拆分单元格”前后效果对比

(10)拆分表格

拆分表格指的是将当前表格拆分为两个表格。

①选中表格中拟拆分的行。

②在“布局”选项卡的“合并”组中,单击“拆分表格”按钮,即可完成表格的拆分,如图 2-138 所示。

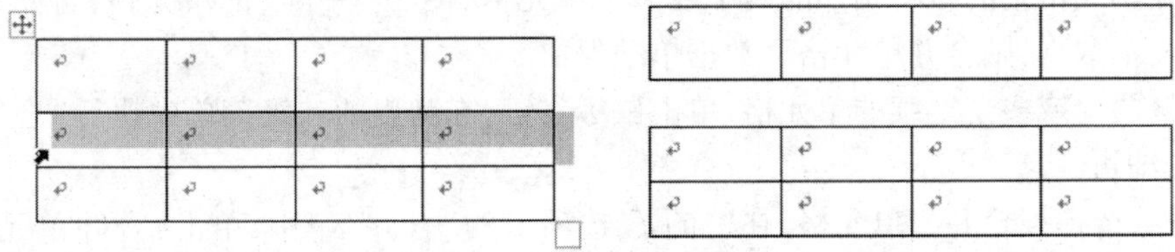

图 2-138 “拆分表格”前后效果对比

2. 设置表格属性

(1)设置行高

在 Word 表格中,行的高度在默认状态下由表格内的内容和段前段后距离所决定,有多种方法可以调整行高。

方法一:利用【Enter】键调整行高。

将鼠标定位在某个单元格内部,单击【Enter】键即可在单元格内产生新的换行,此时新增加的行就会增加行高。

方法二:使用鼠标拖动单元格的边框。

将鼠标移动到单元格的横向边框上,此时鼠标指针变为“≑”,按下鼠标左键不放,向下或向上拖动鼠标,即可减少或增大行高。

方法三：使用标尺调整行高。

在“视图”选项卡的“显示”组中，勾选“标尺”复选框。将鼠标定位在表格内部时，左侧标尺即可显示行高的灰色线条，拖动灰色线条即可调整行高。

方法四：使用“表格属性”对话框调整行高。

将鼠标定位在表格内部，右键单击表格，在其二级菜单中选择“表格属性”选项，此时弹出如图 2-139 所示的对话框。选择“行”选项卡，勾选“指定高度”复选框，并在后面输入拟设置的高度值即可。

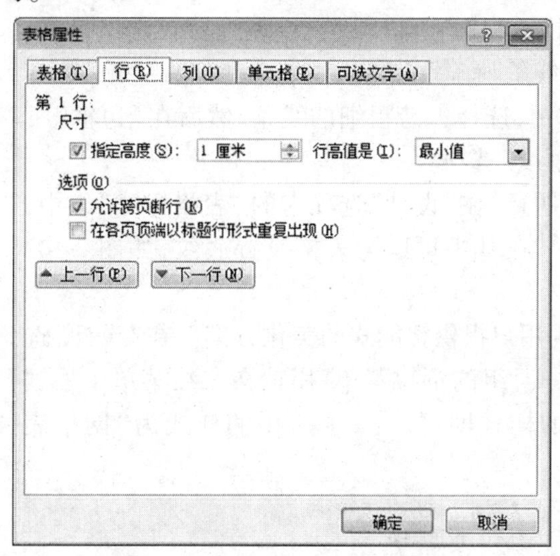

图 2-139　精确设置行高

方法五：使用“布局”选项卡中的工具。

用户若要想精确控制行高，还可以通过“布局”选项卡来实现。将鼠标定位在表格内部后，在“布局”选项卡的“单元格大小”组中，通过在“高度”文本框中输入固定的值即可。

需要说明的是，使用方法四和方法五每次仅能调整一行的高度，若要一次调整多行，预先选中表格内的多行即可。

(2)设置列宽

表格列宽的设置与行高的设置方法雷同，这里不再赘述。

(3)表格内容的对齐方式

表格内容的对齐方式与之前所讲授的文字排版有雷同之处。若要控制表格内容的位置，只需要在“布局”选项卡的“对齐方式”组中，选择合适的选项即可，如图 2-140 所示。

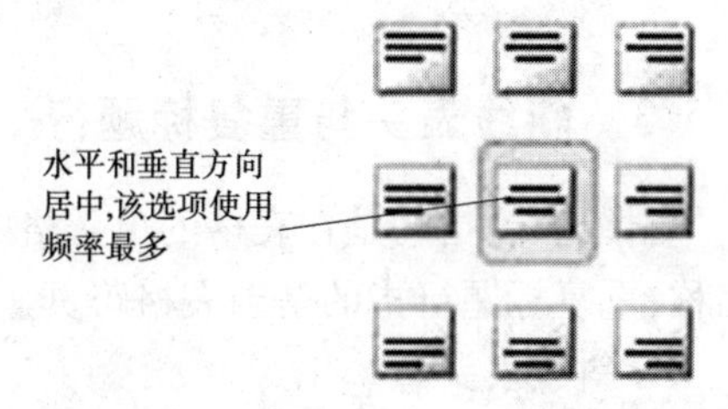

图 2-140　表格内容的对齐方式

3. 美化表格

在对表格进行编辑过程中，除了规范统一表格内容格式，Word 也对表格外观设置给出许多主题,用户可以直接选择其中喜欢的颜色搭配。

①选择整个表格。

②在“设计”选项卡的“表格样式”组中,系统已经为用户提供了多种边框样式,用户可以随意选择。若对系统提供的样式不满意,还可以自定义表格样式外观。

③在“边框”下拉菜单中,如图 2-141 所示,可以单独为边框的线条设置应用范围,这里选择“外侧框线”选项。在“绘图边框”组中,用户可以对表格的边框粗细、颜色、线型进行自定义设置,这里选择 3 磅粗细的线条。

④再次在步骤③中,选择 1 磅粗细的线条,然后在“边框”下拉菜单中选择“内部框线”选项。

⑤选择表格的标题行,在“设计”选项卡的“表格样式”组中,单击“底纹”下拉菜单,在其中可以为表格设置底纹,如图 2-142 所示。

⑥此外,系统还为用户提供智能式的美化方案。在“设计”选项卡中,单击“表格样式”组的下拉菜单,用户在二级菜单中根据版式需要,选择合适的样式即可,表 2-1 所用的样式为“网格表 4”。

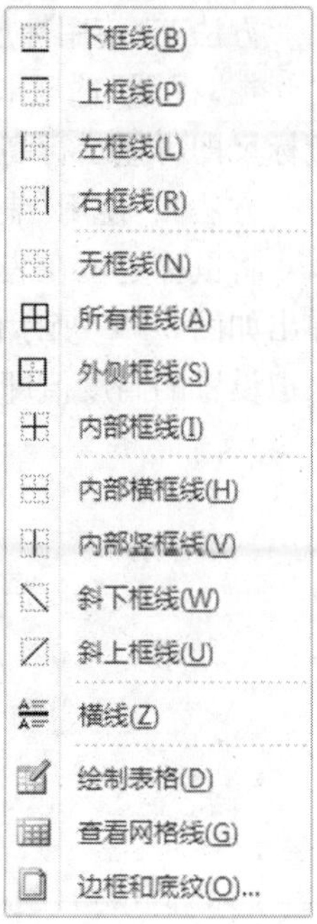

下框线(B)
上框线(P)
左框线(L)
右框线(R)
无框线(N)
所有框线(A)
外侧框线(S)
内部框线(I)
内部横框线(H)
内部竖框线(V)
斜下框线(W)
斜上框线(U)
横线(Z)
绘制表格(D)
查看网格线(G)
边框和底纹(O)...

图 2-141 “边框”下拉菜单

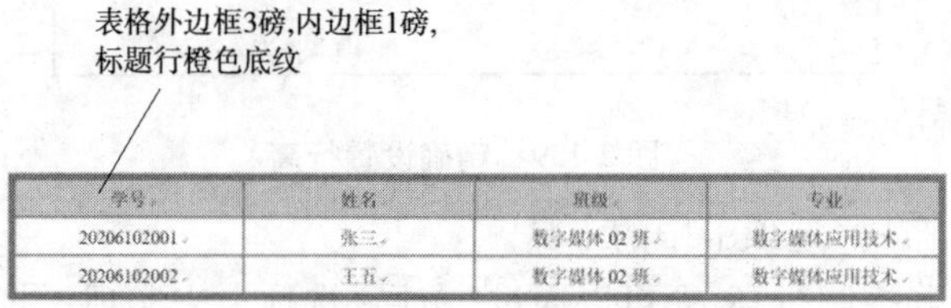

表格外边框3磅,内边框1磅,标题行橙色底纹

学号	姓名	班级	专业
20206102001	张三	数字媒体 02 班	数字媒体应用技术
20206102002	王五	数字媒体 02 班	数字媒体应用技术

图 2-142 自定义美化表格

表 2-1 使用“主题”美化表格

学号	姓名	班级	专业
20206102001	张三	数字媒体 02 班	数字媒体应用技术
20206102002	王五	数字媒体 02 班	数字媒体应用技术

2.5.3 斜线表头与重复标题行

斜线表头指的是在表格的单元格中绘制斜线,以便在斜线单元格中添加表格的项目名称;重复标题行指的是当表格跨页显示的时候,新的一页表格顶部自动增加标题。

1. 斜线表头

在 Word 中,斜线表头有单斜线表头和多斜线表头,具体实现方法如下。

(1)单斜线表头的绘制

①绘制 5 行 8 列的表格,将表格的宽度与高度调整在适合的比例,这里将第一行行高

设置为1厘米,其他行高设置为0.5厘米;第一列列宽设置为2厘米,其他列宽设置为1.5厘米。

②将光标定位在表格左上角的单元格内部。

③在“设计”选项卡的“绘图边框”组中,选择0.75磅粗细的线条,线条颜色设置为标准黑。

④在“边框”下拉菜单中选择“斜下框线”选项,随后斜线表头绘制完成。

⑤再次将光标定位在斜线表头内部,将字体字号进行缩小设置,这里将字号设置为六号,输入对应的项目名称即可,完成后的斜线表头如表2-2所示。

表2-2 单斜线表头的表格

日期 节次	星期一	星期二	星期三	星期四	星期五	星期六	星期日
1	数学	语文	数学	语文	数学		
2	语文	英语	英语	数学	科学		
3	英语	数学	科学	音乐	英语		
4	体育	美术	英语	体育	书法		

(2)多斜线表头的绘制

①绘制4行4列的表格,并将表格第一行的行高设置为1.5厘米,其他行高设置为0.5厘米。

②在“插入”选项卡的“插图”组中,单击“形状”下拉菜单,在其中选择“直线”工具。移动鼠标至表格左上角第一个单元格,绘制两条斜线。

③将字体字号进行缩小设置,输入对应的项目名称即可,完成后的斜线表头如表2-3所示。

表2-3 多斜线表头的绘制

分 数 科目 姓名	语文	数学	外语
张三	86	94	88
王五	93	88	90
李四	89	87	95

2. 重复标题行

重复标题行功能主要解决了表格在跨页显示时,新页面中表格没有表头的情况,能够帮助读者方便地阅读表格的内容。

①创建一个6行4列的表格。将表格置于跨页面的位置,如图2-143所示。

②将光标定位在表格的标题行,即表格的第一行内部。

③在“布局”选项卡内的“数据”组中,单击“重复标题行”按钮。此时,该表格就应用

学号	姓名	班级	专业
20206102001	张三	数字媒体 02 班	数字媒体应用技术
20206102002	王五	数字媒体 02 班	数字媒体应用技术

20206102003	李四	数字媒体 02 班	数字媒体应用技术
20206102004	张六	数字媒体 02 班	数字媒体应用技术
20206102005	赵七	数字媒体 02 班	数字媒体应用技术

图 2-143　默认表格跨页面时的效果

了重复标题行的效果，如图 2-144 所示。从图中可以看出，新页面的表格第一行出现了与表格标题行相同的内容，使得读者在新页面也能随时查看当前列所对应的标题内容。

学号	姓名	班级	专业
20206102001	张三	数字媒体 02 班	数字媒体应用技术
20206102002	王五	数字媒体 02 班	数字媒体应用技术

学号	姓名	班级	专业
20206102003	李四	数字媒体 02 班	数字媒体应用技术
20206102004	张六	数字媒体 02 班	数字媒体应用技术
20206102005	赵七	数字媒体 02 班	数字媒体应用技术

图 2-144　应用“重复标题行”后的效果

2.5.4　表格内的简易公式

Word 为用户提供了强大的公式计算功能，通过简单的设置能够在表格中快速计算出结果。由于有关表格内数据的处理，后续 Excel 章节会详细介绍，这里仅介绍在工作时，利用 Word 处理简单数据的方法。

1. 求和

对表格行或列的数据求和是常见的操作，具体步骤如下。

①在 Word 文档中，新建一个包含数据内容的表格，如表 2-4 所示。将光标定位在拟存放和数的单元格内部，这里定位在第 6 行第 3 列的位置。

表 2-4　拟使用公式求和的表格

序号	项目名称	项目预算(2020 年)万元	项目预算(2021 年)万元	小计
1	项目 A	65	30	
2	项目 B	55	45	
3	项目 C	100	81	
4	项目 D	80	68	
合计				

②在“布局”选项卡的“数据”组中，单击“公式”按钮，此时弹出如图 2-145 所示的对话框。

在默认状态下，此对话框的“公式”文本框中将显示求和的公式“ = SUM(ABOVE)”，

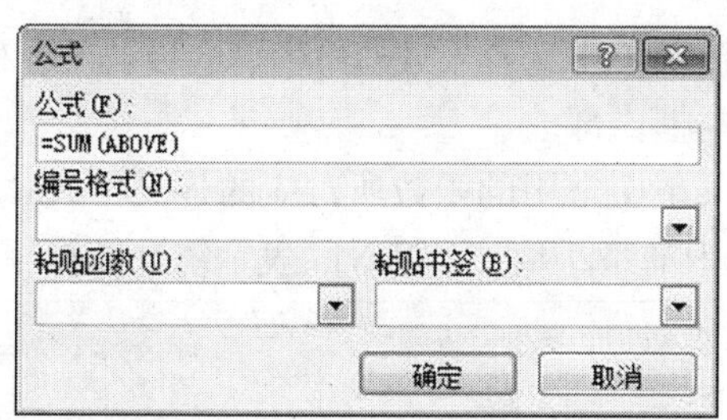

图 2-145 “公式”对话框

这里英文“SUM”的含义是“总数、总计”,英文“ABOVE”的含义是“上面的、上文的”。除此之外,还有几个常用的英语关键词。

- BELOW:从光标位置向下所有的单元格中的数据(遇到非数值属性的数据停止)。
- LEFT:从光标位置向左所有的单元格中的数据(遇到非数值属性的数据停止)。
- RIGHT:从光标位置向右所有的单元格中的数据(遇到非数值属性的数据停止)。

③选择合适的函数,这里采用默认公式,单击“确定”按钮,系统即可将计算结果填入目标单元格,如表 2-5 所示。同样,可对第 4 列求和。

表 2-5 使用公式计算完成的表格

序号	项目名称	项目预算(2020 年)万元	项目预算(2021 年)万元	小计	所用公式
1	项目 A	65	30	95	= SUM(LEFT)
2	项目 B	55	45	100	= SUM(LEFT)
3	项目 C	100	81	181	= SUM(LEFT)
4	项目 D	80	68	148	= SUM(LEFT)
合计		300	224	524	= SUM(LEFT)
所用公式		= SUM(ABOVE)	= SUM(ABOVE)		

2. 平均值

与求和的公式类似,在 Word 中平均值也能够通过公式快速求出。

①在 Word 文档中,新建一个包含数据内容的表格,如表 2-6 所示。将光标定位在拟存放平均值的单元格内部,这里定位在第 6 行第 3 列的位置,拟计算数学科目的平均成绩。

表 2-6 拟使用公式求平均值的表格

序号	姓名	数学	语文	平均值
1	王五	88	91	
2	李四	94	72	
3	张三	100	86	
4	赵六	92	91	
各科平均值				

②在“布局”选项卡的“数据”组中,单击“公式”按钮,在弹出的对话框中删除“公式”文本框内除了等号以外的公式。

③在“粘贴函数”下拉菜单中选择“AVERAGE”选项，如图 2-146 所示。随后，系统将该函数添加到“公式”文本框内部。

在“粘贴函数”下拉菜单中常用的函数所对应的含义：“MAX”表示计算数据中的最大值；“MIN”表示计算数据中的最小值；“COUNT”表示统计数据个数。

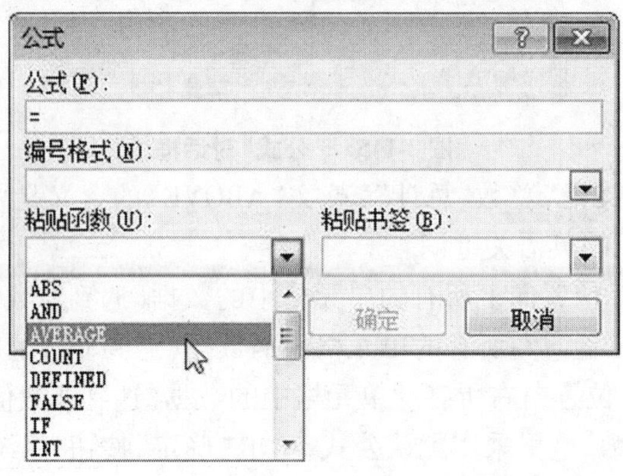

图 2-146　修改公式

④在“ = AVERAGE( )”内部括号内输入“ABOVE”，即“ = AVERAGE(ABOVE)”。设置完成后，单击“确定”按钮，系统即可将平均值填入指定单元格，如表 2-7 所示。同样，可以得到语文科目的平均成绩。

表 2-7　使用公式求平均值的表格

序号	姓名	数学	语文	平均值
1	王五	88	91	89.5
2	李四	94	72	83
3	张三	100	86	93
4	赵六	92	91	91.5
各科平均值		93.5	85	

⑤举一反三，表格横向方向同样可以计算每位学生科目的平均值，用到的公式为“ = AVERAGE(LEFT)”。

3. 排序

在 Word 的数据表格中，提供了针对数据排序的功能。

①创建一个包含数据的表格，这里沿用前面的示例。

②将光标定位在该表格中，在“布局”选项卡的“数据”组中，单击“排序”按钮。此时，弹出如图 2-147 所示的对话框。

③在“主要关键字”下拉列表中选择拟参与排序的列。本例中，拟对平均值进行排序，所以这里选择“平均值”选项，排序呈现方式为“降序”，即平均值从高到低排序。

④设置完成后，单击“确定”按钮，表格数据即可排序完成，如表 2-8 所示。

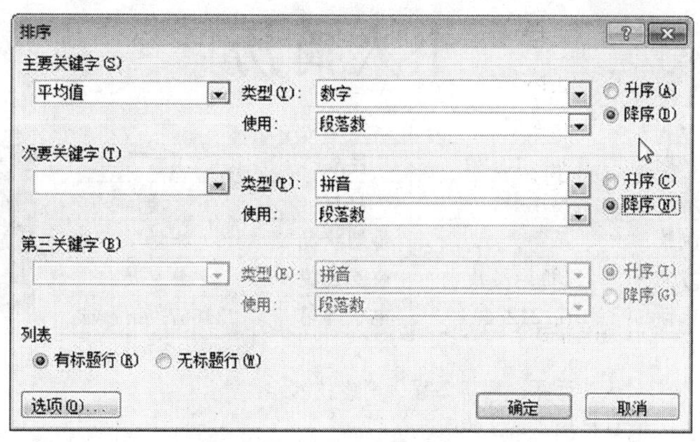

图 2-147 "排序"对话框

表 2-8 排序后的效果

序号	姓名	数学	语文	平均值
3	张三	100	86	93
4	赵六	92	91	91.5
1	王五	88	91	89.5
2	李四	94	72	83

2.5.5 跟着做——个人简历

以个人简历为主题,完成下列有关表格的操作,最终效果如图 2-148 所示。

①创建 10 行 6 列的表格。

②选择第 6 列中前 6 行单元格,对其进行合并操作。

③设置各列的宽度分别为 0.8 厘米、2 厘米、3.5 厘米、2 厘米、3.5 厘米和 3 厘米。

④将第 7 行第 3 列的单元格与第 7 行第 6 列的单元格进行合并。以此类推,将第 8 ~ 10 行的单元格进行合并。

⑤在单元格内部输入必要的文字内容。

⑥将光标定位在第 7 行第 2 列的单元格内部,在"布局"选项卡的"页面设置"组中,单击"文字方向"按钮,在其二级菜单中选择"垂直"命令,使得部分文字方向变为"垂直"。

⑦在表格右上角的单元格内部插入图像,并调整图像大小,使图像不会影响表格的结构布局。

⑧将表格第 1 列底纹设置为橙色,将表格第 2 列和第 4 列底纹设置为灰色。

⑨调整表格内文字的对齐方式,最终效果如图 2-148 所示。

2.5.6 课堂思考与技能训练

1. 在创建表格过程中,"固定列宽"与"根据内容调整表格"有何不同之处?

个人简历

姓名	某某	性别	女	
出生日期	1998.10.20	民族	汉族	
学历	本科	户口	上海	
毕业院校	某某大学	婚姻状况	未婚	
专业方向	计算机网络技术	政治面貌	中共党员	
联系电话	13712123434	电子邮箱	1234567@qq.com	
求职意向	从事行业：网络工程、网络技术 目标地点：上海 期望月薪：8K/月 目标岗位：网络工程师、网络销售、网络管理、网络运营、网络安全			
技能证书	HCIE 认证网络工程师 CET-6，英语听说能力优良 熟练掌握 Office 系列软件			
工作经历	2016.09～2020.07　**大学计算机与通信学院　学生 2020.09～至今　**能源发展有限公司　项目经理			
自我评价	1.具备智能楼宇或传输网络施工、调试经验； 2.具备基本网络维护和网络故障的分析判断解决能力，并能熟练配置服务器、交换机、路由器； 3.具备音视频设备安装调试经验； 4.具备两年工作经验以上，可接受出差； 5.头脑灵活，逻辑性强，表达能力强，沟通顺畅。			

图 2-148　个人简历最终效果

2. 如何选择多个不连续的单元格？
3. 若要将某个单元格拆分成 2 行 3 列的表格，如何操作？
4. 简述调整表格行高的多种方法。
5. 什么是斜线表头？如何制作带有斜线表头的表格？
6. 什么是重复标题行？它有什么实际意义？
7. 在表格中，对表格某一列数据求平均值，其公式如何书写？

2.6　长文档编辑

长文档编辑指的是编辑页数较多的文档，例如产品说明书、软件需求文档、毕业论文、调研报告等。在掌握之前讲授的有关 Word 文档编辑方法后,对长文档的把控是 Word 编辑能力的体现。本节以毕业论文排版的过程为例,向读者讲解在长文档编辑过程中所涉及的知识。

【本节知识与能力要求】

(1)掌握修改内置样式的方法;

(2)掌握自动生成目录的方法;

(3)掌握“首页不同”和“奇偶页不同”的设置方法;

(4)能够完成长文档的一般性编辑。

2.6.1 毕业论文长文档分析

对于毕业论文来讲,一般都包含以下编辑要点:封面、自动生成目录、“奇偶页不同”的页眉、自动编号的页脚、各类标题的样式、分页符等。排版完成的长文档部分页面如图 2-149 ~ 图 2-152 所示。

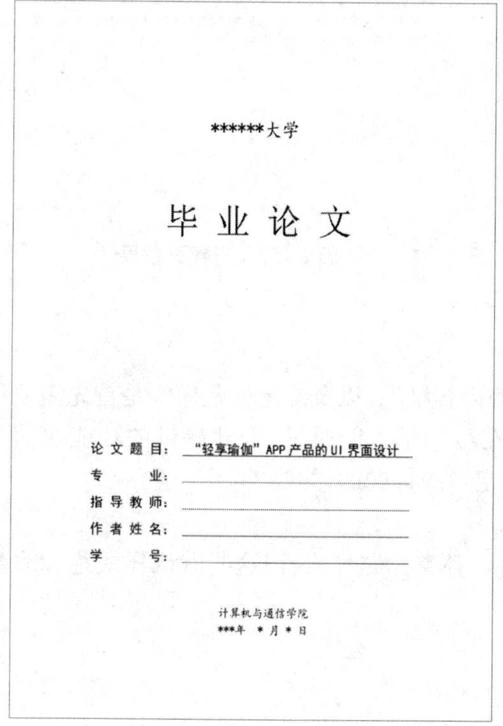

******大学

毕 业 论 文

论文题目: “轻享瑜伽”APP 产品的 UI 界面设计
专 业:
指导教师:
作者姓名:
学 号:

计算机与通信学院
***年 *月 *日

图 2-149 封面效果

“轻享瑜伽”APP 产品的 UI 界面设计

目 录

1 / 21

图 2-150 自动生成的目录效果

****大学　计算机与通信学院

第 7 章　“轻享瑜伽” App 的界面设计论述

7.1　启动图标

在当下时代中，不难看出瑜伽文化的传播正与“互联网+”的概念彼此影响，不断发挥出巨大的光芒：瑜伽通过互联网的传播能够让更多人快速了解和认识从而接受瑜伽，而互联网通过扩散瑜伽文化使其覆盖范围在一定程度上得到的很大的拓展。

7.2　引导页

在当下时代中，不难看出瑜伽文化的传播正与“互联网+”的概念彼此影响，不断发挥出巨大的光芒：瑜伽通过互联网的传播能够让更多人快速了解和认识从而接受瑜伽，而互联网通过扩散瑜伽文化使其覆盖范围在一定程度上得到的很大的拓展。

7.3　注册登录页

在当下时代中，不难看出瑜伽文化的传播正与“互联网+”的概念彼此影响，不断发挥出巨大的光芒：瑜伽通过互联网的传播能够让更多人快速了解和认识从而接受瑜伽，而互联网通过扩散瑜伽文化使其覆盖范围在一定程度上得到的很大的拓展。

7.4　导航与功能按钮

在当下时代中，不难看出瑜伽文化的传播正与“互联网+”的概念彼此影响，不断发挥出巨大的光芒：瑜伽通过互联网的传播能够让更多人快速了解和认识从而接受瑜伽，而互联网通过扩散瑜伽文化使其覆盖范围在一定程度上得

16 / 21

图 2-151　偶数页效果

“轻享瑜伽” APP 产品的 UI 界面设计

到的很大的拓展。

7.5　App 内部界面设计

在当下时代中，不难看出瑜伽文化的传播正与“互联网+”的概念彼此影响，不断发挥出巨大的光芒：瑜伽通过互联网的传播能够让更多人快速了解和认识从而接受瑜伽，而互联网通过扩散瑜伽文化使其覆盖范围在一定程度上得到的很大的拓展。

7.5.1　首页与内部主要界面

主页　　热门推荐　　瑜伽分类

7.5.2　内部详情页界面

在当下时代中，不难看出瑜伽文化的传播正与“互联网+”的概念彼此影响，不断发挥出巨大的光芒：瑜伽通过互联网的传播能够让更多人快速了解和认识从而接受瑜伽，而互联网通过扩散瑜伽文化使其覆盖范围在一定程度上得到的很大的拓展。

17 / 21

图 2-152　奇数页效果

2.6.2　创建标题样式

在长文档编辑过程中，规范文档各板块的内容结构，以及确定标题样式是首先需要处理的问题。假如用户没有使用标题样式，则在后期是不能通过 Word 提供的功能快速提取目录的，所以在对长文档编辑时，需要先确定各级标题的样式。

1. 修改标题样式

在新建的空白 Word 文档中，系统本身自带各类标题样式，但这些默认样式绝大多数不能满足实际需求，还需要对其进一步设置。

(1)应用系统自带样式

①打开配套素材中“长文档编辑(原始).docx”文档。

②翻到第 2 页。将光标定位在“摘要”文字内部。在“开始”选项卡的“样式”组中，单击右下角的“ ”按钮，打开“样式”任务窗格。

③在“样式”任务窗格中，选择“标题 1”选项。此时，“摘要”字体就被赋予“标题 1”样式所对应的文字属性，如图 2-153 所示。

随后，用户会发现应用后的样式外观，并非想要的样式外观。例如，本例中一级标题字体属性为宋体、二号、加粗、左对齐，而目标样式外观的字体属性为黑体、三号、加粗、居中对齐。

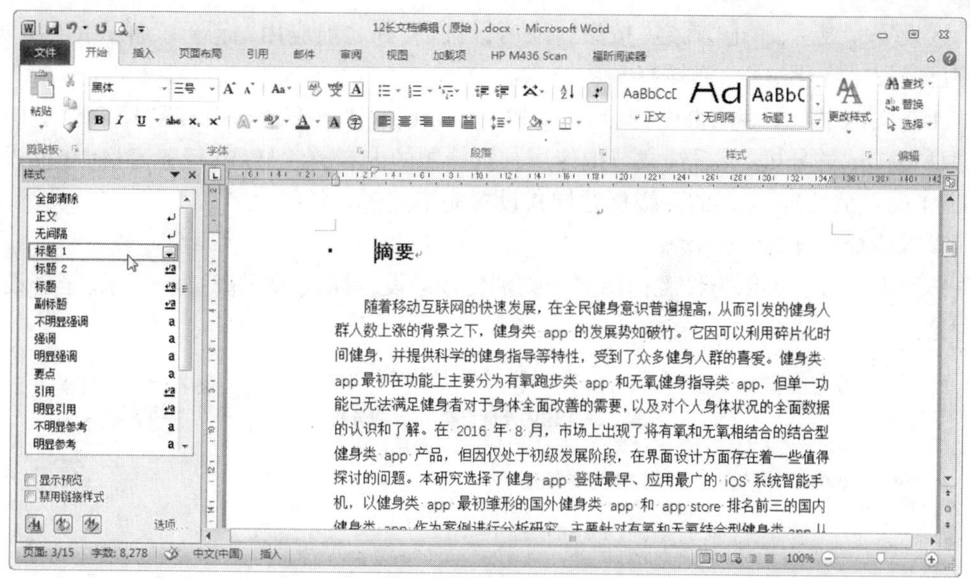

图 2-153 “摘要”应用“标题 1”样式

这时,用户如果对“摘要”二字直接修改,那么后期凡是应用“标题 1”样式的一级标题不会自动修改,造成工作量变大的后果。要解决一次修改、多次应用的需求,应该在系统的样式中进行修改操作。

(2)在系统中修改样式

①在“样式”任务窗格中,单击“标题 1”旁边的下拉箭头,在弹出的二级菜单中选择“修改”命令,如图 2-154 所示。随后,弹出如图 2-155 所示的对话框。

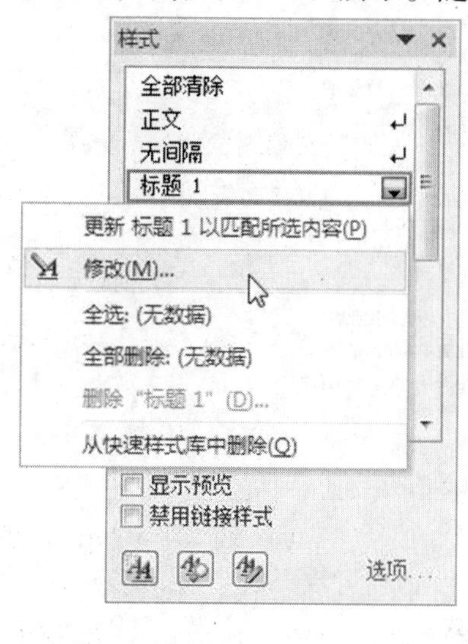

图 2-154 样式菜单

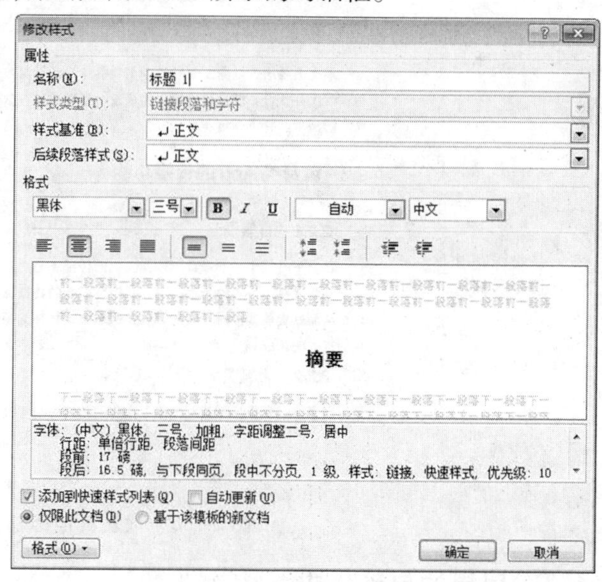

图 2-155 “修改样式”对话框

②在该对话框中,所有设置将被记录于“标题 1”样式中。这里将字体改为黑体、三号、加粗、居中对齐。

③设置完成后，单击“确定”按钮。随后，可以看到之前应用“标题1”样式的“摘要”二字已经发生变化。

④在文档中向下翻滚页面，找到分别找到“Abstract”“第1章　引言”“第2章　国内外健身类App的分析”等后续章节拟使用一级标题的内容，在“样式”任务窗格中应用“标题1”样式。至此，长文档的一级标题样式设置完毕。

2. 其他标题样式

按照上述方法可以为长文档的多个级别的标题设置样式，如图2-156所示，至于设置过程这里不再赘述。

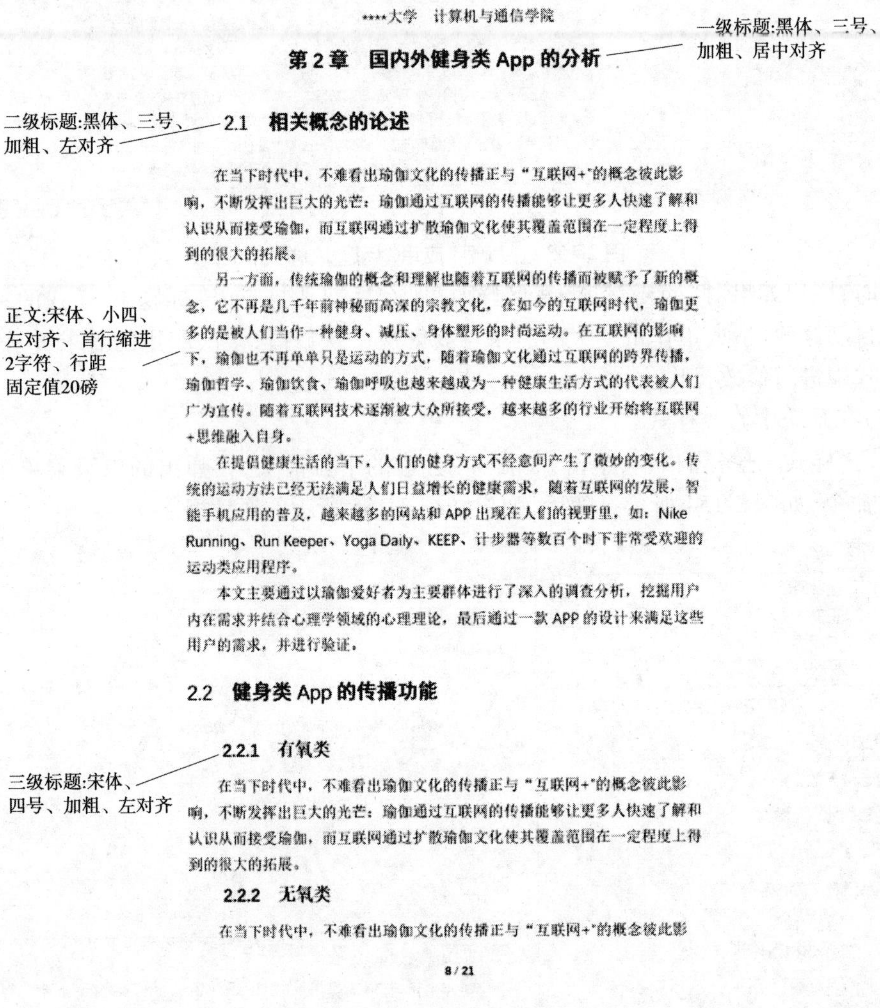

****大学　计算机与通信学院

一级标题:黑体、三号、加粗、居中对齐

第2章　国内外健身类App的分析

二级标题:黑体、三号、加粗、左对齐

2.1　相关概念的论述

在当下时代中，不难看出瑜伽文化的传播正与“互联网+”的概念彼此影响，不断发挥出巨大的光芒：瑜伽通过互联网的传播能够让更多人快速了解和认识从而接受瑜伽，而互联网通过扩散瑜伽文化使其覆盖范围在一定程度上得到的很大的拓展。

正文:宋体、小四、左对齐、首行缩进2字符、行距固定值20磅

另一方面，传统瑜伽的概念和理解也随着互联网的传播而被赋予了新的概念，它不再是几千年前神秘而高深的宗教文化，在如今的互联网时代，瑜伽更多的是被人们当作一种健身、减压、身体塑形的时尚运动。在互联网的影响下，瑜伽也不再单单只是运动的方式，随着瑜伽文化通过互联网的跨界传播，瑜伽哲学、瑜伽饮食、瑜伽呼吸也越来越成为一种健康生活方式的代表被人们广为宣传。随着互联网技术逐渐被大众所接受，越来越多的行业开始将互联网+思维融入自身。

在提倡健康生活的当下，人们的健身方式不经意间产生了微妙的变化。传统的运动方法已经无法满足人们日益增长的健康需求，随着互联网的发展，智能手机应用的普及，越来越多的网站和APP出现在人们的视野里，如：Nike Running、Run Keeper、Yoga Daily、KEEP、计步器等数百个时下非常受欢迎的运动类应用程序。

本文主要通过以瑜伽爱好者为主要群体进行了深入的调查分析，挖掘用户内在需求并结合心理学领域的心理理论，最后通过一款APP的设计来满足这些用户的需求，并进行验证。

2.2　健身类App的传播功能

三级标题:宋体、四号、加粗、左对齐

2.2.1　有氧类

在当下时代中，不难看出瑜伽文化的传播正与“互联网+”的概念彼此影响，不断发挥出巨大的光芒：瑜伽通过互联网的传播能够让更多人快速了解和认识从而接受瑜伽，而互联网通过扩散瑜伽文化使其覆盖范围在一定程度上得到的很大的拓展。

2.2.2　无氧类

在当下时代中，不难看出瑜伽文化的传播正与“互联网+”的概念彼此影响

8 / 21

图2-156　设置其他标题样式

2.6.3　目录的自动生成

目录的自动生成的前提条件是：文档的多级标题样式外观是通过“样式”任务窗格设置的。具体操作如下。

①将光标定位在文档的第 2 页,即在摘要之前插入空白页面。

②在“引用”选项卡的“目录”组中,单击“目录”按钮。在弹出的二级菜单中选择“自定义目录”选项。

③这时,弹出如图 2-157 所示的对话框。在此对话框中的“常规”设置区域,根据需要可以将“显示级别”设置为“3”或“2”。这里“3”代表目录将提取“一级标题”“二级标题”“三级标题”三个层级的标题;“2”代表目录将提取两个层级的标题。其余设置较为简单,这里不再赘述。

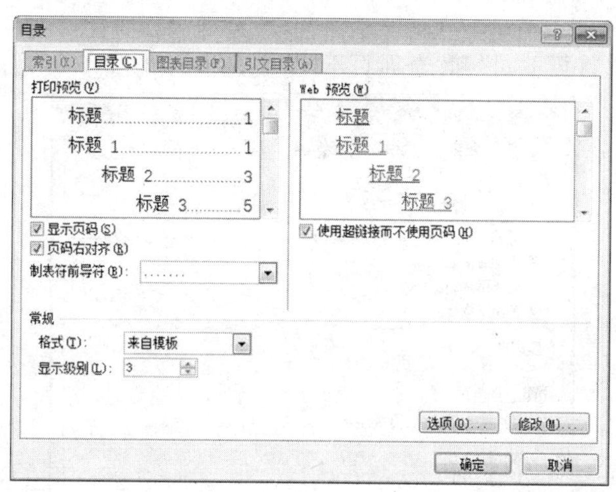

图 2-157 “目录”对话框

④设置完成后,单击“确定”按钮。随后,系统将在光标位置插入目录,如图 2-158 所示。

⑤在文档编辑过程中,存在对标题修改和页码变更的情况,这时并非需要对目录内容逐个手动修改。鼠标右键单击目录的内容,在其二级菜单中执行“更新域”命令,弹出如图 2-159 所示的对话框。选择“更新整个目录”单选按钮,单击“确定”按钮后,目录的所有信息将会被更新。

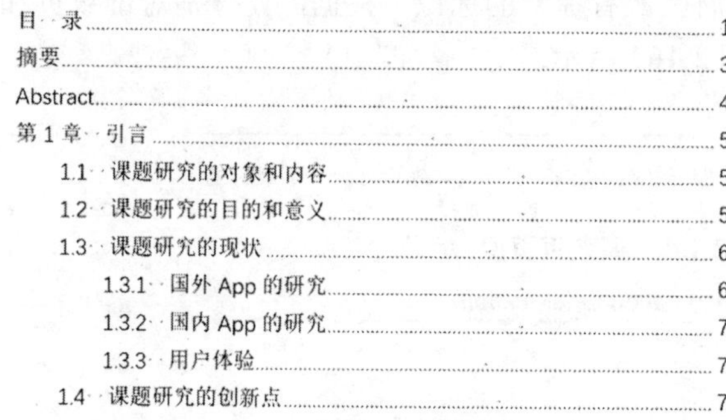
目 录

图 2-158 目录(部分)

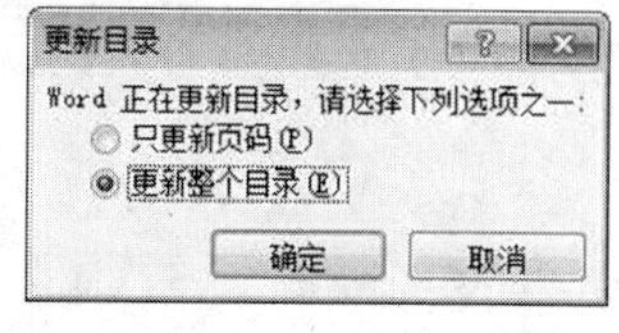

图 2-159 “更新目录”对话框

2.6.4 设置首页不同和奇偶页不同

对于毕业论文来讲,在页脚添加页码后,页码编号会出现在封面上,通过设置"首页不同"可以解决这个问题;若要在论文的奇数页的页眉显示论文题目,偶数页的页眉显示学校的名称,通过设置"奇偶页不同"可以解决这个问题。

①将光标置于文档内的任意位置。

②在"布局"选项卡的"页眉设置"组中,打开"页眉设置"对话框,并切换到"版式"选项卡。

③勾选其中的"首页不同"和"奇偶页不同"复选框,如图 2-160 所示。

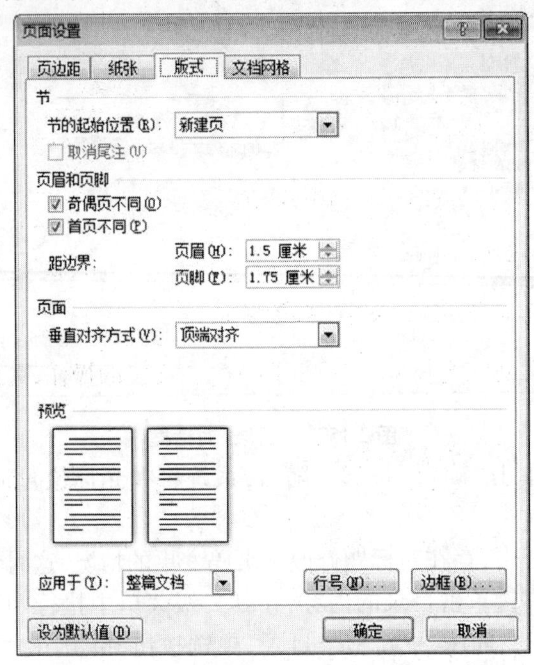

图 2-160 设置页眉和页脚

④设置完成后,页面看似没有任何变化。但是双击文档页眉区域,进入页眉编辑状态,通过滚动页面,可以清楚地发现页眉区域有提醒的标识。根据需要分别对奇数页和偶数页的页眉进行设置,如图 2-161 和图 2-162 所示。

图 2-161 偶数页页眉

图 2-162 奇数页页眉

⑤切换至页脚编辑区域,分别在奇数页和偶数页的页脚区域插入"x/y"形式的页码,并将其设置为水平居中对齐,如图 2-163 所示。

奇数页页脚

5/15

图 2-163　插入页码

⑥翻到封面页(第 1 页),可以发现,由于设置了“首页不同”,而且未对首页的页眉和页脚做任何设置,所以封面页的页脚没有页码显示。

⑦翻到目录页(第 2 页),可以发现,目录页的页脚有页码显示,并且页码从编号“2”开始。双击当前页面的页脚区域并选中页码。在“设计”选项卡的“页眉和页脚”组中,单击“页码”下拉菜单,执行其中的“设置页码格式”命令。在弹出的对话框中,将“起始页码”设置为“0”,如图 2-164 所示。

⑧设置完成后单击“确定”按钮。随后,目录页的页码编号变为“1”。

至此,长文档的编辑基本完成,至于文档中的其他排版设置,这里不再赘述。

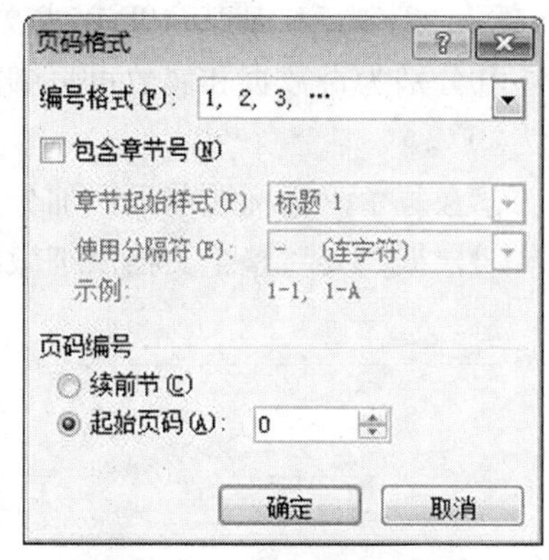

图 2-164　设置起始页码

2.6.5　跟着做——软件类需求文档的排版

以编辑软件类需求文档为目标,完成下列有关长文档的操作,最终效果如图 2-165 ~ 图 2-167 所示。

①打开配套素材“软件类需求文档(原始). docx”文档。

②参照图 2-165 的效果,在封面内插入图像素材“logo. jpg”和包含 2 列 7 行的表格。

③按下组合键【Ctrl + A】选择整个文档内容,将字体类型统一设置为“仿宋”。

④将光标定位在一级标题“一、文档综述”内部。打开“样式”任务窗格,选择其中的“标题 1”样式。

⑤在“标题 1”样式下拉菜单中,执行“修改”命令,将“标题 1”样式改为:仿宋、小二、加粗、居中对齐。

⑥将光标定位在二级标题“1. 1 版本修订记录”内部。参照步骤④ ~ ⑤的过程将“标题 2”样式改为:仿宋、四号、加粗、左对齐。

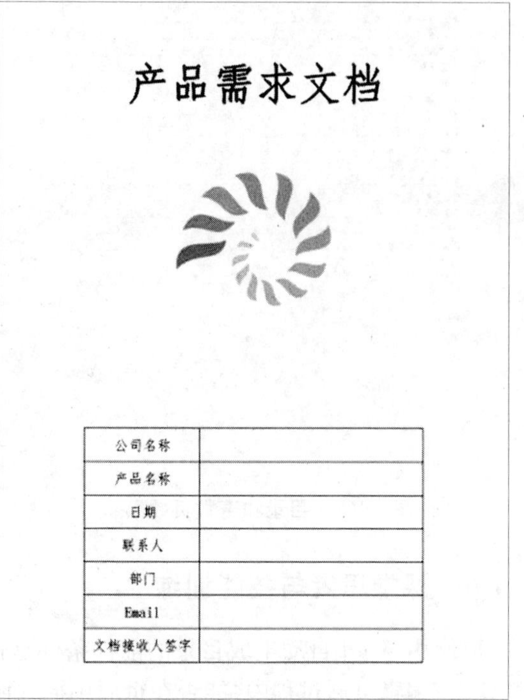

图 2-165　封面效果

⑦根据整个文档结构，将设置好的样式分别应用于一级标题和二级标题。

⑧在文档第 2 页，插入目录，并将目录结构设置为显示 2 级目录。

⑨将整个文档设置为“首页不同”和“奇偶页不同”。

⑩双击文档的页眉区域，进入页眉编辑状态。在奇数页页眉中，使用“插入”功能，在页眉区域插入配套素材“logo. jpg”图像，调整其大小，并设置为“左对齐”；在偶数页页眉中，插入文字内容“某某 APP 需求文档”。

⑪分别为奇数页和偶数页页脚添加同样外观的页码。设置页码格式，将起始页码设置为“0”。

⑫在每个一级标题前面添加分页符，目的是使得新的章节“另起一页”。

⑬根据需要对整个文档做细微调整，最后更新目录。

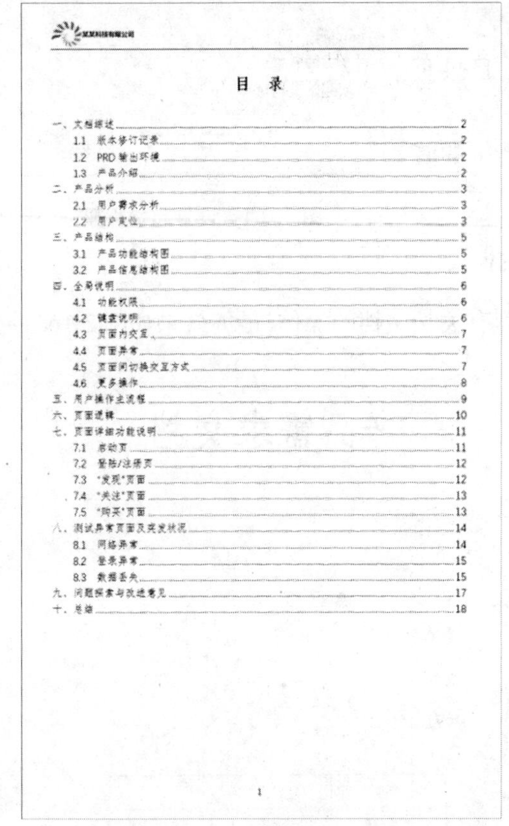

目 录

1

图 2-166 目录和奇数页效果

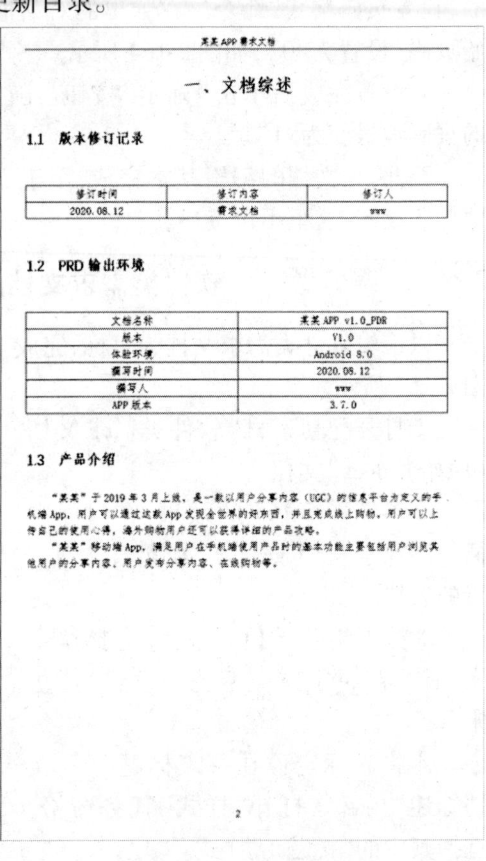

某某 APP 需求文档

一、文档综述

1.1 版本修订记录

修订时间	修订内容	修订人
2020. 08. 12	需求文档	www

1.2 PRD 输出环境

文档名称	某某 APP v1.0_PDR
版本	V1.0
体验环境	Android 8.0
撰写时间	2020. 08. 12
撰写人	www
APP 版本	3.7.0

1.3 产品介绍

“某某”于 2019 年 3 月上线，是一款以用户分享内容（UGC）的信息平台为定义的手机端 App，用户可以通过这款 App 发现全世界的好东西，并且完成线上购物。用户可以上传自己的使用心得，海外购物用户还可以获得详细的产品攻略。

“某某”移动端 App，满足用户在手机端使用产品时的基本功能主要包括用户浏览其他用户的分享内容、用户发布分享内容、在线购物等。

2

图 2-167 偶数页效果

2.6.6 课堂思考与技能训练

1. 使用 Word 自动生成目录的前提条件是什么？

2. 在编辑页眉过程中，能否在页眉中插入图像？

3. 在长文档编辑时，通过何种方法能够使封面不显示页码，而后续内页编码顺序又从“1”开始显示？

第3章 表格处理软件Excel

表格制作及表格数据处理是人们日常工作中经常需要做的工作,由微软公司开发的Microsoft Excel是目前应用最广泛的电子表格处理软件系统。利用该软件系统可以方便地进行各种数据表格的制作,并进行相关数据的分析计算与统计汇总。

3.1 认识Excel 2010

Excel是一款具有强大的数据处理能力的电子表格数据处理软件系统,利用它可以完成各种数据处理、统计分析和辅助决策。目前,Excel在管理、财经、金融等诸多领域都有广泛应用。

【本节知识与能力要求】

(1)认识Excel 2010工作环境;

(2)掌握表格的创建、编辑、保存等基本操作;

(3)认知工作簿、工作表和单元格三者之间的关系。

3.1.1 启动Excel 2010

与启动Word的方法类似,有多种方法可以启动Excel 2010,常用的三种方法如下。

1.通过桌面快捷方式

正常安装Microsoft Excel 2010以后,软件就会在桌面自动添加桌面快捷图标,若要启动软件,只需双击Excel的桌面快捷图标即可。

2.通过系统的"开始"菜单

①在系统桌面左下角,单击"开始"按钮,弹出"开始"菜单。

②在菜单中执行"所有程序"→"Microsoft Office"→"Microsoft Office Excel 2010"选项,即可启动软件。

3.直接打开Excel文档

在"我的电脑"中,找到需要编辑的Excel文档,直接用鼠标左键双击该文档,软件即可启动。

3.1.2 Excel 2010工作界面介绍

1.工作界面的组成

成功启动Excel 2010后,软件的工作界面如图3-1所示。其界面主要由快速访问工具栏、标题栏、状态栏、各类型选项卡,以及选项卡中各种功能按钮组成。

- 标题栏:用于显示当前正在编辑的文档信息。
- "文件"选项卡:该选项卡位于界面的左上角,单击该选项卡可以展开相对应的二

级菜单，如图 3-2 所示。

● 快速访问工具栏：主要集成了使用频率较高的按钮，包括“保存”按钮、“撤消”按钮和“恢复”按钮等。此外，单击快速访问工具栏右侧的“自定义快速访问工具栏”按钮，弹出如图 3-3 所示的下拉菜单，可以进一步添加或删除快速访问按钮。

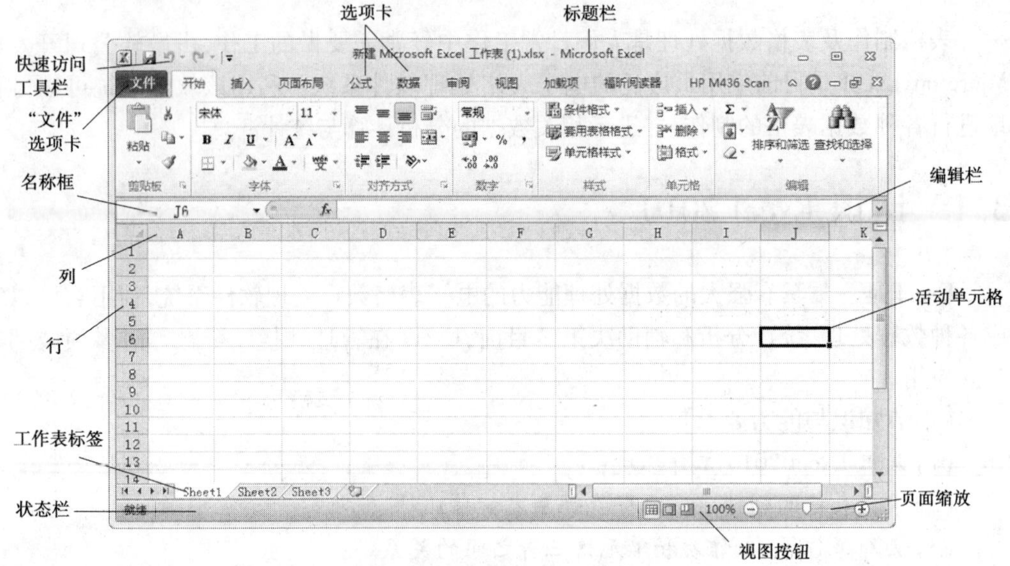

图 3-1　Excel 2010 工作界面

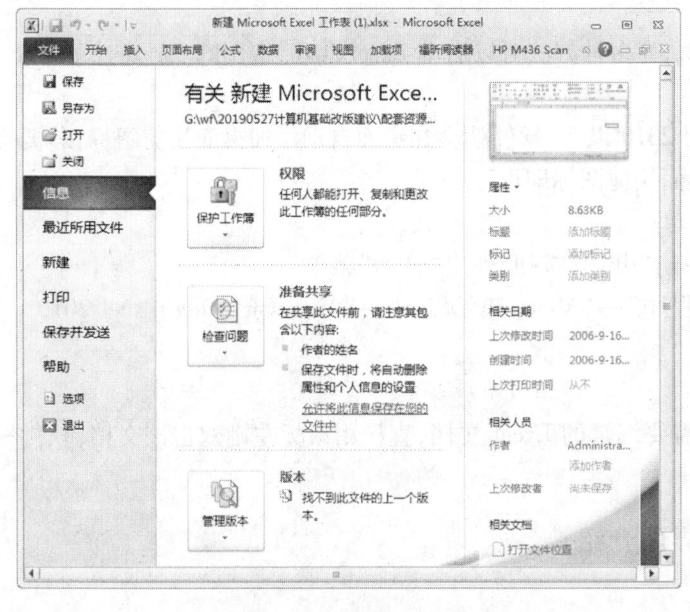

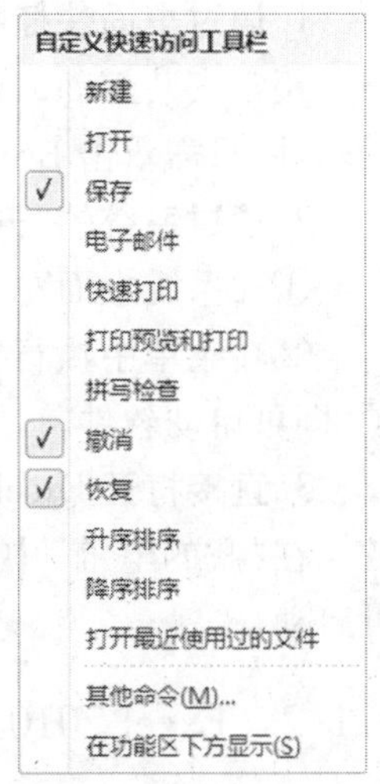

图 3-2　“文件”选项卡　　　　图 3-3　自定义快速访问按钮

● 选项卡：软件在上部区域分类别对各功能按钮进行划分，每个选项卡又细化为多个组，每个组中又包含许多功能按钮。

● 名称框：用于快速定位到指定的单元格位置。

• 编辑栏:用于输入或编辑单元格或图表中的值或公式。

• “列”与“行”:表格中的“列”用 A、B、C…英文字母表示,“行”则用 1、2、3…数字表示。

• 工作表标签:用于显示当前工作簿中包含的工作表名称,初始默认状态下,工作表标签显示为“Sheet1”“Sheet2”“Sheet3”。

• 状态栏:用于显示当前工作簿的状态信息。

• 页面视图:用于在多个视图模式之间切换,可以设置普通视图、页面布局视图和分页预览视图三种模式。

• 活动单元格:指的是当前处于被激活状态的单元格。

• 页面缩放:用于显示当前文档的显示比例,用户可以拖动控制滑块来自定义缩放比例,默认显示比例为 100%。

2. 工作簿、工作表和单元格

(1)工作簿

工作簿是由一张或多张工作表组成的,其中的每一张表格称为工作表,也就是说,工作表从属于工作簿,如图 3-4 所示。

(2)工作表

工作表是由行和列组成的一张表格,在工作表中可以对数据进行分析,图 3-5 中包含了三个工作表,分别是“Sheet1”、“Sheet2”和“Sheet3”。

图 3-4 三个工作簿

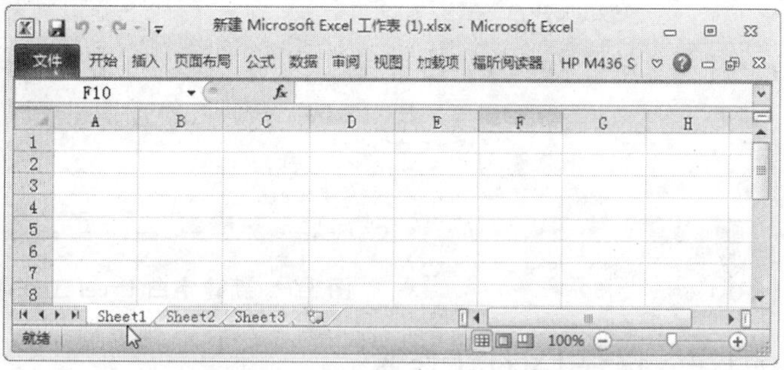

图 3-5 一个工作簿中的三个工作表

(3)单元格

在工作表中,由行和列交叉的区域称为单元格。单元格的命名方式是由“列标 + 行号”的形式进行的,例如 W12 定位在第 12 行与第 W 列交叉处的单元格。

综上所述,工作簿可以比喻为一本书,工作表相当于书中的每一页,而单元格相当于每一页中具体的文字。也就是说,没有工作簿就不会有工作表,工作簿是由工作表组成的,工作表不能单独存在。工作簿、工作表和单元格之间的关系如图 3-6 所示。

3.1.3 新建 Excel 工作簿

①正常启动 Excel 2010 之后,在工作界面顶部区域选择“文件”选项卡,此时在弹出的菜单中选择“新建”命令,随后界面右侧显示有关新建的内容,如图 3-7 所示。

②单击其中的“空白工作簿”按钮,即可创建空白工作簿。此外,根据需要还可以在

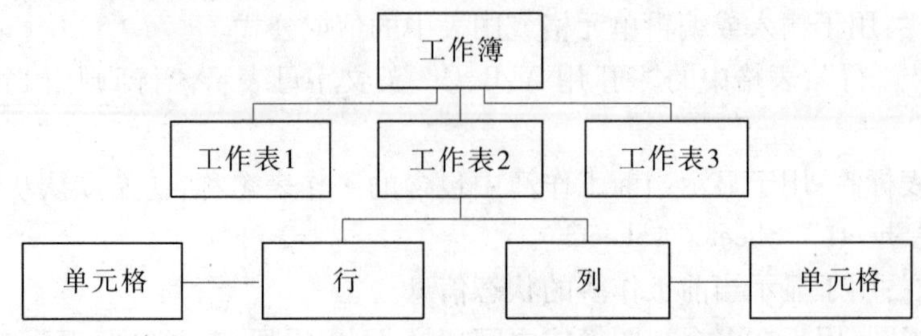

图 3-6　工作簿、工作表和单元格之间的关系

下方选择其他行业模板进行快速创建。其创建过程与 Word 雷同，这里不再赘述。

图 3-7　新建空白 Excel 工作簿

3.1.4　保存 Excel 工作簿

工作簿创建完成后，用户应该养成勤保存的习惯，以避免突发事件造成数据丢失。保存文档的方法有多种，具体内容如下。

1. 使用组合键保存

在文档编辑过程中，按下组合键【Ctrl + S】是最简单、最便捷的保存文档的方法。

2. 使用“保存”按钮

在“快速访问工具栏”中，单击“保存”按钮，即可将文档保存。

3. 另存为

假如在编辑的文档还未取文件名，则在首次存盘时，软件会弹出“另存为”对话框，如图 3-8 所示。在对话框的文件夹列表中选择需要存放当前文档的文件夹，并在“文件名”文本栏中输入当前文档的名称，最后单击“保存”按钮，即可将文档进行保存。

此外，在“保存类型”下拉菜单中，当前文档还可以被另存为其他多种文档形式，如图 3-9 所示。

4. **自动保存间隔时长的设置**

软件自身为了避免用户忘记保存，还提供了自动保存的功能。在默认情况下，文档自动保存的间隔时间为 10 分钟。在 Excel 中自定义设置自动保存间隔时长的方法与在 Word 中雷同，这里不再赘述。

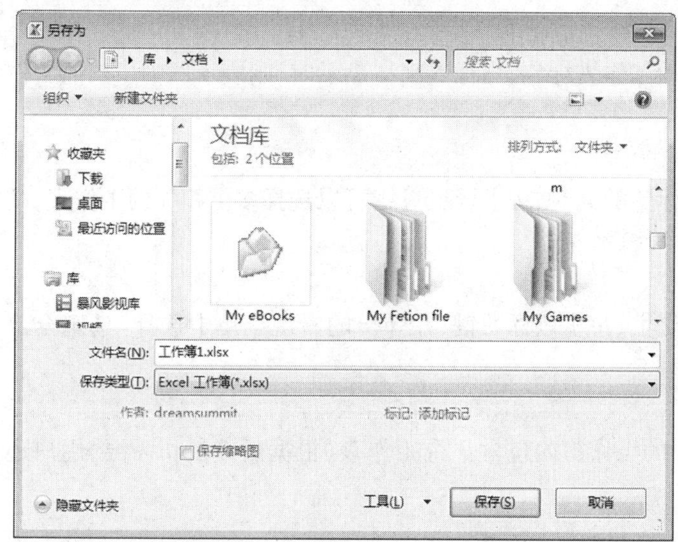

图 3-8　Excel 的“另存为”对话框

Excel 工作簿(*.xlsx)
Excel 启用宏的工作簿(*.xlsm)
Excel 二进制工作簿(*.xlsb)
Excel 97-2003 工作簿(*.xls)
XML 数据(*.xml)
单个文件网页(*.mht;*.mhtml)
网页(*.htm;*.html)
Excel 模板(*.xltx)
Excel 启用宏的模板(*.xltm)
Excel 97-2003 模板(*.xlt)
文本文件(制表符分隔)(*.txt)
Unicode 文本(*.txt)
XML 电子表格 2003 (*.xml)
Microsoft Excel 5.0/95 工作簿(*.xls)
CSV (逗号分隔)(*.csv)
带格式文本文件(空格分隔)(*.prn)
DIF (数据交换格式)(*.dif)
SYLK (符号链接)(*.slk)
Excel 加载宏(*.xlam)
Excel 97-2003 加载宏(*.xla)
PDF (*.pdf)
XPS 文档(*.xps)
OpenDocument 电子表格(*.ods)

图 3-9　保存类型

3.1.5　退出 Excel 2010

1. **使用系统菜单正常退出 Excel**

在软件主窗口左上角，单击“文件”选项卡，在弹出的菜单中选择“退出”按钮。如果当前文档是未经保存的新文档，则系统会弹出对话框要求用户对文档进行保存，待用户跟随系统提示完成保存过程后，即可正常退出 Excel。

2. **使用“关闭”按钮**

在软件主窗口右上角，单击“关闭”按钮，即可退出 Excel。

3. **使用快捷键**

在软件窗口被激活状态下，按下组合键【Alt + F4】，即可退出 Excel。

3.2　工作表和单元格的基本操作

在 Excel 中主要的操作就是对工作表及其内部单元格进行操作。

【本节知识与能力要求】

(1)掌握编辑工作表和单元格的基本操作方法；

(2)认知文本型、数值型、日期型、时间型数据类型，并能够对单元格数据类型进行设置；

(3)掌握行高、列宽,以及单元格格式设置的操作方法;

(4)掌握条件格式的设置方法;

(5)掌握拆分工作表、冻结窗格的基本操作。

3.2.1 选择、插入、更改、移动、复制、删除、显示或隐藏工作表

1. 选择工作表

(1)选择一张工作表

使用鼠标单击工作簿底部的工作表标签,当标签高亮显示时,则表示选中了当前工作表。

(2)选择多张工作表

在工作簿底部选择工作表标签的同时,按下【Shift】键可以选择多个相邻的工作表,按下【Ctrl】键可以选择多个不相邻的工作表。

(3)选择全部的工作表

在工作簿底部的工作表标签上,单击鼠标右键,在弹出的右键菜单中选择"选定全部工作表"选项即可。

2. 插入工作表

在软件默认状态下,新创建的工作簿内包含 3 个工作表,根据后续工作需要,用户还可以插入一张或多张工作表。

(1)插入一张工作表

在工作簿底部的工作表标签旁边,单击" "按钮,即可插入一张名为"Sheet4"的工作表,如图 3-10 所示。

(2)插入多张工作表

假如需要一次性插入多张工作表,或者需要插入其他类型的工作表,可以通过菜单选项来完成。

①预先选定与待增加工作表相同数目的工作表,然后单击鼠标右键,在其二级菜单中选择"插入"命令。

②这时,弹出如图 3-11 所示的对话框。在该对话框的"常用"选项卡中,选择工作表类型,最后单击"确定"按钮,即可完成一次性插入多张工作表。

特别说明的是,一个工作簿内部最多可以插入 255 个工作表。

3. 更改工作表名称和颜色

默认状态下,工作簿底部的工作表名称为"Sheet1""Sheet2""Sheet3"。若要修改其名称,用户只需要使用鼠标双击该工作表标签,随后即可进入工作表名称编辑状态,输入新的名称后,按下【Enter】键即可完成编辑。

此外,为了使工作表有一定的区分度,还可以更改工作表标签的颜色。使用鼠标右键选择拟修改颜色的工作表标签,在其二级菜单中选择"工作表标签颜色"命令,在调色板中选择合适的颜色即可。

4. 移动和复制工作表

(1)同一工作簿

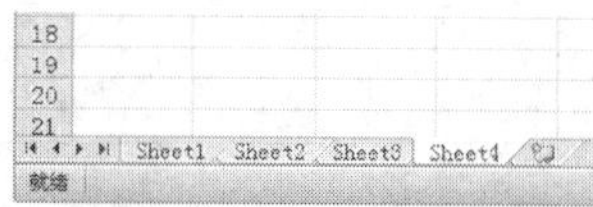

图 3-10 插入工作表

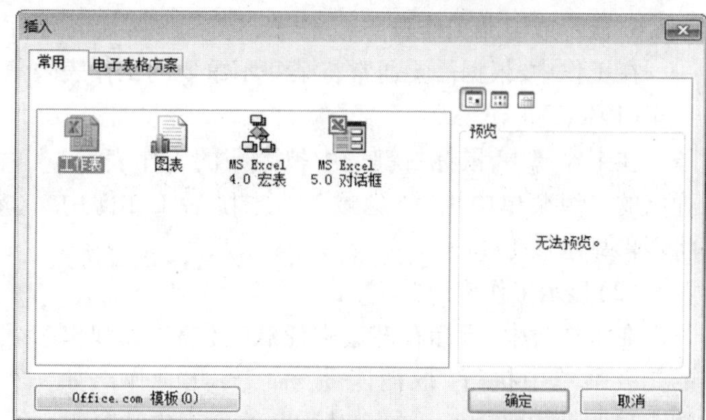

图 3-11 "插入"对话框

工作簿中的工作表顺序可以自由调整,具体操作如下。

①选择需要移动的工作表标签。

②按下鼠标左键不放,将工作表拖拽至新位置后,释放鼠标,即可完成移动操作,如图 3-12 所示。

③在拖拽过程中,如果按下【Ctrl】键,待释放鼠标时,被移动工作表副本即可被创建,即完成了复制工作表的操作。

(2)不同工作簿

若要将"工作簿 A"中的"Sheet1"工作表复制到"工作簿 B"中,即跨工作簿复制,则可以执行以下操作。

①右键单击某个工作表,在二级菜单中执行"移动或复制"命令,弹出如图 3-13 所示的对话框。

②在"工作簿"下拉菜单中选择其他工作簿名称;在"下列选定工作表之前"列表中选择工作表的位置。

③所有设置完成后,单击"确定"按钮,即可完成在不同工作簿之间进行复制的操作。

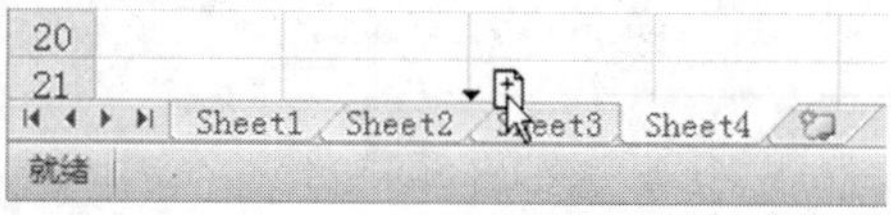

图 3-12 移动工作表

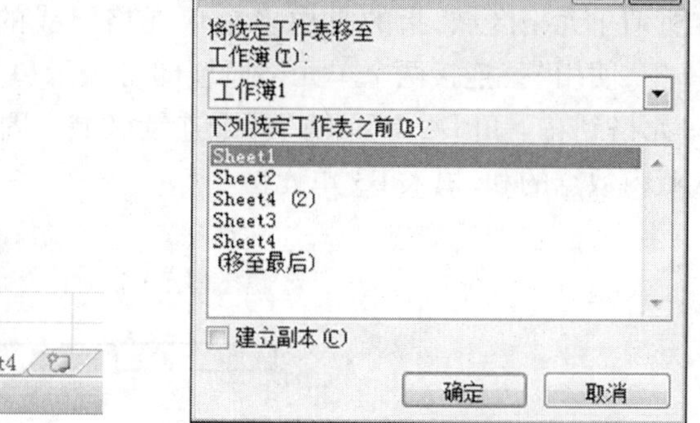

图 3-13 "移动或复制工作表"对话框

5. 删除工作表

使用鼠标右键选择拟删除的工作表,在二级菜单中执行"删除"命令即可。

6. 显示或隐藏工作表

在工作中,根据需要通常将某些不重要的工作表隐藏或显示,具体操作如下。

(1)隐藏工作表

在工作簿中,鼠标右键选中拟隐藏的工作表,在弹出的二级菜单中执行“隐藏”命令,随后工作簿中将不再显示该工作表。

(2)显示工作表

在工作簿中,鼠标右键选中任意工作表,在弹出的二级菜单中执行“取消隐藏”命令,此时弹出如图3-14所示的对话框。在该对话框的列表中选择需要显示的工作表名称,然后单击“确定”按钮,之前被隐藏的工作表即可显示出来。

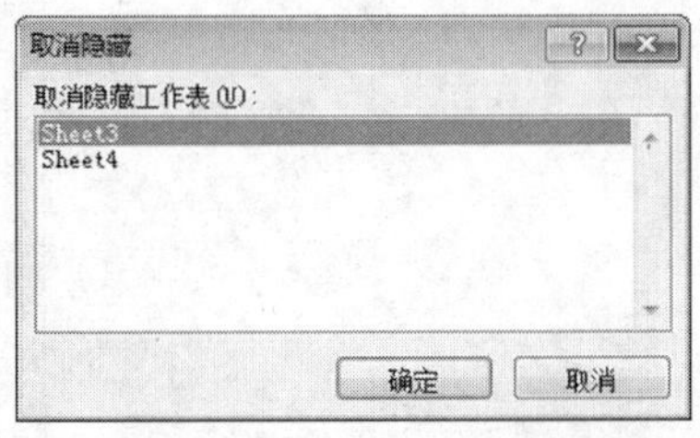

图3-14 “取消隐藏”对话框

3.2.2 单元格及其常规操作

1. 单元格

工作表中的行与列交叉位置的矩形方格称为单元格,单元格是组成工作表的最小单位。形式上,单元格可以被拆分或合并;内容上,单元格可以存放多种数据类型的数据,例如文本、数值、公式、日期、百分比和货币等。

工作表中的每个单元格都有地址标识,其命名方式为“列名 + 行名”。例如,地址标识为 D7 的单元格,指的是第 D 列和第 7 行交叉点的单元格。

特别说明的是,列名虽然用 A、B、C…英文字母表示,但超过 26 列时,则用 2 ~ 3 个字母 AA、AB、AC…表示,直到 XFD 为止。

此外,单元格在后续章节讲解引用类型时,还有其他形式的表达方式,这里读者仅做了解即可。

- 相对地址:由列名和行名组成。例如,A9、AB10、AAB5。
- 绝对地址:在列名或行名前面增加“$”符号。例如,$A$9、$AB$10。

2. 单元格区域

所谓单元格区域,指的是由多个单元格组成的区域,或者是整行、整列等区域。在 Excel 中,使用“:”连接两个单元格地址即可表示单元格区域,例如 C3:D4 表示从左上角 C3 单元格到右下角 D4 单元格的一个连续区域。图 3-15 所示的内容为将 C3 到 D4 单元格区域内数据的和,填入 B3 单元格。

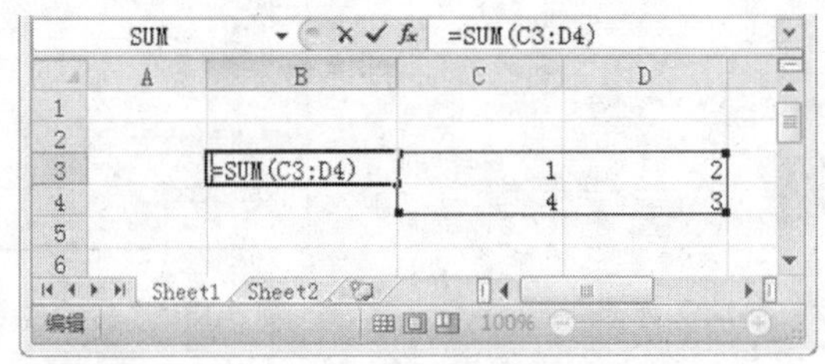

图 3-15 单元格区域

3. 选择单元格或选择单元格区域

(1)选择一个单元格

在工作表内部,鼠标单击编辑区域的任意位置,即可选择一个单元格。此时,被选中的单元格四周被加粗的线框所包围,直接输入文字或数字内容时,输入的内容即可被呈现。

(2)选择多个单元格

在工作表内部,按下鼠标左键不放,拖拽一定的区域,即可选中该区域内的所有单元格;选择第一个单元格后,按下【Ctrl】键,再次选择其他单元格,即可选择多个不连续的单元格,如图 3-16 所示;选择第一个单元格后,按下【Shift】键,再次选择其他单元格,即可选择先后两个单元格对角线上的所有单元格。

(3)选择整行或整列

将鼠标移动到行号或列标处,当鼠标指针变为"➡"或"⬇"时,单击鼠标左键,即可选择一行或一列。

(4)选择当前表中的全部单元格

将鼠标移动到工作表的左上角,即行号与列标交叉处,单击鼠标左键,即可选择当前表中的全部单元格,如图 3-17 所示。

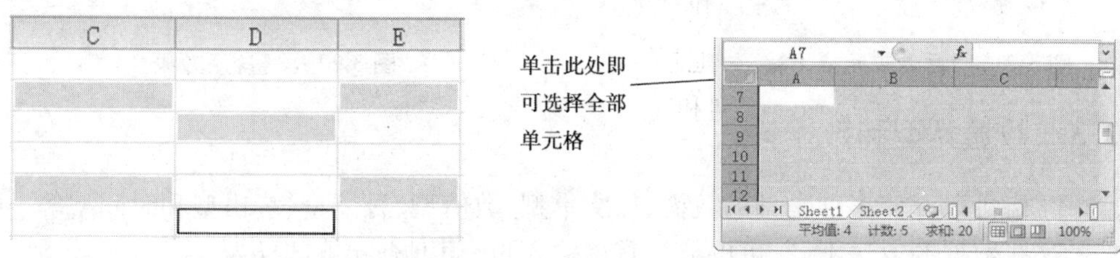

图 3-16 选择多个不连续的单元格

图 3-17 选择全部单元格

4. 移动单元格

选择单元格后,再将鼠标悬停到单元格边缘,此时鼠标指针变为"十字箭头"外观,如图 3-18 所示。按下鼠标左键不放,将单元格拖放至其他位置,即可完成移动单元格的操作。后续章节将继续丰富移动单元格时所遇到的各类情况,这里仅做认知学习。

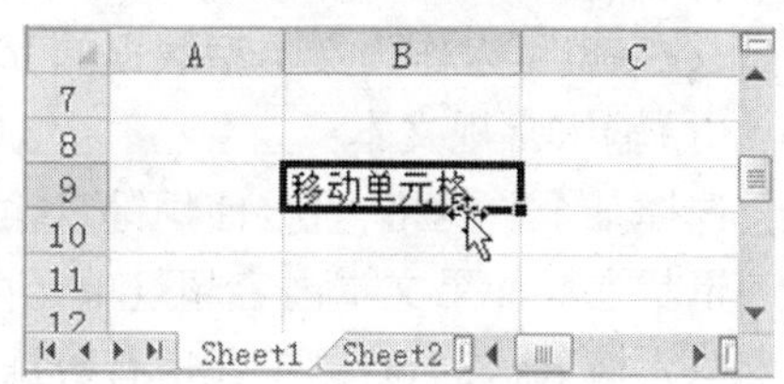

图 3-18 移动单元格

5. 插入单元格、行和列

①选中拟插入单元格的位置。

②单击鼠标右键,在二级菜单中执行"插入"命令。随后,弹出如图 3-19 所示的对话框。选择合适的选项后,单击"确定"按钮,即可完成插入。

- 活动单元格右移:指的是被选中单元格的数据右移,如图 3-20 所示。
- 活动单元格下移:指的是被选中单元格的数据下移,如图 3-21 所示。
- 整行:指的是当前单元格上方新增一行空白行,如图 3-22 所示。

- 整列:指的是当前单元格左侧新增一列空白列。

此外,在“开始”选项卡的“单元格”组中,单击“插入”按钮,在其下拉菜单中选择合适的选项,同样可以实现插入单元格的效果。

特别说明的是,在工作表中,无论是通过右键菜单中的命令,还是通过选项卡中的按钮,新插入的单元格、行和列,都是在被选中单元格的左侧或上方。

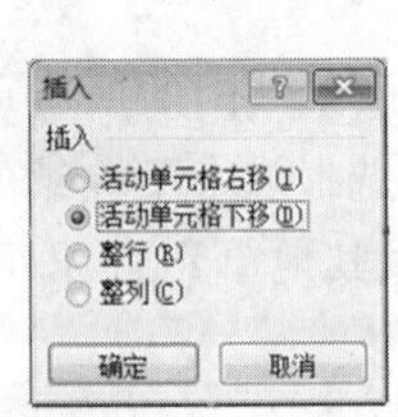

图 3-19 “插入”对话框

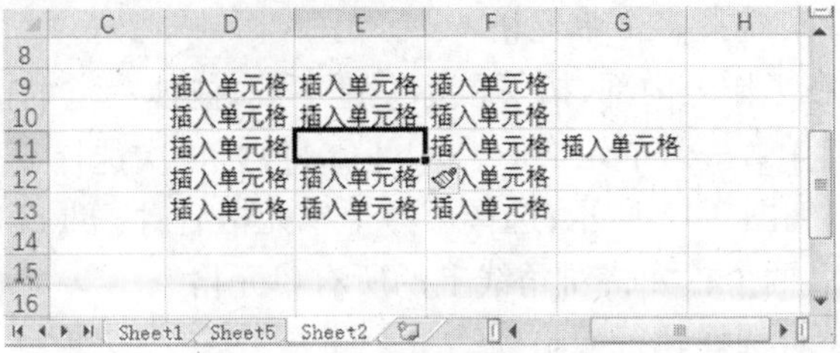

图 3-20 “活动单元格右移”效果

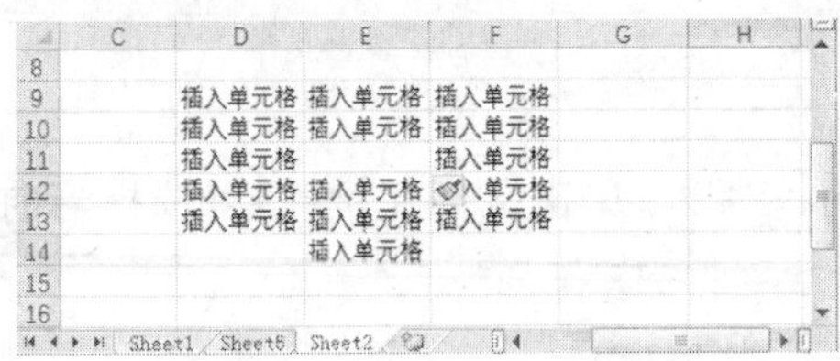

图 3-21 “活动单元格下移”效果

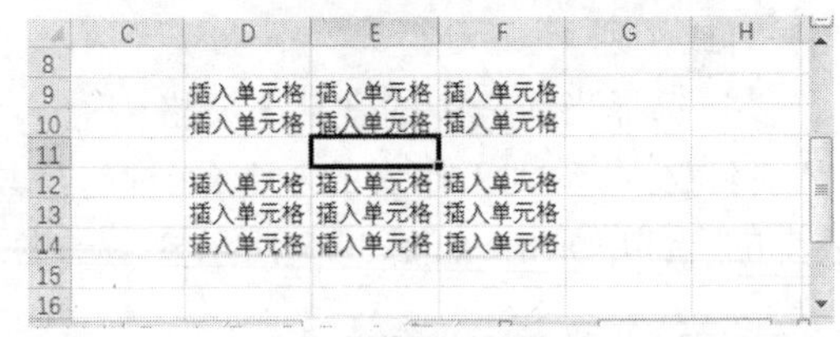

图 3-22 “整行”效果

3.2.3 数据类型和数据输入

单元格可以存储多种类型的数据,如文本型、数值型、日期型、货币型和时间型等。按照输入这些数据的方法不同,可以分为直接输入、自动填充和外部导入。

1. 文本型数据

文本型数据一般包括汉字、英文字母、拼音符号、空格和各类字符型组合。需要说明的是,数字也可以作为文本型数据储存。

(1)输入常规文本

选择某个单元格,直接使用键盘输入数据,输入的数据即可呈现在单元格内部,并进入编辑状态。如果文本内容超过单元格宽度,当右侧单元格没有数据时,超出文字将覆盖右侧单元格显示;当右侧单元格有数据时,超出文字将被隐藏,但实际内容真实存在。在输入过程中,按下组合键【Alt + Enter】即可强制换行。

(2)输入身份证号和学号

此类文本由于内容包含数字,为了避免 Excel 将它们识别为数值型,在输入时需要在数字前面加一个英文状态下的单引号“'”。例如,要输入身份证号 410202201011210518,应该输入'410202201011210518;要输入学号 0020206028001,应该输入'0020206028001,如图 3-23 所示。

(3)快速输入

当需要在不同单元格的位置输入相同内容时,则可以通过组合键【Ctrl + Enter】来快速输入,此种应用场景常见于课程表,具体操作如下。

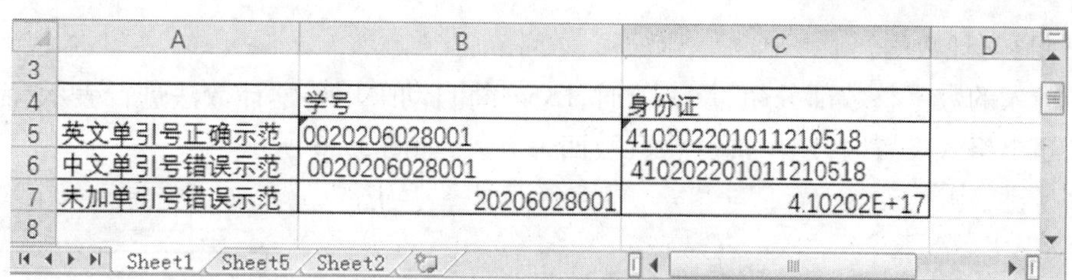

	A	B	C	D
3				
4		学号	身份证	
5	英文单引号正确示范	0020206028001	410202201011210518	
6	中文单引号错误示范	0020206028001	410202201011210518	
7	未加单引号错误示范	20206028001	4.10202E+17	
8				

图 3-23 输入身份证号和学号

①在工作表中，按下【Ctrl】键选择拟输入同一内容的单元格。

②释放【Ctrl】键，此时鼠标不要单击表格内任何位置，直接输入文字内容，若需要换行按下组合键【Alt + Enter】进行强制换行。

③输入完成后，按下组合键【Ctrl + Enter】，之前被选中的多个单元格即可快速填充对应的文字，如图 3-24 所示。

**大学 2020-2021学年第一学期【网络技术2001】课表

节/周次	星期一	星期二	星期三	星期四	星期五	星期六	星期日
第一节 第二节	网络技术 致远校区8#3120			网络技术 致远校区8#3120			
第三节 第四节				网络技术 致远校区8#3120			
第五节 第六节		网络技术 致远校区8#3120			网络技术 致远校区8#3120		
第七节 第八节					网络技术 致远校区8#3120		
第九节 第十节							

图 3-24 使用组合键在不连续的单元格内快速输入

2. 数值型数据

在 Excel 中，数值型数据是可以进行数值运算的数据类型。数值型数据由数字、小数点、正负号等字符组成。在输入数值型数据时，有以下几点需要特别注意。

(1)负数

在输入负数时，可以用“-”或“( )”表示。例如，负 99，可以直接输入-99，或者输入(99)。

(2)分数

在输入分数时，例如拟输入“1/2”，应先输入 0 和一个空格，然后再输入分数。如果直接输入分数“1/2”，默认状态下系统将识别为“1 月 2 日”，如图 3-25 所示。需要说明的是，虽然单元格在显示的时候，显示为“1/2”，但在运算时会直接使用“0. 5”参与计算。

(3)科学计数法

当输入的数字整数部分超过 11 位时,Excel 将自动采用科学计数法进行表示,而小数部分在超出格式设置时,超出部分将会被四舍五入,如图 3-26 所示。

图 3-25　输入分数

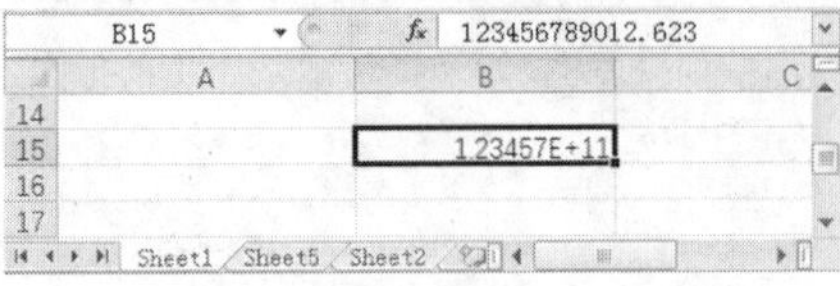

图 3-26　科学计数法

(4)日期和时间

日期格式将日期和时间系列数值显示为日期值。时间格式将日期和时间系列数值显示为时间值。常见的日期类型格式为"2020/11/21"或"2020 年 11 月 21 日",常见的时间类型格式为"15:30:55"。

例如,在单元格内输入"2020/11/21"时,显示为"2020/11/21"或"2020 年 11 月 21 日",呈现结果的不同取决于当前单元格设置日期类型的格式;在单元格内输入"10:20"时,显示为"10:20"。

插入当前日期的快捷键为【Ctrl + ;】;插入当前时间的快捷键为【Ctrl + Shift + ;】;若要在单元格内同时显示日期和时间,只需在依次使用上述组合键操作时,中间增加空格键即可,即"【Ctrl + ;】　空格　【Ctrl + Shift + ;】"。

3. 符号类型

在表格中插入符号的操作与在 Word 中插入符号的操作雷同。用户只需要在"插入"选项卡的"符号"组中单击"符号"按钮,在弹出的对话框中选择符号即可。

4. 数据的自动填充

在 Excel 中,数字可以以等值、等差和等比的方式自动填充到单元格中,文字也可以以某种规律填充至单元格中。

这里所谓的自动填充,指的是使用单元格拖放的方式来快速完成单元格数据的输入。将鼠标移动到单元格的右下角,此时鼠标变为填充柄外观样式的"**+**"号,通过拖拽填充柄可以将指定单元格或区域内的内容按照某种规律进行复制,如图 3-27 所示。

(1)复制数据

如果单元格内的输入没有逻辑关系,那么拖拽填充柄时,单元格的内容就会复制填充至其他单元格内,如图 3-28 所示。

(2)序列数据

序列数据指的是单元格的数据呈现等差、等比,或者有某种逻辑关系的数据。此类数据在填充时,Excel 会根据输入的初始数据进行判断,然后按照该序列的逻辑关系填充后续单元格。通用做法是:首先输入 2 ~ 3 个初始数据,选择包含初始数据的单元格,将鼠标指向该单元格区域的右下角,向某个方向拖拽填充柄,最后释放鼠标左键即可完成序列数据的填充。这里以填充多种类型的序列数据为例,向读者进行介绍。

①对于日期型序列来讲,在单元格内输入一个日期型数据,拖拽填充柄至其他单元格的位置,即可完成填充,如图 3-29 所示。

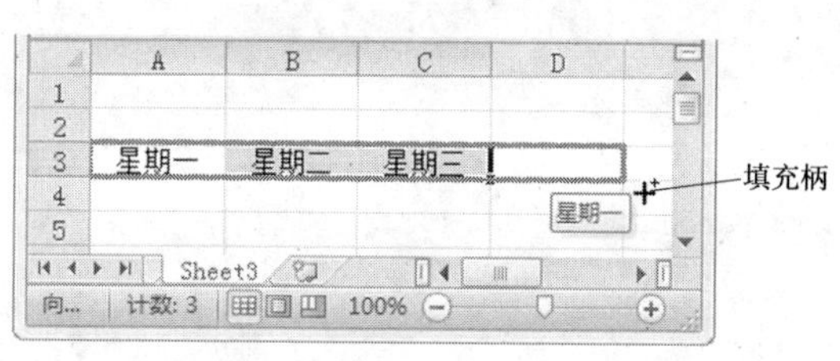

图 3-27 数据的自动填充

	A	B	C
1	复制填充示例		
2	数字的填充	文字的填充	英文的填充
3	1	文字	useful
4	1	文字	useful
5	1	文字	useful
6	1	文字	useful
7	1	文字	useful

图 3-28 复制填充

②对于等差序列来讲,在单元格内至少输入两个初始数据,选择这两个单元格,然后拖拽其填充柄,系统将根据等差关系依次填充其他单元格,如图 3-30 所示。

	A	B	C
10	序列数据填充示例		
11	日期型序列	等差数列	等比数列
12	2020-5-17		
13			
14			
15			
16			

图 3-29 日期型序列数据填充

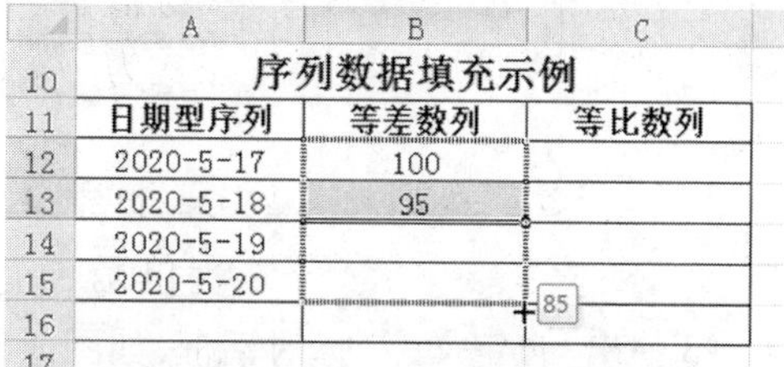

	A	B	C
10	序列数据填充示例		
11	日期型序列	等差数列	等比数列
12	2020-5-17	100	
13	2020-5-18	95	
14	2020-5-19		
15	2020-5-20		
16			

图 3-30 等差序列数据填充

③对于等比序列来讲,首先在单元格内输入初始数据,这里输入“2”。然后,选中要填充的单元格区域,这里选择 C12:C16。

④在“开始”选项卡的“编辑”组中,单击“填充”按钮,在其二级菜单中选择“系列”选项,此时弹出如图 3-31 所示的对话框。在“类型”选项组中,选择“等比序列”单选按钮,“步长值”设置为“2”。

⑤设置完成后,单击“确定”按钮,等比序列即可自动填充,如图 3-32 所示。

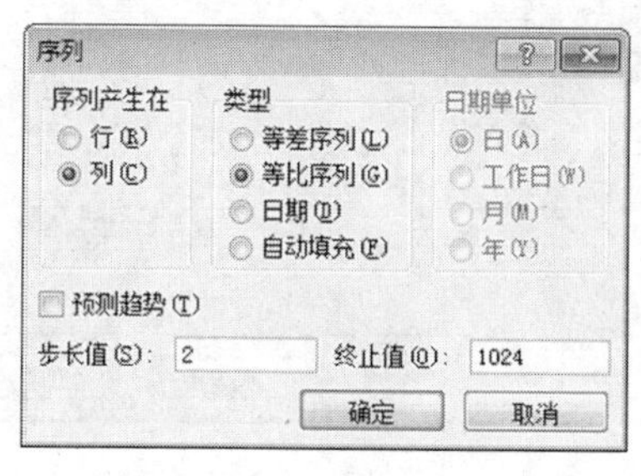

图 3-31 “序列”对话框

	A	B	C
10	序列数据填充示例		
11	日期型序列	等差数列	等比数列
12	2020-5-17	100	2
13	2020-5-18	95	4
14	2020-5-19	90	8
15	2020-5-20	85	16
16	2020-5-21	80	32

图 3-32 等比序列数据填充

(3)自定义序列数据

Excel 还为用户提供了自定义序列的功能,通过此功能用户可以增加简单逻辑关系的数据。具体操作如下。

①在“文件”选项卡中,单击“选项”按钮。

②在弹出的“Excel 选项”对话框的左侧列表中选择“高级”选项。在对应的右侧列表中选择“常规”设置区域内的“编辑自定义列表”按钮,如图 3-33 所示。

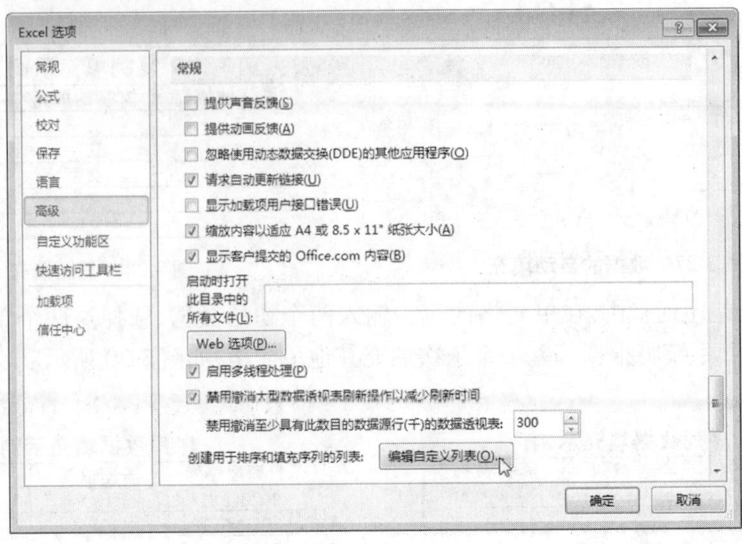

图 3-33 “Excel 选项”对话框

③弹出“自定义序列”对话框,如图 3-34 所示。在此对话框的“输入序列”列表中,输入拟添加的序列,并以【Enter】键进行换行处理。这里输入“第一观影室”……“第十观影室”,最后单击“确定”按钮,返回工作表编辑状态。

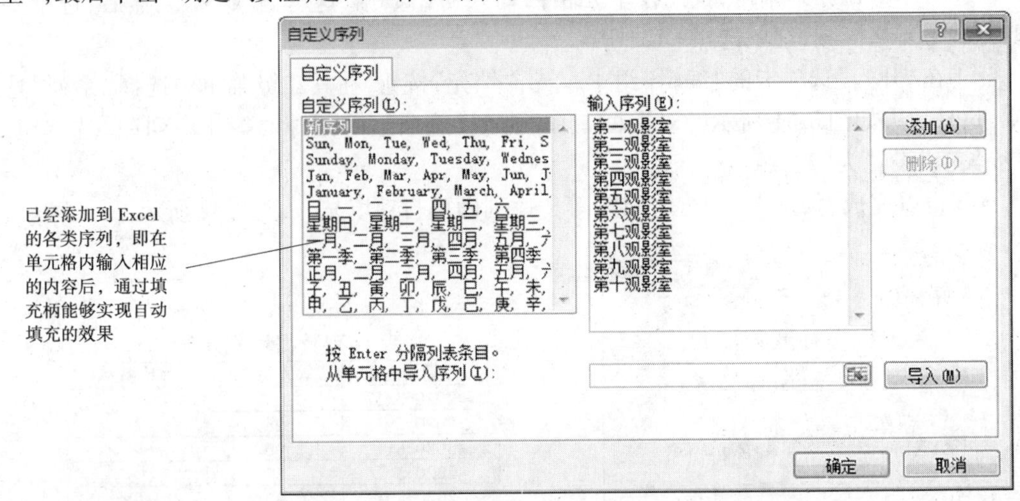

图 3-34 “自定义序列”对话框

④在单元格内输入自定义后的序列内容,通过填充柄的拖拽,即可实现快速填充,如图 3-35 所示。

3.2.4 调整行高与列宽

默认状态下,Excel 的工作表中,已经预设了行高和列宽,而在实际录入数据时,以及后期对表格进行美化时,都需要对表格的各类参数进行设置。调整行高与列宽,有多种处理方法。

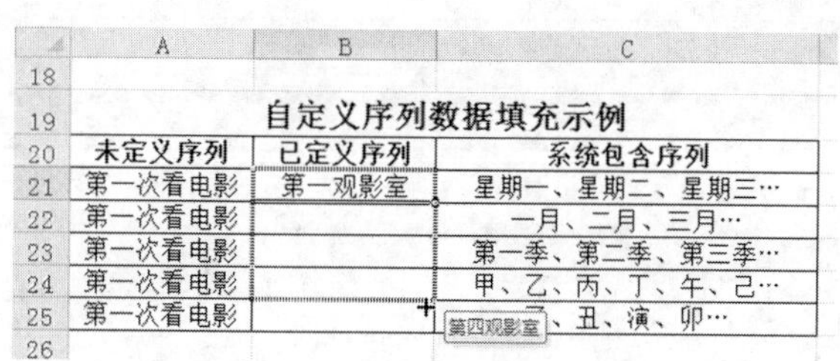

	A	B	C
18			
19	自定义序列数据填充示例		
20	未定义序列	已定义序列	系统包含序列
21	第一次看电影	第一观影室	星期一、星期二、星期三…
22	第一次看电影		一月、二月、三月…
23	第一次看电影		第一季、第二季、第三季…
24	第一次看电影		甲、乙、丙、丁、午、己…
25	第一次看电影	第四观影室	、丑、演、卯…
26			

图 3-35　自定义序列数据

1. 通过鼠标拖拽调整

选择拟调整的行或列，将鼠标悬停在工作表左侧的行号分割线或上方的列号分割线上，此时光标指针变为双向箭头外观，按下鼠标左键不放，拖拽鼠标，即可快速调整行高或列宽，如图 3-36、图 3-37 所示。

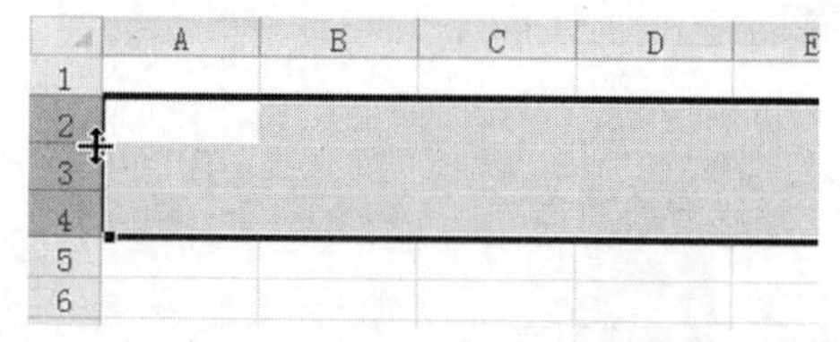

图 3-36　一次性调整多行的行高

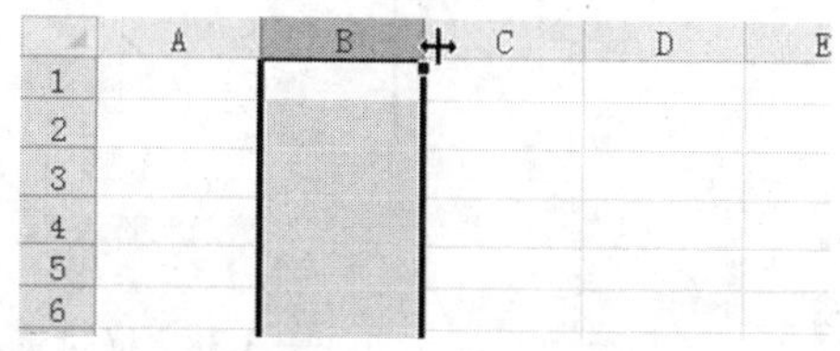

图 3-37　调整一列的列宽

2. 通过菜单命令调整

通过鼠标拖拽的方式调整行高和列宽虽然方便快捷，但鼠标拖拽时并不精确，如果需要精确调整行高或列宽，需要采用菜单命令的方式。

选择拟调整行高或列宽的行或列，在行号或列号上面单击鼠标右键，在二级菜单中选择“行高”或“列宽”命令。随后，弹出如图 3-38 所示的对话框，在此对话框中输入具体的行高值或列宽值，单击“确定”按钮即可精确调整。

特别说明的是，若将鼠标悬停在工作表左侧的行号下方的分割线上，或列标右侧的分割线上，当光标指针变为双向箭头外观时，双击鼠标左键，Excel 将会根据当前行或当前列内容的多少自动调整行高或列宽。

3.2.5　单元格格式设置

单元格格式设置主要指的是对单元格的内容进行格式化处理，例如字体样式、对齐方式、边框线条、数字格式和填充样式等。在对单元格格式化处理时，通常有两种操作方式：一种是通过“开始”选项卡内的各类按钮来设置，如图 3-39 所示；另一种是通过“设置单元格格式”对话框来实现。

无论对单元格进行何种格式化处理，在进行设置之前必须选定单元格或单元格区域，然后才能执行一系列操作。

1. 设置数字类格式

Excel 提供了多种数字格式，可以将目标数字设置为货币形式、百分比形式、分数形式，会计专用形式等。

①选择需要调整数字格式的单元格或单元格区域。

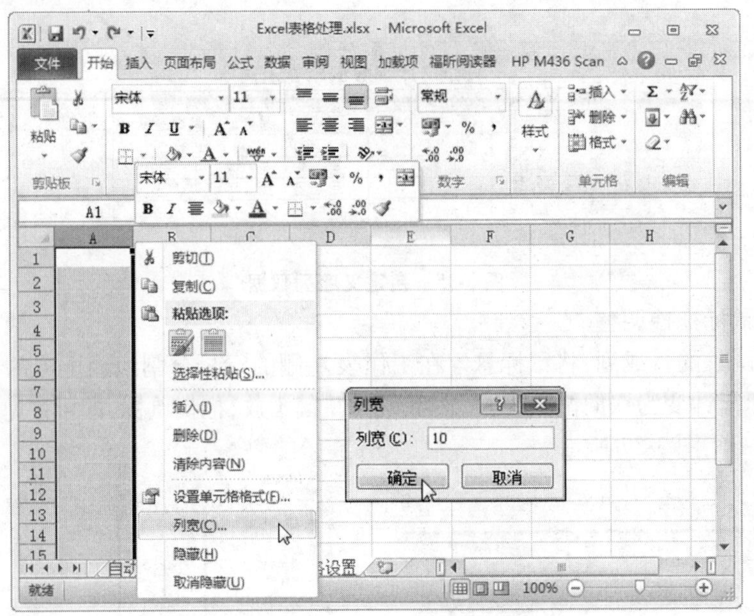

图 3-38 通过菜单命令调整行高或列宽

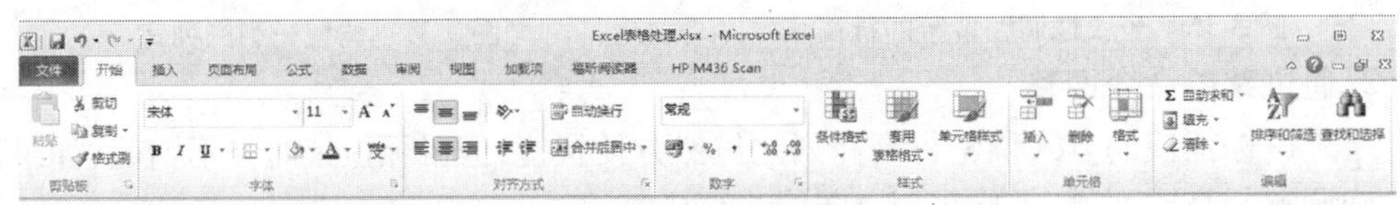

图 3-39 “开始”选项卡

②在“开始”选项卡的“数字”组中,单击“数字格式”下拉列表。在列表中选择拟采用的数字格式,如图 3-40 所示。随后,被选中单元格的数字内容即可改变为目标形式。

此外,鼠标右键单击被选中的单元格区域,在其二级菜单中执行“设置单元格格式”命令,弹出如图 3-41 所示的对话框。

在“数字”选项卡内的“分类”列表中,选择“会计专用”选项,还可以对小数位数和货币符号进行设置。

2. 设置日期类格式

①选择需要调整日期格式的单元格或单元格区域。

②鼠标右键单击被选中的单元格区域,在其二级菜单中执行“设置单元格格式”命令。

③在弹出的对话框的“分类”列表中,选择“日期”选项。根据实际需要选择日期显示的类型,如图 3-42 所示。

④单击“确定”按钮,被选中的单元格区域将会以目标类型进行数据展示。

需要说明的是,在图 3-42 所示的“数字”选项卡中包含多种数字格式,选择任意一个分类,系统都会给出对应的解释和提醒。由于篇幅所限,这里不再详细介绍。

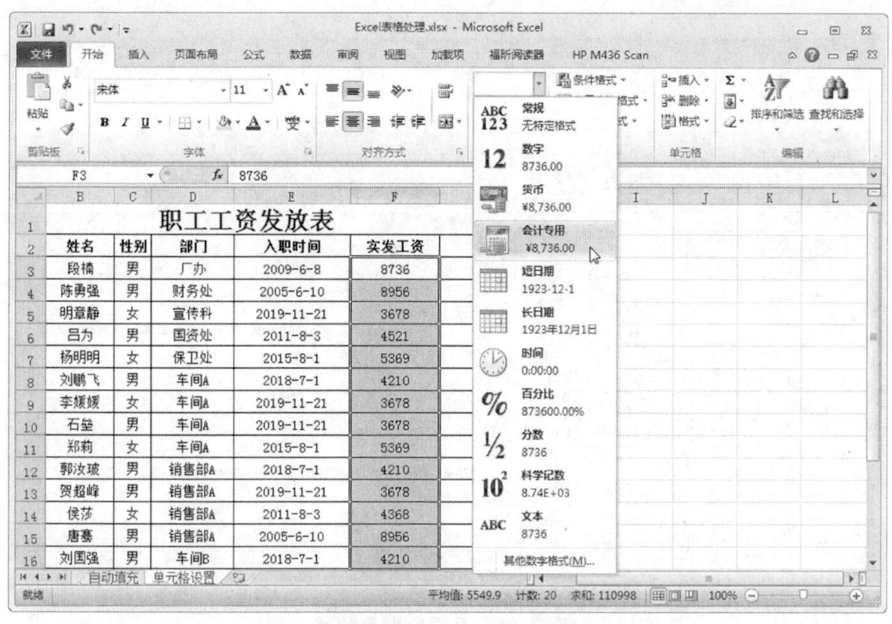

图 3-40 设置数字格式

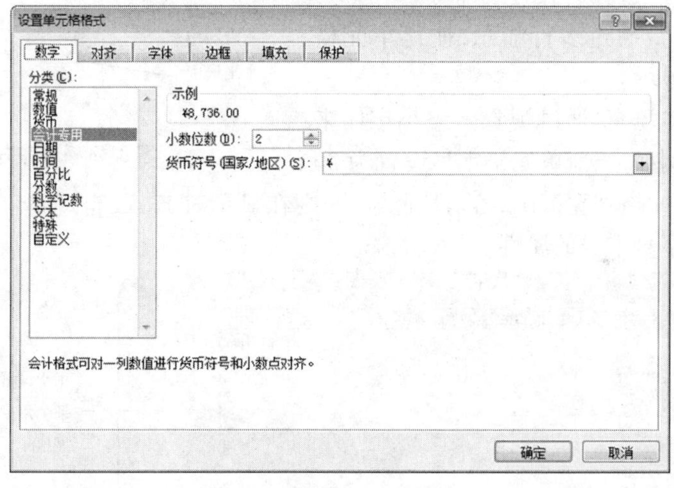

图 3-41 “设置单元格格式”对话框——设置数字格式

3. 设置对齐方式

默认状态下,Excel 的单元格对齐方式为文本靠左对齐、数字靠右对齐、逻辑值居中对齐。为了统一表格内数据,用户可以进一步设置单元格对齐方式。其实现方法有两种:一种是通过“开始”选项卡内“对齐方式”组中的各类按钮实现,另一种是通过“设置单元格格式”对话框进行设置。具体操作如下。

①选择需要调整对齐方式的单元格或单元格区域。在“开始”选项卡的“对齐方式”组中,根据需要进行设置即可,如图 3-43 所示。

②或者,在选择单元格或单元格区域后,单击鼠标右键,在其二级菜单中执行“设置单元格格式”命令,弹出如图 3-44 所示的对话框。根据实际需要在“水平对齐”和“垂直

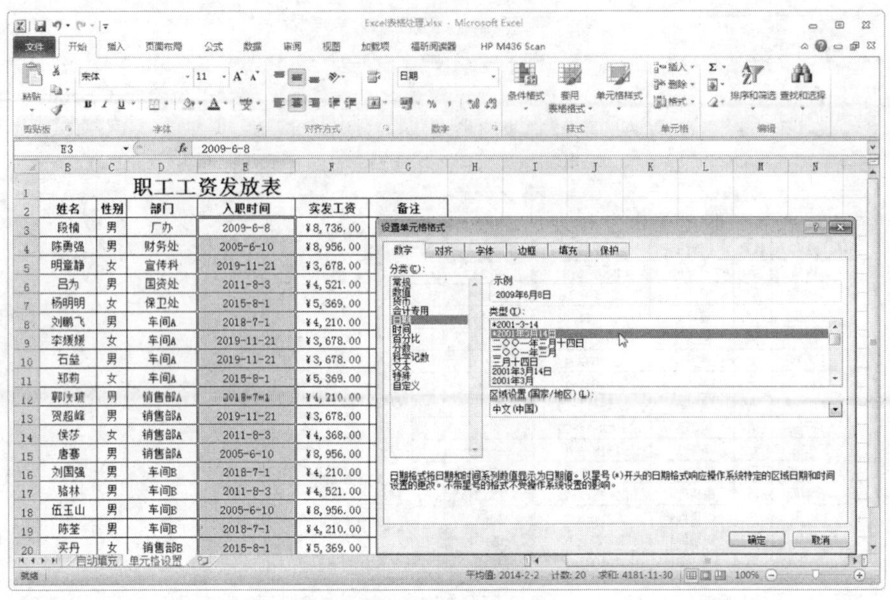

图 3-42　设置日期类格式

对齐”下拉菜单中选择对齐方式即可。

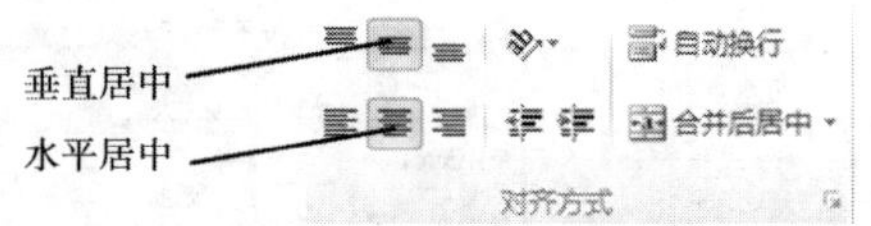

图 3-43　对齐方式

- 自动换行:通过多行显示,使得单元格多余内容进行显示。
- 缩小字体填充:通过视觉上缩小字体来填充单元格。例如,当前单元格字号设置为 20 时,字体超出单元格列宽范围,若勾选此选项,则在显示时 Excel 自动将字号缩小显示,但实际并不改变字号本身的属性。

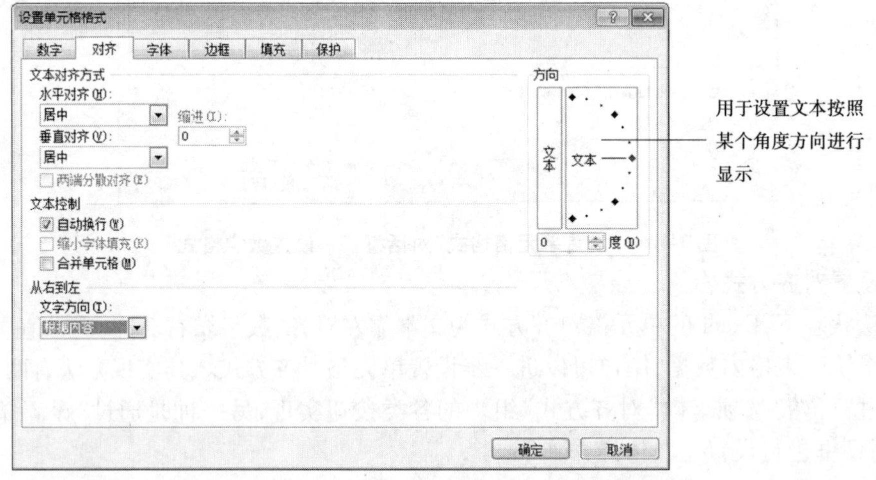

图 3-44 “设置单元格格式”对话框——设置对齐方式

4. 设置边框

为 Excel 工作表中的单元格添加边框效果,能够使数据易于查看和美观。具体操作如下。

①选择需要添加边框的单元格或单元格区域。

②在“开始”选项卡的“字体”组中,单击“边框”按钮,弹出如图 3-45 所示的二级菜单。选择“所有框线”选项,即可为单元格区域添加默认外观的边框。

③或者,在选择单元格或单元格区域后,单击鼠标右键,在其二级菜单中执行“设置单元格格式”命令,弹出如图 3-46 所示的对话框。

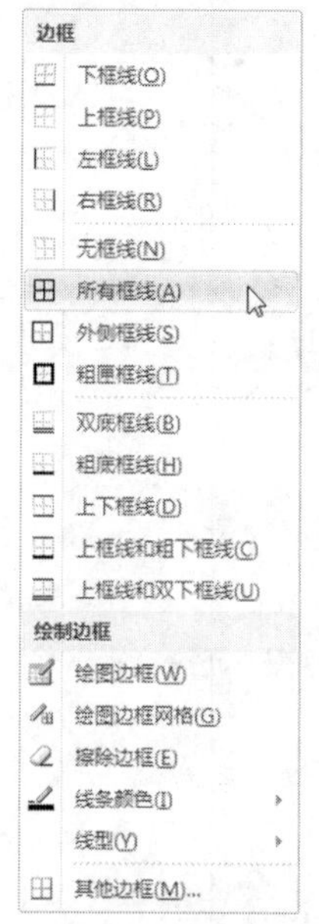

图 3-45 “边框”二级菜单

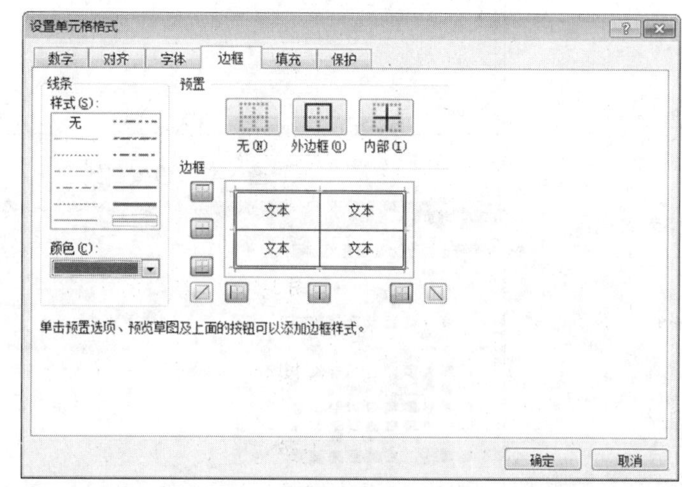

图 3-46 “设置单元格格式”对话框——设置边框

④在“样式”列表中,选择合适的线型和颜色,然后单击“外边框”按钮,此时外边框将应用设置的边框类型,这里将外边框设置为“蓝色 双实线”。再次选择合适的线型和颜色,然后单击“内部”按钮,为表格内部边框设置样式,这里将内部边框设置为“黑色 单实线”。

此外,在图 3-46 所示的对话框中单击“”按钮,可以快速为单元格设置斜线,如图 3-47 所示。若需要删除斜线,再次单击“”按钮即可。

5. 颜色填充

为单元格填充颜色或增加底纹图案,能够使表格中的数据更加醒目。具体操作如下。

①选择需要进行颜色填充的单元格或单元格区域。

②在“开始”选项卡的“字体”组中,单击“填充颜色”按钮“”,即可快速进行颜色填充。

③如果还需要对填充的颜色或图案进一步设置,在选择单元格或单元格区域后,单击鼠标右键,在其二级菜单中执行“设置单元格格式”命令,弹出如图 3-48 所示的对话框。

④在此对话框中,可以对单元格图案、颜色进行自定义设置。最后,单击“确定”按钮,应用设置效果,如图 3-49 所示。

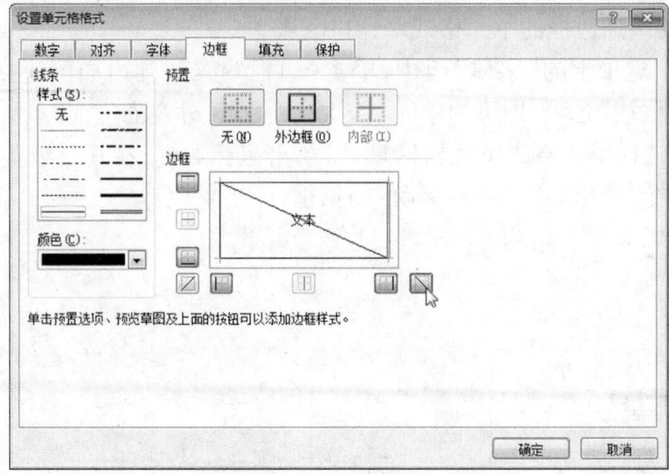

图 3-47 设置斜线

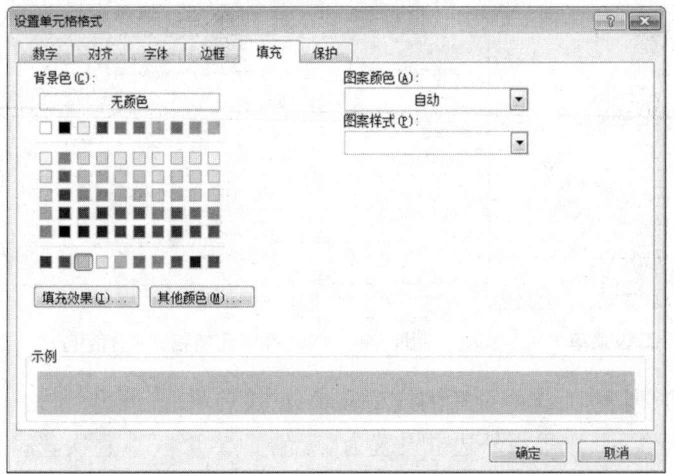

图 3-48 “设置单元格格式”对话框——设置填充

Excel表格处理.xlsx - Microsoft Excel

文件 开始 插入 页面布局 公式 数据 审阅 视图 加载项 福昕阅读器 HP M436 Scan

F25

职工工资发放表

员工工号	姓名	性别	部门	入职时间	实发工资	备注
2020403001	段楠	男	厂办	2009年6月8日	¥8,736.00	
2020403002	陈勇强	男	财务处	2005年6月10日	¥8,956.00	
2020403003	明章静	女	宣传科	2019年11月21日	¥3,678.00	
2020403004	吕为	男	国资处	2011年8月3日	¥4,521.00	
2020403005	杨明明	女	保卫处	2015年8月1日	¥5,369.00	
2020403006	刘鹏飞	男	车间A	2018年7月1日	¥4,210.00	
2020403007	李媛媛	女	车间A	2019年11月21日	¥3,678.00	
2020403008	石垒	男	车间A	2019年11月21日	¥3,678.00	

自动填充 单元格设置

就绪 115%

图 3-49 单元格格式设置最终效果

6. 数据的清除与删除

“清除”指的是对单元格的格式、内容进行删除,并不删除单元格本身,按下【Del】键即可清除对应的数据。“删除”指的是将单元格从工作表中移除,不但删除单元格所对应的数据,被删除的单元格空间会被其他单元格自动填补,可以通过右键菜单中的“删除”命令来执行。

3.2.6 单元格的条件格式

条件格式指的是在某种条件约束下,工作表中的单元格以不同格式外观来展示数据,用户可以使用数据条、色阶、图标集等样式来区分数据,从而使数据展示时更加突出。例如,在工资发放表中,使用条件格式来突出显示高于“6000”和低于“4000”这两个数值的薪资,具体操作如下。

①选择需要进行条件格式设置的单元格或单元格区域,这里选择“实发工资”列中包含数据的单元格区域。

②在“开始”选项卡的“样式”组中,单击“条件格式”按钮,此时弹出多级菜单,如图 3-50 所示。在其中执行“突出显示单元格规则”→“大于”命令。

③弹出如图 3-51 所示的对话框。在文本框中输入“6000”,并在“设置为”下拉菜单中选择“浅红填充色深红色文本”选项,单击“确定”按钮即可。

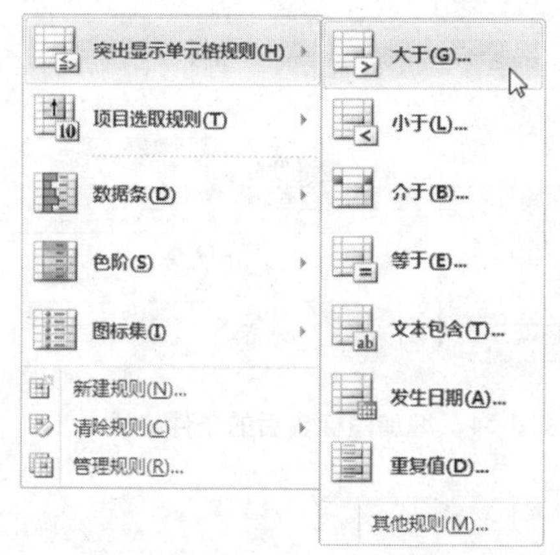

图 3-50 “条件格式”多级菜单

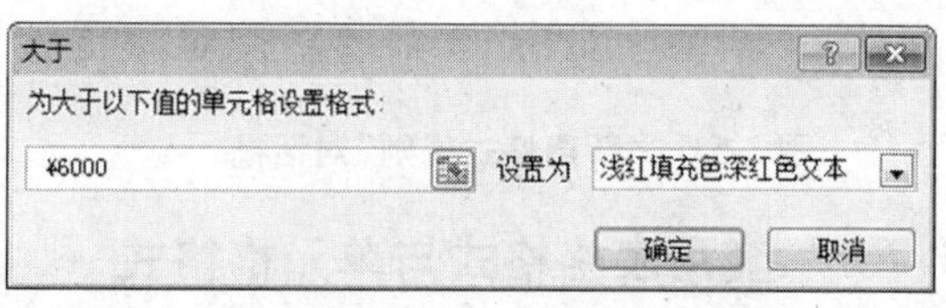

图 3-51 “大于”对话框

④重复步骤②的操作,执行“突出显示单元格规则”→“小于”命令。在文本框中输入“4000”,并在“设置为”下拉菜单中选择“黄填充色深黄色文本”选项,单击“确定”按钮。设置效果如图 3-52 所示。

⑤再次选择“实发工资”列中包含数据的单元格区域。在“开始”选项卡的“样式”组中,单击“条件格式”按钮,此时弹出多级菜单,在其中执行“图标集”→“其他规则”命令。

⑥在弹出的对话框中,选择“图标样式”为“三向箭头(彩色)”,图标“值”按照图 3-53 所示进行设置,其含义是当前列所包含的数据,工资高于“6000”的图标使用“⬆”表示,工资小于“4000”的图标使用“⬇”表示,其余数据使用“⇨”表示。单击“确定”按钮后,即可看到效果,如图 3-54 所示。

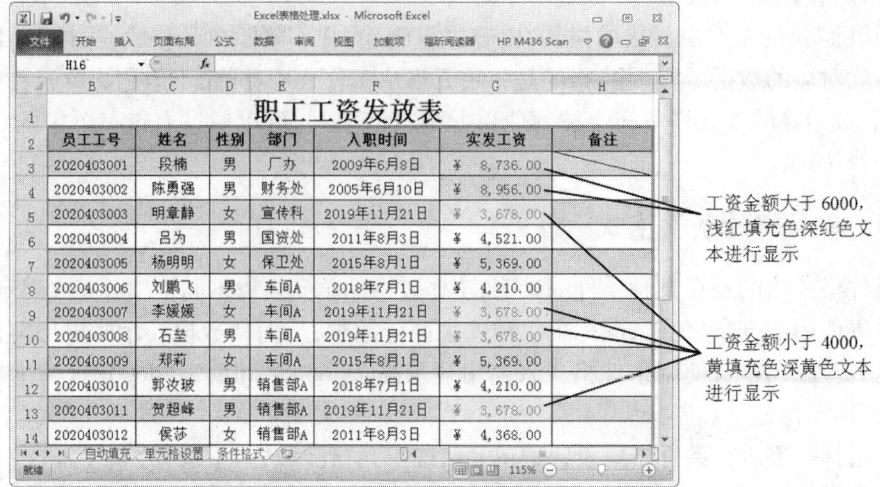

图 3-52　条件格式

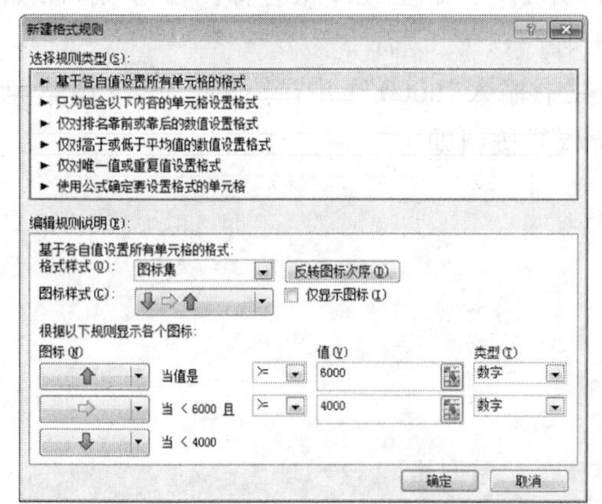

图 3-53　“新建格式规则”对话框

图 3-54　增加图标集后的条件格式

3.2.7　套用表格格式与单元格格式

1. 套用表格格式

套用表格格式指的是使用 Excel 内置的格式设置集合，快速对表格外观、字体、对齐方式、底纹颜色等属性进行设置。

①将鼠标定位在工作表数据内容的任意位置。

②在“开始”选项卡的“样式”组中，单击“套用表格格式”下拉菜单，在菜单中选择喜欢的表格样式，如图 3-55 所示。

③随后，系统弹出“创建表”对话框。使用鼠标在工作表内部选择数据来源的范围，并根据实际情况判断是否勾选“表包含标题”复选框。

④单击“确定”按钮，即可快速应用所选样式。

2. 套用单元格格式

套用单元格格式与套用表格格式雷同，其作用范围主要是单元格或单元格区域。首

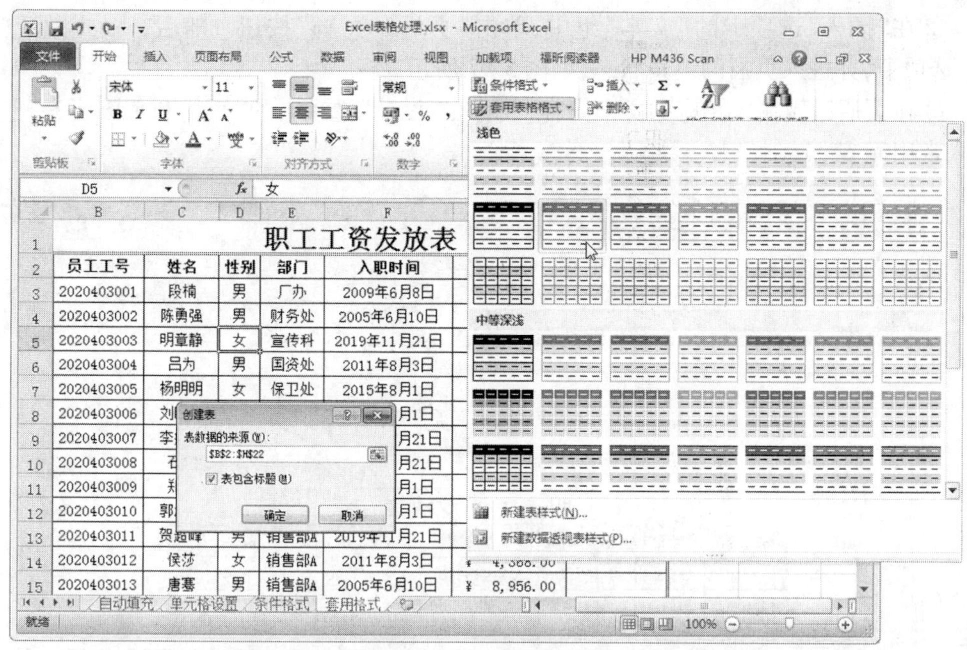

图 3-55　套用表格格式

先，用户需要选择拟套用的单元格，然后在“开始”选项卡的“样式”组中，单击“单元格格式”下拉菜单，在弹出的二级菜单中选择喜欢的样式即可，如图 3-56 所示。由于操作较为简单，这里不再赘述。

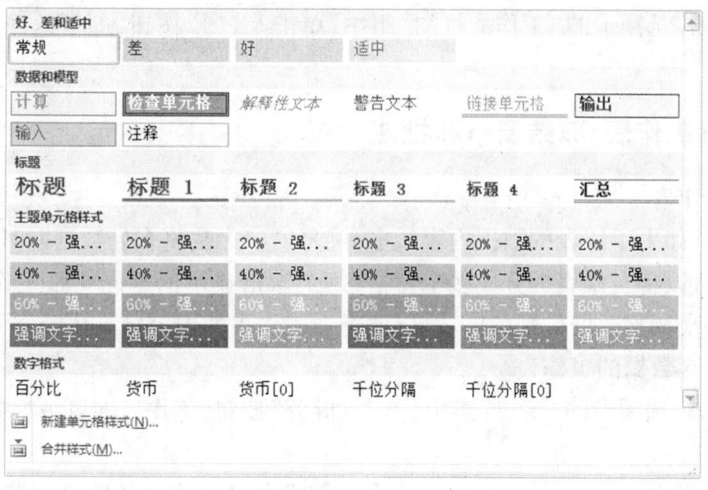

图 3-56　“单元格格式”下拉菜单

3.2.8　表格的页眉和页脚

在 Excel 中添加页眉和页脚，其实是进入了 Excel 的“页面布局”视图状态，在当前视图模式下可以为表格添加多种信息，具体操作如下。

①打开包含数据的工作表。

②在“插入”选项卡的“文本”组中，单击“页眉和页脚”按钮。随后，Excel 激活“设计”选项卡，并进入页眉的编辑状态，如图 3-57 所示。

③在页眉区域输入相应的文字内容，或者在“设计”选项卡的“页眉和页脚元素”组中插入常用元素。

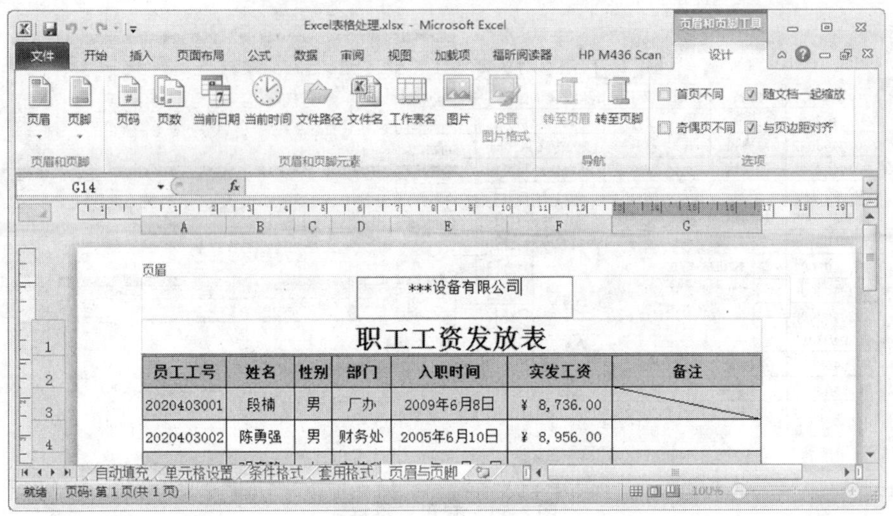

图 3-57　编辑页眉

④在“设计”选项卡的“导航”组中，单击“转至页脚”按钮，进入页脚的编辑状态，根据需要添加页脚内容即可。

⑤在“视图”选项卡的“工作簿视图”组中，单击“普通”按钮，即可返回表格正常编辑状态。

3.2.9　拆分工作表、冻结窗格和批注

1. 拆分工作表

在工作中，如果工作表的数据内容过多，屏幕窗口无法将多处数据同时呈现出来。在这种情况下，可以将工作表拆分成多个窗格，每个窗格显示的是同一张工作表，通过每个窗格的滚动条来调整数据呈现的区域，以便查看工作表的内容。具体操作如下。

①打开包含数据的工作表。

②在“视图”选项卡的“窗口”组中，单击“拆分”按钮，工作表即可被拆分为 4 个窗格，如图 3-58 所示。

③将鼠标定位在任意窗格中，拖动窗格下方或右侧的滚动条即可浏览工作表中的数据。再次单击“拆分”按钮，即可取消拆分。

此外，在工作表正常状态下，通过拖动滚动条旁边的拆分条，同样可以拆分工作表，如图 3-59 所示。

2. 冻结窗格

当工作表的行或列数据特别多时，如果向下滚动鼠标，则工作表的标题也跟着滚动，在处理数据时往往难以分清各列数据对应的标题。Excel 的冻结窗格功能，能够很好地解

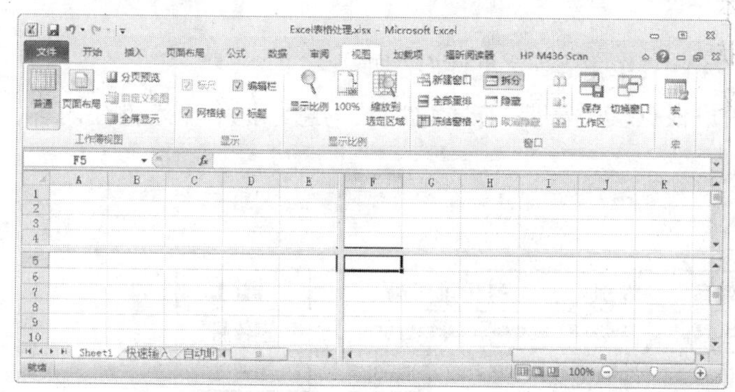

图 3-58　拆分工作表

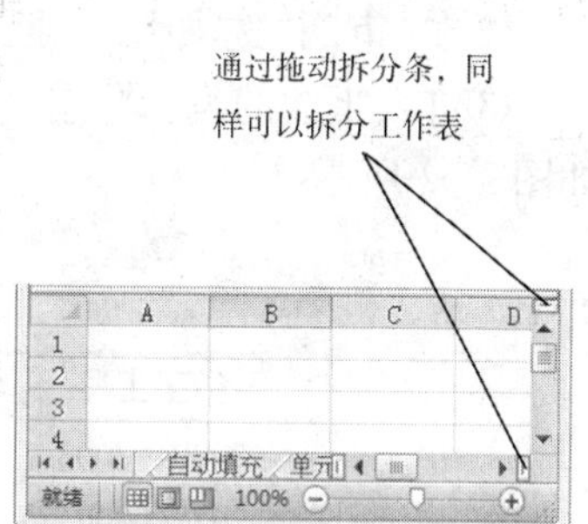

图 3-59　使用拆分条拆分工作表

决这个问题。这里“冻结”指的是将工作表的某一行或某一列进行冻结，其余的行或列可以随鼠标滚动而滚动。具体操作如下。

①打开包含数据的工作表。

②将鼠标定位在拟冻结窗格的位置上。例如，本例中想要“姓名”左侧的字段不跟随鼠标滚动而滚动，想要工作表所有标题行字段不跟随鼠标滚动而滚动，需要将光标定位在 C3 单元格所在的位置，如图 3-60 所示。

图 3-60　选定拟冻结的窗格

③在“视图”选项卡的“窗口”组中，单击“冻结窗格”下拉菜单，在其中选择“冻结拆分窗格”选项，如图 3-61 所示。

④随后，Excel 工作表内部出现“冻结线条”，用户拖动滚动条时，即可看到冻结窗格后的效果。

⑤若要取消冻结窗格，再次在“视图”选项卡的“窗口”组中，单击“冻结窗格”下拉菜单，选择“取消冻结拆分窗格”选项即可。

需要说明的是，本例中冻结窗格是将行与列同时冻结，若要仅冻结行或列，则在“冻结窗格”下拉菜单中选择对应的选项即可。

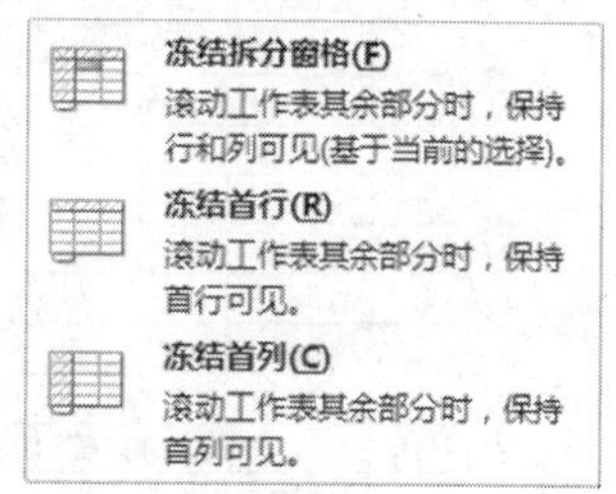

图 3-61　“冻结窗格”下拉菜单

3. 批注

Excel 表格中的批注，指的是为单元格增加注解，作用是帮助浏览者快速熟悉数据内容。具体操作如下。

①选择拟添加批注的单元格。

②在“审阅”选项卡的“批注”组中,单击“新建批注”按钮。

③进入批注的编辑状态。用户根据实际需要,在黄色底纹的悬浮框中输入批注内容,如图 3-62 所示。

	A	B	C	D	E
1					
2	员工工号	姓名	性别	身份证号码	部门
5	2020403003	明章静		265532	宣传科
6	2020403004	吕为		210353	国资处
7	2020403005	杨明明		15162X	保卫处
8	2020403006	刘鹏飞		191291	车间A
9	2020403007	李媛媛	女	610202199508070229	车间A

dreamsummit:
请假天数超过3天,扣除9月份全勤奖。

图 3-62　新建批注

④编辑完成后,鼠标单击工作表任意区域,即可退出批注编辑状态。新增批注的单元格,右上角标有红色三角符号,当鼠标悬停在包含批注的单元格上面时,批注以浮动的形式出现。

⑤若要二次修改批注或删除批注,只需再次选中该单元格,在“审阅”选项卡的“批注”组中,单击“编辑批注”或“删除”按钮即可。

3.2.10　跟着做——员工基本信息表

以制作员工基本信息表为主题,录入数据并格式化表格,最终效果如图 3-63 所示。

员工基本信息表

序号	员工编号	姓名	性别	身份证号	入职时间	基本工资	绩效考核	实发工资	备注
1	SL04025	严晓红	女	610881199009060583	2009-6-8	¥ 1,500.00	¥ 2,500.00	¥ 4,000.00	
2	SL04012	郭明力	男	610205199103280381	2005-6-10	¥ 1,560.00	¥ 2,800.00	¥ 4,360.00	
3	SL04241	周广冉	男	610204199911265532	2019-11-21	¥ 800.00	¥ 3,100.00	¥ 3,900.00	
4	SL04015	乔蕾	女	610203199801210353	2011-8-3	¥ 1,200.00	¥ 2,200.00	¥ 3,400.00	
5	SL04013	魏家平	女	61020219930715162X	2015-8-1	¥ 1,180.00	¥ 1,800.00	¥ 2,980.00	
6	SL04130	孙茂艳	女	610202199510191291	2018-7-1	¥ 800.00	¥ 2,100.00	¥ 2,900.00	
7	SL04285	徐伟	男	610202199508070229	2019-11-21	¥ 800.00	¥ 1,900.00	¥ 2,700.00	
8	SL04169	任惠青	女	610181199009123571	2019-11-21	¥ 800.00	¥ 2,300.00	¥ 3,100.00	
9	SL04432	张厚营	男	610201199201171267	2015-8-1	¥ 1,180.00	¥ 2,800.00	¥ 3,980.00	
10	SL04045	刘丽娟	女	610211199106195425	2018-7-1	¥ 800.00	¥ 500.00	¥ 1,300.00	
11	SL04121	纪风敏	女	510102199112058489	2019-11-21	¥ 800.00	¥ 1,600.00	¥ 2,400.00	
12	SL04054	张以恒	男	610211199108045035	2011-8-3	¥ 1,200.00	¥ 2,600.00	¥ 3,800.00	
13	SL04456	李海峰	男	610204199412165027	2005-6-10	¥ 1,560.00	¥ 2,900.00	¥ 4,460.00	
14	SL04065	李仙	女	610202199510191733	2018-7-1	¥ 800.00	¥ 3,100.00	¥ 3,900.00	
15	SL04045	苏健	女	610202199503281520	2011-8-3	¥ 1,200.00	¥ 3,000.00	¥ 4,200.00	
16	SL04445	李明宇	男	610205199103280514	2005-6-10	¥ 1,560.00	¥ 2,800.00	¥ 4,360.00	
17	SL04123	王云鹏	男	610181199011080931	2018-7-1	¥ 800.00	¥ 1,900.00	¥ 2,700.00	
18	SL04125	贺超峰	男	610202199711301568	2015-8-1	¥ 1,180.00	¥ 1,500.00	¥ 2,680.00	
19	SL04135	侯莎	女	610205199016280532	2005-6-10	¥ 1,560.00	¥ 2,000.00	¥ 3,560.00	
20	SL04142	唐骞	男	610341199912070949	2015-8-1	¥ 1,180.00	¥ 2,100.00	¥ 3,280.00	

图 3-63　员工基本信息表最终效果

①新建空白 Excel 文档。

②按照图 3-63 所示的内容,以及之前讲授的知识快速录入表格数据。

③选择 A1:J1 单元格区域,合并单元格后,将标题文字设置为微软雅黑、22 号字、加粗、水平居中。

④选择除第 1 行以外的所有行,将表格的行高设置为 20。

⑤选择 A2:J22 单元格区域,为包含数据的单元格添加默认状态的黑色实线边框,并将字体设置为宋体、11 号字,对齐方式为水平居中、垂直居中。

⑥选择标题行(第 2 行),将标题加粗,并添加黄色底纹。

⑦按下【Ctrl】键隔行选择,并为选择的行添加浅蓝色底纹,以达到隔行颜色变化的效果。

⑧选择"入职时间"数据列,设置日期格式为"2020-5-17"类型。

⑨选择"基本工资""绩效考核""实发工资"数据列,将格式设置为"会计专用"。

⑩选择"基本工资"数据列,执行"条件格式"→"数据条"→"绿色数据条"命令;选择"绩效考核"数据列,执行"条件格式"→"数据条"→"红色数据条"命令。

⑪选择"实发工资"数据列,执行"条件格式"→"项目选取规则"→"高于平均值"命令。

⑫为"绩效考核"数据列中金额最少的单元格添加批注,批注内容自行书写。

⑬根据表格呈现效果,调整各列列宽。

3.2.11 课堂思考与技能训练

1. 简述在一个工作簿内插入多张工作表的步骤。
2. 如何显示或隐藏工作表?
3. 输入身份证号、学号、产品编号等类型的数据时,应该注意什么?
4. 制作如图 3-64 所示的学生成绩表。
5. 制作如图 3-65 所示的教材统计表。

	A	B	C	D	E	F	G
1	学生成绩表 2020-2021学年 第一学期						
2	学号	姓名	性别	班级	高等数学	大学英语	计算机应用基础
3	202005001	孙茂艳	男	机械工程2001	81	82	86
4	202005002	徐伟	男	机械工程2001	87	86	87
5	202005003	任惠青	女	机械工程2001	67	77	67
6	202005004	张厚营	男	机械工程2001	76	89	76
7	202005005	刘丽娟	女	机械工程2001	82	63	88
8	202005006	纪风敏	男	机械工程2001	86	缺考	86
9	202005007	张以恒	男	机械工程2001	77	76	77
10	202005008	李海峰	男	机械工程2001	89	77	76
11	202005009	郭明力	男	机械工程2001	83	73	75
12	202005010	周广冉	女	机械工程2001	84	80	81

图 3-64 习题——学生成绩表

教材统计表

序号	ISBN	书名	作者	出版社	定价	出版日期	获奖图书	配套资源
1	9787302508700	办公软件应用项目实训（第2版）	王芹	清华大学出版社	49.8	2018.9		有
2	9787302508731	办公自动化教程（第2版）	杨云江、温明剑	清华大学出版社	49	2019.1		有
3	9787302511199	办公自动化案例教程（Windows 7+Office 2016）	贾如春 李瑞	清华大学出版社	49.8	2018.9	是	有
4	9787302522577	新编Excel在财务中的应用	张家鹤、刘玉梅	人民邮电出版社	42	2019.3		有
5	9787302508182	基于Excel的财务管理综合模拟实训	谭洪益	人民邮电出版社	48	2018.9		有
6	9787302504887	计算机基础与高级办公应用	黄蔚 凌云	人民邮电出版社	49	2018.9		有
7	9787302496205	Office 2010 办公软件高级应用	朱莉娟、刘艳君	人民邮电出版社	49.5	2018.3	是	有
8	9787302470403	MS Office高级应用	吴燕波、向大为	机械工业出版社	49.5	2018.8		
9	9787302494942	计算机科学导论（第5版）	瞿 中、伍建全	机械工业出版社	49	2018.4		有
10	9787302489634	计算机科学导论	徐志伟、孙晓明	机械工业出版社	45	2018.3		
11	9787302501480	计算机导论	金玉苹、远新蕾	机械工业出版社	79	2018.6		
12	9787302479543	办公自动化案例教程	王春红、李叶青	机械工业出版社	54	2017.10	是	有
13	9787302483328	办公软件高级应用	荀燕	高等教育出版社	45	2017.10		有
14	9787302482888	Excel在经济管理中的应用	杨丽君 常桂英	高等教育出版社	49	2017.10		
15	9787302467977	Word 2010 高级应用案例教程	杨久婷、李政	高等教育出版社	39	2017.6		有
合计					746.6			

图 3-65　习题——教材统计表

3.3　工作表的数据运算

Excel 最主要的功能就是对数据的运算、统计和分析，而这些运算都需要使用各类公式或调用各类函数才能完成。本节主要向读者介绍 Excel 系统有关数据运算方面的知识和操作方法。

【本节知识与能力要求】

(1)认识公式的运算符；

(2)掌握相对引用、绝对引用和混合引用的操作方法；

(3)认识函数的组成；

(4)掌握 SUM 函数、AVERAGE 函数、RANK. AVG 函数、IF 函数、COUNT 函数、COUNTIF 函数和日期时间类函数等常用函数的使用方法。

3.3.1　公式

公式是指 Excel 系统的运算表达式，利用公式可以高效灵活地完成各种数据运算工作。在 Excel 工作表中，公式是以等号开头的一个运算表达式，它由运算对象和运算符按照一定的规则连接而成。例如在公式“ = A5 + B2”中，“A5”和“B2”是运算对象，“ + ”号是运算符。后续章节所讲授的函数，也是作为公式的一部分来使用的，例如公式“ = SUM(A3:A11)”中，“SUM”就是求和的一个函数。

由于运算符是公式中各操作对象的纽带，所以要掌握工作表中有关数据的运算规则，还需要先从公式中的运算符讲起。

在 Excel 中的运算符包含 4 类，即算术运算符、文本运算符、比较运算符和引用运算符。在公式中如果有多类运算符，则在运算过程中，其优先顺序为：引用运算符 > 算术运算符 > 文本运算符 > 比较运算符。比较运算符又称“关系运算符”。

1. 算术运算符

算术运算符的作用是完成基本的数学运算(如加法、减法或乘法)、合并数字以及生成数值结果,包括加、减、乘、除、百分数、乘方,具体含义详见表 3-1。

表 3-1　算术运算符

算术运算符	含义	优先级 (数值越小优先级越高)	示例
+	加法运算	4	= A1 + B4
-	减法运算	4	= A8-10
*	乘法运算	3	= A1 * C1
/	除法运算	3	= A1/D2
%	百分数	1	= 20%
^	乘方运算	2	= 2^10

例如,在 Excel 表格中若要计算多个数据运算结果,可以进行如下操作。

①将鼠标定位在某个单元格内部,用于存放运算结果。

②输入"="号,此时进入公式编辑状态,使用鼠标选择某个单元格作为运算对象,通过手动输入"*"号完成第一部分的操作。

③选择第二个单元格,再输入"-"号,以此类推,完成简易公式的书写,如图 3-66 所示。

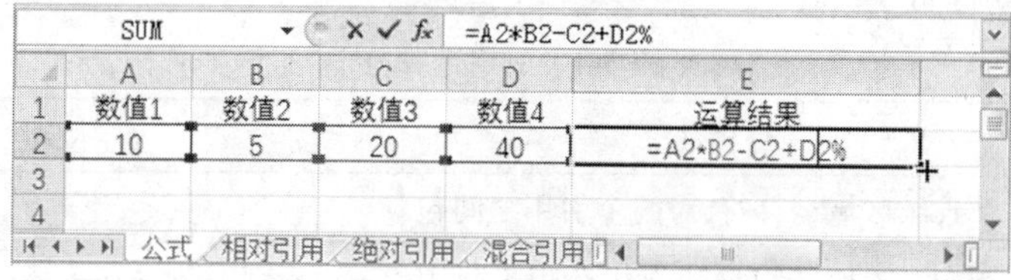

图 3-66　算术运算符

2. 文本运算符

文本运算符"&"可连接一个或更多字符串以产生一长文本,含义详见表 3-2。

表 3-2　文本运算符

算术运算符	含义	示例
&	将两个文本值连接或串起来产生一个连续的文本值	="连接"&"起来"运行结果为"连接起来"

在 Excel 表格中,文本运算符既能够连接某个单元格,又能够直接在公式中输入文本。例如,公式 = A3&B3&"应用更广泛"中,A3 和 B3 分别对应"2020 年"和"人工智能"两个文本属性的值,而被英文状态下双引号包裹的文字,则会被直接连接到运算结果中,如图 3-67 所示。

3. 比较运算符

比较运算符用于比较运算对象的值,包括 =、>、<、> =、< =、< >,含义依次为等

E3		f_x =A3&B3&"应用更广泛"		
A	B	C	D	E
数值1	数值2	数值3	数值4	运算结果
10	5	20	40	30.4
2020年	人工智能			2020年人工智能应用更广泛

公式 相对引用 绝对引用 混合引用

图 3-67　文本运算符

于、大于、小于、大于等于、小于等于、不等于，其比较结果为逻辑值，即 TRUE（真）或 FALSE（假），具体含义详见表 3-3。

表 3-3　比较运算符

比较运算符	含义	优先级（数值越小优先级越高）	示例（假设 A1 值为 20，A2 值为 30）
=	等于	1	= A1 = 30　结果为 FALSE
>	大于	3	= A2 > A1　结果为 TRUE
<	小于	2	= A1 < A2　结果为 TRUE
> =	大于等于	5	= A1 > = A2　结果为 FALSE
< =	小于等于	4	= A1 < = A2　结果为 TRUE
< >	不等于	6	= A1 < > A2　结果为 TRUE

4. 引用运算符

引用运算符包含冒号“:”、逗号“,”和空格三个运算符，用于对单元格区域进行合并计算，其具体含义详见表 3-4。

表 3-4　引用运算符

算术运算符	含义	示例
:（冒号）	连续区域运算符，对两个引用之间包括两个引用在内的所有单元格进行引用	= SUM（A5:A7）　对连续单元格 A5 至 A7 范围内的单元格求和，如图 3-68 所示
,（逗号）	联合操作符，可将多个引用合并为一个引用	= SUM（A5:A6,C5:C6）　对两个连续的单元格区域合并执行求和，如图 3-69 所示
（空格）	取多个引用的交集为一个引用，该操作符在取指定行和列数据时很有用	= SUM（A5:B6 B5:C6）　对两个连续的单元格区域的交集区域执行求和，如图 3-70 所示

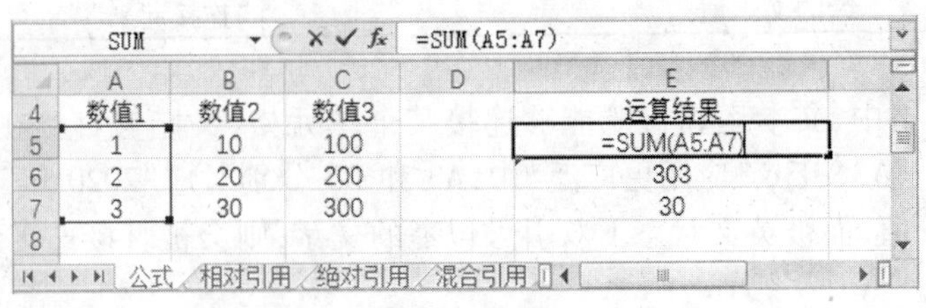

图 3-68　引用运算符——冒号“:”

SUM | =SUM(A5:A6,C5:C6)

	A	B	C	D	E
4	数值1	数值2	数值3		运算结果
5	1	10	100		6
6	2	20	200		=SUM(A5:A6,C5:C6)
7	3	30	300		30
8					

公式 相对引用 绝对引用 混合引用

图 3-69 引用运算符——逗号“,”

SUM | =SUM(A5:B6 B5:C6)

	A	B	C	D	E
4	数值1	数值2	数值3		运算结果
5	1	10	100		6
6	2	20	200		303
7	3	30	300		=SUM(A5:B6 B5:C6)
8					

公式 相对引用 绝对引用 混合引用

图 3-70 引用运算符——空格

5. 公式的书写

在 Excel 中，所有的公式书写均以等号“=”开始。选定单元格后，按下“=”键即可书写公式。此外，在公式编辑栏同样可以对公式进行编辑，如图 3-71 所示。确认输入后按下“√”按钮，运算结果自动填入单元格。

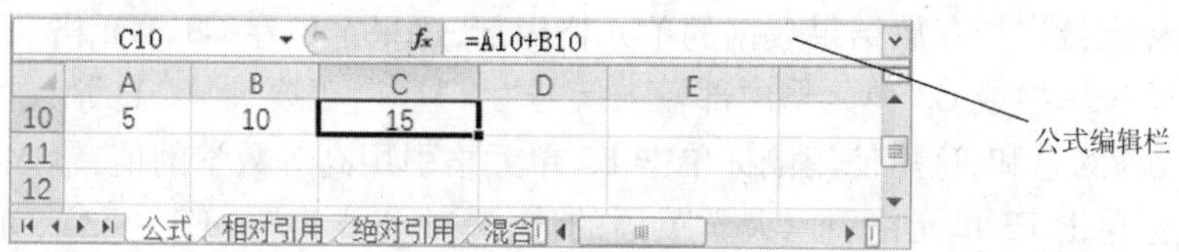

图 3-71 公式的书写

需要特别注意的是，在公式书写过程中，字符必须用英文状态的双引号括起来，运算符两边一般需要相同类型的数据。

6. 错误信息提醒及其含义

在书写公式时难免出现公式参数不恰当或逻辑错误的情况，那么运算后的结果肯定是不正确的，这时 Excel 会给出对应的错误提醒，以便用户查找问题所在。具体的提醒信息和含义见表 3-5。

3.3.2 单元格引用

单元格引用指的是在公式中获取单元格数据的一种方法，主要分为相对引用、绝对引用和混合引用三种引用方式。通过单元格引用，可以提取当前工作表中的数据，也可以提取其他工作表中的数据。

1. 相对引用

相对引用，指的是公式中对相对单元格位置进行引用，如果公式所在单元格的位置改变，引用也随之改变。如果多行或多列地复制公式，引用会自动调整。默认情况下，新公式使用相对引用。

例如，在汇总成绩场景下，需要分别计算每位同学的各科成绩的总和，在完成第一个公式书写的前提下,其他同学的成绩汇总可以采用相对引用的方式快速处理,具体操作如下。

表 3-5　错误信息提醒及其含义

错误信息提醒	含义
######	单元格所含的数字、日期或时间比单元格宽,或者单元格的日期时间公式产生了一个负值,就会产生#####!错误
#VALUE!	当使用错误的参数或运算对象类型时,或者当公式自动更正功能不能更正公式时,将产生错误值#VALUE!
#DIV/O!	当公式被零除时,将会产生错误值#DIV/O!
#NAME?	在公式中使用了 Excel 不能识别的文本时将产生错误值#NAME?
#N/A	当在函数或公式中没有可用数值时,将产生错误值#N/A
#REF!	当单元格引用无效时将产生错误值#REF!
#NUM!	当公式或函数中某个数字有问题时将产生错误值#NUM!
#NULL!	使用了不正确的区域运算符或不正确的单元格引用

①创建包含多列成绩数据的“成绩表”。

②将鼠标定位在拟存放结果数据的单元格内部,这里定位在 G3 单元格。

③在公式编辑栏或 G3 单元格内部输入等号“ = ”。由于要计算“高等数学”和“大学英语”两科成绩的总和,这里使用鼠标单击 E3 单元格引用高等数学的值,输入“ + ”号后,再次使用鼠标单击 F3 单元格引用大学英语的值,完整公式为“ = E3 + F3”,如图 3-72 所示。

此外,还可以使用求和函数完成公式编写。用户只需在“开始”选项卡的“编辑”组中,单击“∑”按钮,选择其中的“求和”选项,然后框选单元格区域“E3:F3”即可,显示的公式为“ = SUM(E3:F3)”。

SUM　=E3+F3

	A	B	C	D	E	F	G
1	学生成绩表 2020-2021学年 第一学期						
2	学号	姓名	性别	班级	高等数学	大学英语	成绩汇总
3	202005001	孙茂艳	男	机械工程2001	81	82	=E3+F3
4	202005002	徐伟	男	机械工程2001	87	86	
5	202005003	任惠青	女	机械工程2001	67	77	
6	202005004	张厚营	男	机械工程2001	76	89	
7	202005005	刘丽娟	女	机械工程2001	82	63	
8	202005006	纪风敏	男	机械工程2001	86	79	

公式　相对引用　绝对引用　混合引用

图 3-72　输入公式

④公式输入完成后,按下【Enter】键或按下“√”按钮,运算结果即可呈现。

⑤选择存放运算结果的单元格(G3 单元格),鼠标悬停在单元格右下角位置,当出现“十”符号时,向下快速填充当前列。随后即可发现,其他同学的成绩自动汇总完成。鼠标选中其他单元格,查看其公式可以发现,公式中引用的单元格位置跟随行的变化而变化,如图 3-73 所示。

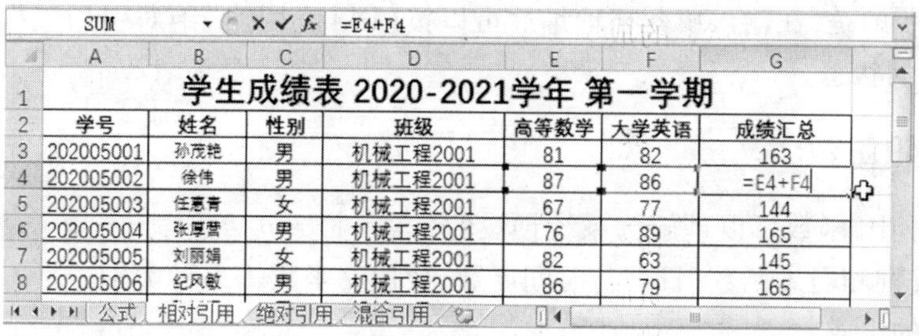

SUM =E4+F4

	A	B	C	D	E	F	G
1	学生成绩表 2020-2021学年 第一学期						
2	学号	姓名	性别	班级	高等数学	大学英语	成绩汇总
3	202005001	孙茂艳	男	机械工程2001	81	82	163
4	202005002	徐伟	男	机械工程2001	87	86	=E4+F4
5	202005003	任惠青	女	机械工程2001	67	77	144
6	202005004	张厚营	男	机械工程2001	76	89	165
7	202005005	刘丽娟	女	机械工程2001	82	63	145
8	202005006	纪风敏	男	机械工程2001	86	79	165

公式 / 相对引用 / 绝对引用 / 混合引用

图 3-73　相对引用

2. 绝对引用

绝对引用,指的是对单元格引用的方式是完全绝对的,即无论公式如何被复制,对采用绝对引用的单元格的引用位置是不会改变的。绝对引用需要通过在地址前添加"$"符号来标明地址的绝对性。例如,公式" = A1 + $B$1"中"A1"为相对地址,"$B$1"为固定地址,即当该公式被复制到其他单元格后可能为" = A2 + $B$1"或" = A3 + $B$1"等,变化的永远是"A1",而"$B$1"永远不变。

在工作中,在计算银行累计利息、课程平均成绩等场景时,需要采用绝对引用。具体示例操作如下所示。

①创建包含数据的表格。这里拟对每位同学的笔试成绩都乘以固定的权重值,所以在本例中存放每位同学成绩的单元格为相对地址,而固定的权重值所在的单元格为固定地址。

②将鼠标定位在存放结果的单元格内部,输入公式" = C3 * $D$3",如图 3-74 所示。

③选择 E3 单元格,在本列中复制其公式,即可快速计算出其他同学折算后的成绩。选择第 E 列任意单元格,查看其公式可以发现,由于设置了绝对引用地址"$D$3",公式在其他单元格内,绝对引用地址被锁定,如图 3-75 所示。

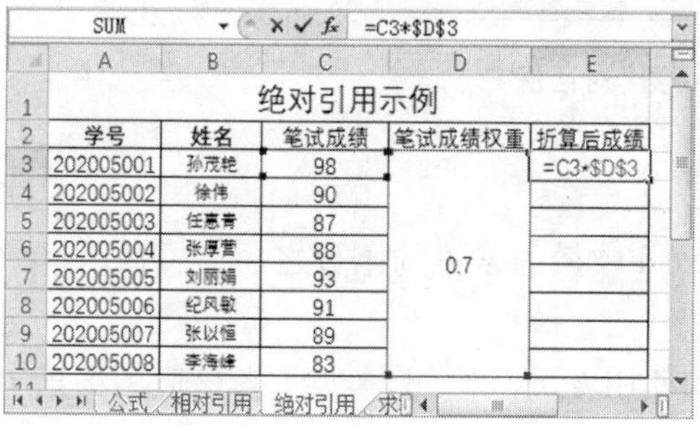

SUM =C3*$D$3

	A	B	C	D	E
1	绝对引用示例				
2	学号	姓名	笔试成绩	笔试成绩权重	折算后成绩
3	202005001	孙茂艳	98	0.7	=C3*$D$3
4	202005002	徐伟	90		
5	202005003	任惠青	87		
6	202005004	张厚营	88		
7	202005005	刘丽娟	93		
8	202005006	纪风敏	91		
9	202005007	张以恒	89		
10	202005008	李海峰	83		

公式 / 相对引用 / 绝对引用 / 求

图 3-74　绝对引用——公式输入

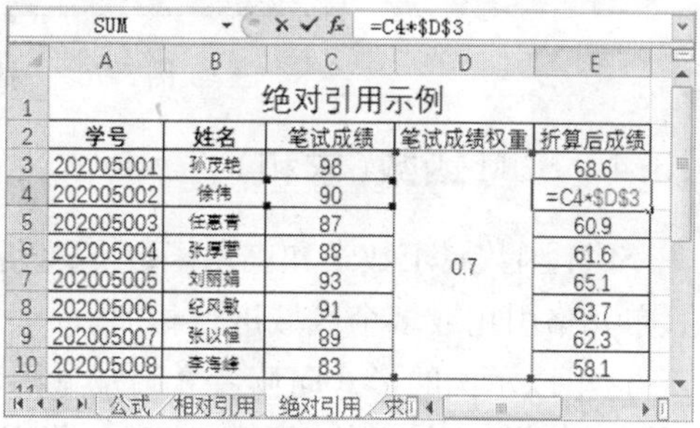

SUM =C4*$D$3

	A	B	C	D	E
1	绝对引用示例				
2	学号	姓名	笔试成绩	笔试成绩权重	折算后成绩
3	202005001	孙茂艳	98	0.7	68.6
4	202005002	徐伟	90		=C4*$D$3
5	202005003	任惠青	87		60.9
6	202005004	张厚营	88		61.6
7	202005005	刘丽娟	93		65.1
8	202005006	纪风敏	91		63.7
9	202005007	张以恒	89		62.3
10	202005008	李海峰	83		58.1

公式 / 相对引用 / 绝对引用 / 求

图 3-75　绝对引用——查看其他公式

3. 混合引用

混合引用,指的是在引用单元格地址时,行或列只有其中一项进行绝对引用,而其他项进行相对应用。例如引用地址"$D3"中,第 D 列进行绝对引用,而第 3 行则是相对引用;引用地址"D$3"中,第 D 列进行相对引用,而第 3 行则是绝对引用。

总而言之,凡是添加符号"$"的单元格地址,在公式复制时不发生改变;不添加符号"$"的单元格地址,在公式复制时则发生改变。

特别说明的是,在输入单元格地址后可以按【F4】键切换"绝对引用"、"混合引用"和"相对引用"的状态。

3.3.3 初识函数

在 Excel 中,函数可以理解为系统预设的公式,主要包括数学和三角函数、统计函数、逻辑函数、查询和引用函数、日期与时间函数、数据库函数等多种类别。

1. 函数的组成

函数由两部分组成:一是函数的名称,二是函数的参数。例如公式" =SUM(E3:F3)"中,"SUM"是函数名称,括号内的内容为参数。参数可以是数字、文本、逻辑值、数组、错误值、单元格引用,但指定的参数都必须为有效的参数值。

2. 插入函数

在 Excel 的"公式"选项卡的"函数库"组中,单击"插入函数"按钮,或者按下【Shift + F3】组合键。在弹出的对话框中可以看到系统内置了许多类型的函数,如图 3-76 所示。具体的函数使用方法将陆续讲解。

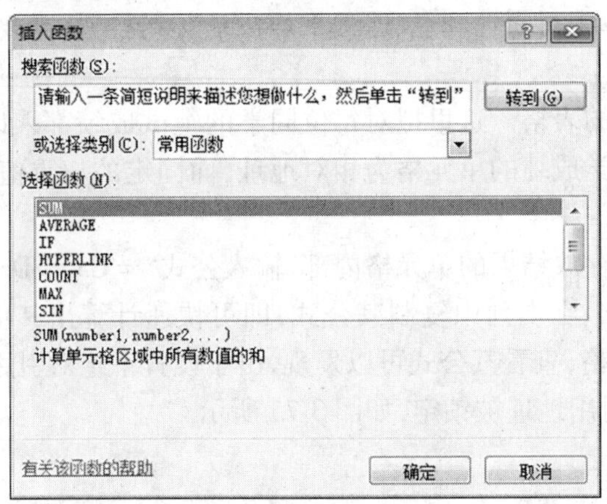

图 3-76 "插入函数"对话框

3.3.4 SUM 函数(求和)

SUM 函数属于数学和三角函数类,也是 Excel 中最为常见的函数之一,它可以将单个值、单元格引用或多个区域进行相加。

这里以示例的形式向读者介绍常见函数的使用方法。例如,在员工考核应用场景中,已经分别对某位员工的"出勤量"、"工作态度"和"工作能力"三个方面进行了量化考核,现在需要分别对这三个方面进行加权计算求和,此时就需要使用 SUM 函数来解决问题。具体操作如下:

①创建包含数据的"员工考核表"。将鼠标定位在拟存放结果的单元格内,这里定位在 G3 单元格内。

②在"开始"选项卡的"编辑"组中,单击"Σ"下拉菜单。在其中,选择"求和"选项。此时,系统根据数据情况,自动选择单元格区域作为 SUM 函数的参数。若该区域不是用

户所需要的,可以直接使用鼠标选择单元格区域,如图 3-77 所示。最后,单击【Enter】键即可完成当前计算。

图 3-77 使用 SUM 函数求和

在实际工作中,并非像上述求和过程那么简单。假如"综合评定"是由 30% 的"出勤量"、40% 的"工作态度"和 30% 的"工作能力"三个方面综合而成的,又该如何使用公式完成呢?

③使用上面的案例继续进行表格制作。将鼠标定位在 G3 单元格内。

④输入" = "号并插入公式"SUM(D3 * 0.3,E3 * 0.4,F3 * 0.3)"即可,如图 3-78 所示。该公式中,使用","号引用运算符将 D3、E3 和 F3 单元格合并为一个引用,作为 SUM 函数的参数参与运算。

⑤将鼠标悬停在 G3 单元格右下角,向下拖拽控制柄,对公式进行复制。至此,"综合评定"列所有成绩被计算出来。

需要特别说明的是,求和公式还可以书写为" = D3 * 0.3 + E3 * 0.4 + F3 * 0.3"的形式,与公式" = SUM(D3 * 0.3,E3 * 0.4,F3 * 0.3)"能够得到一样的结果。

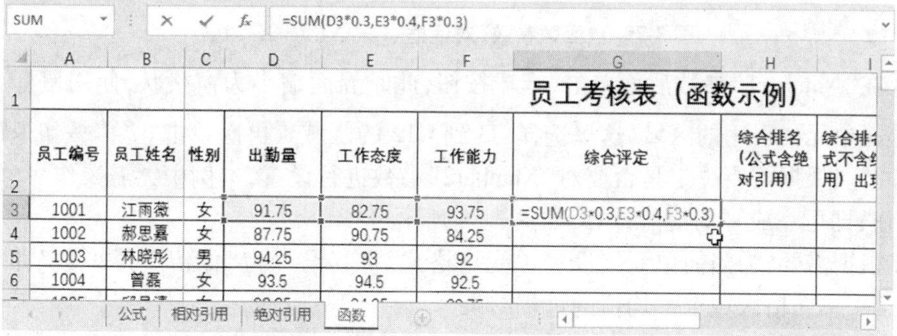

图 3-78 编辑 SUM 函数

3.3.5 AVERAGE 函数(求平均值)

AVERAGE 函数用于计算在一定范围内的算术平均值,也是常用函数之一。该函数的语法结构和对应参数的含义如下。

AVERAGE(number1,[number2],...)

number1:必需。要计算平均值的第一个数字、单元格引用或单元格区域。

number2:可选。要计算平均值的其他数字、单元格引用或单元格区域,最多包含255个。

例如,公式“=AVERAGE(A1:A20)”的含义是,计算从A1到A20范围内所包含数字的平均值;公式“=AVERAGE(A1:A20,5)”的含义是,计算单元格区域A1到A20中数字与5的平均值。

使用上面的案例继续完成后续表格制作,这里拟对所有员工综合评定成绩求平均值,具体操作如下。

①将鼠标定位在拟存放结果的单元格内,这里定位在G13单元格内。

②在“公式”选项卡的“函数库”组中,单击“插入函数”按钮。在弹出的对话框的“类别”下拉菜单中选择“常用函数”,在下方列表框中选择“AVERAGE”选项,单击“确定”按钮。此时,弹出如图3-79所示的对话框。

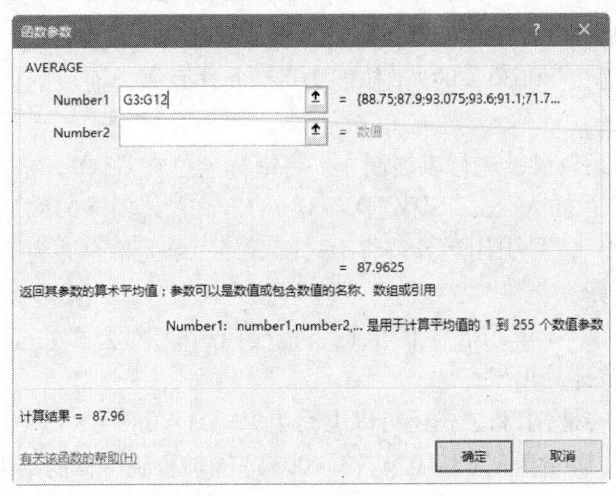

图3-79 “函数参数”对话框——AVERAGE函数

③在“Number1”参数后面单击“↑”按钮,此时界面缩小为窗格状,使用鼠标在工作表中选择单元格引用的区域,这里选择G3到G12的区域。再次单击“↑”按钮返回参数设置环节。根据需要决定是否要对“Number2”参数进行设置,本例中无需操作。单击“确定”按钮,即可完成平均值的计算,如图3-80所示。

④根据需要,为当前单元格设置单元格格式,将其设置为“保留2位小数”即可。至此,为某一单元格区域求平均值的过程结束。

上述计算平均值的过程采用了AVERAGE函数实现,还可以在单元格中输入公式“=SUM(G3:G12)/10”,也可以得到同样的结果,请读者自行实验。

3.3.6 RANK.AVG函数(求排名)

RANK.AVG函数用于计算某一数值在某一区域内的排名,该函数经常用于计算成绩排名等应用场景。

AVERAGE =AVERAGE(G3:G12)

员工考核表（函数示例）										
员工编号	员工姓名	性别	出勤量	工作态度	工作能力	综合评定	综合排名（公式含绝对引用）	综合排名（公式不含绝对引用）出现混乱	综合评价（一个判定条件）>=90为优秀，其他为合格	综合评价（多个判定条件）>=90为优秀，80-90之间为良好，其他为合格
1001	江雨薇	女	91.75	82.75	93.75	88.75				
1002	郝思嘉	女	87.75	90.75	84.25	87.90				
1003	林晓彤	男	94.25	93	92	93.08				
1004	曾嘉	女	93.5	94.5	92.5	93.60				
1005	邱月清	女	88.25	94.25	89.75	91.10				
1006	沈沉	男	70.75	70.25	74.75	71.75				
1007	蔡小蓓	女	94.25	93	88.25	91.95				
1008	尹南	男	71.5	81.75	80	78.15				
1009	陈小旭	男	93.25	91.25	94	92.68				
1010	薛婧	女	89	90.75	92.25	90.68				
平均值						=AVERAGE(G3:G12)				
优秀员工人数	综合评定成绩在90分（含）以上的人数									
良好比例	综合评定成绩在80-90之间的比例									

公式 相对引用 绝对引用 函数

图 3-80　平均值函数

需要说明的是，RANK. AVG 函数是 Excel 2010 版本中的新增函数，属于 RANK 函数的分支函数。原 RANK 函数在 Excel 2010 版本中更新为 RANK. EQ，可以与 RANK 函数同时使用，并且作用相同。

RANK. AVG 函数的不同之处在于，对于数值相等的情况，返回该数值的平均排名，而作为对比，RANK. EQ 函数对于相等的数值返回其最高排名。

RANK. AVC 函数的语法结构和对应参数的含义如下。

RANK. AVG(number,ref,[order])

number：必需。要找到其排位的数字。

ref：必需。数字列表的数组，或对数字列表的引用，ref 中的非数字值会被忽略。

order：可选。一个指定数字排位方式的数字。

使用上面的案例继续完成后续表格制作，这里拟对所有员工综合评定成绩进行排名，具体操作如下。

①将鼠标定位在拟存放结果的单元格内，这里定位在 I3 单元格内。

②在“公式”选项卡的“函数库”组中，单击“插入函数”按钮。在弹出的对话框的“类别”下拉菜单中选择“统计”，在下方列表框中选择“AVERAGE”选项，单击“确定”按钮。此时，弹出“函数参数”对话框。

③将“Number”参数设置为“G3”，其含义为指定一个参与排序的值；将“Ref”参数设置为“G3：G12”，其含义为指定排序的范围。由于这里不需要对结果进行排序，故将“Order”参数设置为“空”，如图 3-81 所示。设置完成后，单击“确定”按钮，完成公式的书写，此时 I3 单元格内的公式为“ = RANK. AVG(G3,G3:G12)”。

④通过鼠标拖拽的方式，在 I 列向下复制公式，使得其他行能够快速应用公式，此时计算排名结果如图 3-82 所示。

⑤仔细观察排序结果可以发现，排序结果出现错误，究其原因在于复制公式时，函数中 Ref 参数随之变化。要解决这个问题，需要使用绝对引用的方式。

⑥选择 H3 单元格，按照上述步骤②～③完成公式的输入。双击该单元格，进入公式编辑状态，将公式修改为“ = RANK. AVG(G3,$G$3:$G$12)”。这里由于对 Ref 参数使用了绝对引用的方式，所以无论公式被复制到何处，排序范围都被锁定为 G3：G12 的范围内，最终排序效果如图 3-83 所示。

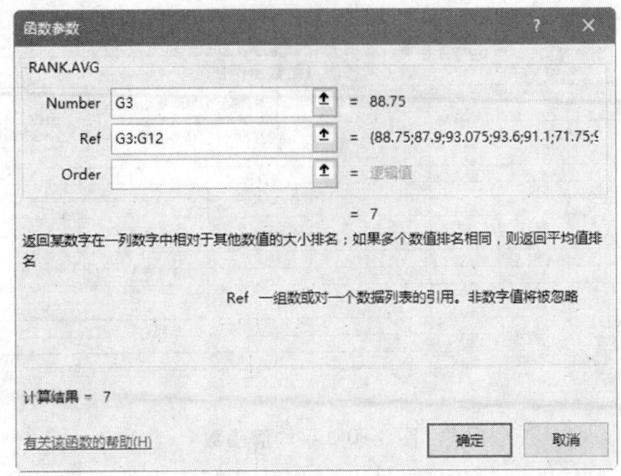

图 3-81 “函数参数”对话框——RANK. AVG 函数

I5 =RANK.AVG(G5,G5:G14)

员工考核表（函数示例）

	A	B	F	G	H	I	
2	员工编号	员工姓名	工作能力	综合评定	综合排名（公式含绝对引用）	综合排名（公式不含绝对引用）出现混乱	>=90
3	1001	江雨薇	93.75	88.75		7	
4	1002	郝思嘉	84.25	87.90		8	
5	1003	林晓彤	92	93.08		2	
6	1004	曾磊	92.5	93.60		1	
7	1005	邱月清	89.75	91.10		3	
8	1006	沈沉	74.75	71.75		6	
9	1007	蔡小蓓	88.25	91.95		2	
10	1008	尹南	80	78.15		4	
11	1009	陈小旭	94	92.68		1	
12	1010	薛婧	92.25	90.68		1	
13						87.96	

公式 | 相对引用 | 绝对引用 | 函数

读者可以看出，排序结果出现错误，原因是当采用拖拽的方式复制公式时，RANK.AVG 函数的参数中包含单元格范围的地址也在变化

图 3-82 RANK. AVG 函数复制后的效果

H9 =RANK.AVG(G9,$G$3:$G$12)

员工考核表（函数示例）

	A	B	F	G	H	I	
2	员工编号	员工姓名	工作能力	综合评定	综合排名（公式含绝对引用）	综合排名（公式不含绝对引用）出现混乱	>=90
3	1001	江雨薇	93.75	88.75	7	7	
4	1002	郝思嘉	84.25	87.90	8	8	
5	1003	林晓彤	92	93.08	2	2	
6	1004	曾磊	92.5	93.60	1	1	
7	1005	邱月清	89.75	91.10	5	3	
8	1006	沈沉	74.75	71.75	10	6	
9	1007	蔡小蓓	88.25	91.95	4	2	
10	1008	尹南	80	78.15	9	4	
11	1009	陈小旭	94	92.68	3	1	
12	1010	薛婧	92.25	90.68	6	1	
13						87.96	

公式 | 相对引用 | 绝对引用 | 函数

图 3-83 正确排序后的效果

3.3.7 IF 函数

IF 函数是工作中常用的函数之一，它可以根据指定的条件来进行逻辑比较，并反馈逻辑值“真”(True)或“假”(False)，如果判定结果为“真”，该函数将返回一个值；如果判定条件为“假”，函数将返回另一个值。例如，公式“ = IF(A2 = "Yes" ,1,2)”的含义为，如果 A2 单元格的内容为“Yes”，则返回数值 1，否则返回数值 2。

1. 一个判定条件

IF 函数在实际工作中十分有用，这里继续使用上面的案例完成后续表格制作。假如需要对综合评定结果在 90(含 90)以上的员工评定为“优秀”，其他员工评定为“合格”，这时就可以使用 IF 函数。具体操作如下。

①将鼠标定位在拟存放结果的单元格内，这里定位在 J3 单元格内。

②在“公式”选项卡的“函数库”组中，单击“插入函数”按钮。在弹出的对话框的“类别”下拉菜单中选择“常用函数”，在下方列表框中选择“IF”选项，单击“确定”按钮。此时，弹出“函数参数”对话框。

③在“Logical_test”参数对应的文本框中输入要判定的条件，这里输入“G3 > =90”。其含义是，G3 单元格的值大于等于 90。

④在“Value_if_true”参数对应的文本框中输入当“Logical_test”的结果为“真”时，需要反馈的值，这里输入“优秀”。其含义是，当 G3 单元格的值大于等于 90 时，当前单元格显示“优秀”。

⑤在“Value_if_false”参数对应的文本框中输入当“Logical_test”的结果为“假”时，需要反馈的值，这里输入“合格”。其含义是，当 G3 单元格的值小于 90 时，当前单元格显示“合格”，如图 3-84 所示。

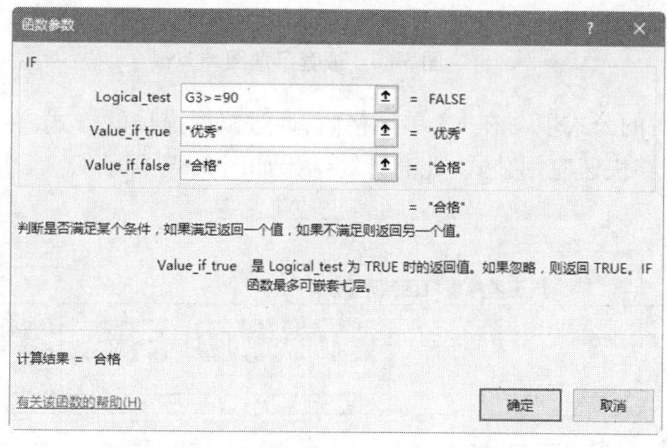

图 3-84 “函数参数”对话框——IF 函数

⑥单击“确定”按钮，完成公式的输入。通过鼠标拖拽的方式，在 J 列向下复制公式，使得其他行能够快速应用公式，此时计算排名结果如图 3-85 所示。

2. 多个判定条件

继续使用上面的案例完成后续表格制作。这里需要在之前一个判定条件的基础上，再增加判定条件，即综合评定结果在 90(含)以上的员工评定为“优秀”，综合评定结果在

J10 =IF(G10>=90,"优秀","合格")

	A	B	F	G	H	I	J	K
1	员工考核表（函数示例）							
2	员工编号	员工姓名	工作能力	综合评定	综合排名（公式含绝对引用）	综合排名（公式不含绝对引用）出现混乱	综合评价（一个判定条件）>=90为优秀，其他为合格	综合评价（多个判定条件）>=90为优秀，80-90之间为良好，其他为合格
3	1001	江雨薇	93.75	88.75	7	7	合格	
4	1002	郝思嘉	84.25	87.90	8	8	合格	
5	1003	林晓彤	92	93.08	2	2	优秀	
6	1004	曾磊	92.5	93.60	1	1	优秀	
7	1005	邱月清	89.75	91.10	5	3	优秀	
8	1006	沈沉	74.75	71.75	10	6	合格	
9	1007	蔡小蓓	88.25	91.95	4	2	优秀	
10	1008	尹南	80	78.15	9	4	合格	
11	1009	陈小旭	94	92.68	3	1	优秀	
12	1010	薛婧	92.25	90.68	6	1	优秀	

公式 | 相对引用 | 绝对引用 | 函数 | Sheet1

图 3-85　IF 函数运算结果(一个判定条件)

80 ~ 90 之间的为“良好”,其他为“合格”。

要解决上述多个判定条件的问题,就需要对 IF 函数进行改造,增加嵌套规则,将公式“ = IF(G3 > = 90," 优秀"," 合格")”改为“ = IF(G3 > = 90," 优秀",IF(G3 > 80," 良好"," 合格"))”,解决问题的思路示意图如图 3-86 所示。

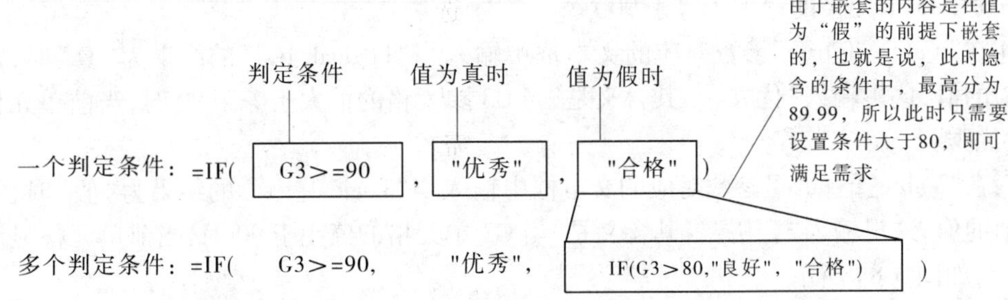

图 3-86　嵌套示意图

将上述修改后的公式填写在 K3 单元格内,通过鼠标拖拽的方式,在 K 列向下复制公式,使得其他行能够快速应用公式,此时计算结果如图 3-87 所示。

K7 =IF(G7>=90,"优秀",IF(G7>80,"良好","合格"))

	A	B	F	G	H	I	J	K
1	员工考核表（函数示例）							
2	员工编号	员工姓名	工作能力	综合评定	综合排名（公式含绝对引用）	综合排名（公式不含绝对引用）出现混乱	综合评价（一个判定条件）>=90为优秀，其他为合格	综合评价（多个判定条件）>=90为优秀，80-90之间为良好，其他为合格
3	1001	江雨薇	93.75	88.75	7	7	合格	良好
4	1002	郝思嘉	84.25	87.90	8	8	合格	良好
5	1003	林晓彤	92	93.08	2	2	优秀	优秀
6	1004	曾磊	92.5	93.60	1	1	优秀	优秀
7	1005	邱月清	89.75	91.10	5	3	优秀	优秀
8	1006	沈沉	74.75	71.75	10	6	合格	合格
9	1007	蔡小蓓	88.25	91.95	4	2	优秀	优秀
10	1008	尹南	80	78.15	9	4	合格	合格
11	1009	陈小旭	94	92.68	3	1	优秀	优秀
12	1010	薛婧	92.25	90.68	6	1	优秀	优秀

公式 | 相对引用 | 绝对引用 | 函数 | Sheet1

图 3-87　IF 函数运算结果(多个判定条件)

3.3.8 COUNT 函数与 COUNTIF 函数

1. COUNT 函数

COUNT 函数用于计算包含数字的单元格个数以及参数列表中数字的个数,常用于统计数量等应用场景。COUNT 函数的语法结构和参数含义如下。

COUNT(value1,[value2],…)

value1:必需。要计算其中数字的个数的第一项、单元格引用或区域。

value2:可选。要计算其中数字的个数的其他项、单元格引用或区域。

例如,公式“=COUNT(A1:A20)”的含义是,计算 A1~A20 区域内包含数字型数据的个数,若该区域内没有数据,则统计结果不被计算在内。若要计算逻辑值、文本值等其他非数字类型的数据,需使用 COUNTA 函数,这里不再扩展介绍。

继续使用上面的案例完成后续表格制作。这里拟使用 COUNT 函数统计当前员工的数量,具体操作如下。

①将鼠标定位在拟存放结果的单元格内,这里定位在 G14 单元格内。

②在“公式”选项卡的“函数库”组中,单击“插入函数”按钮。在弹出的对话框的“类别”下拉菜单中选择“常用函数”,在下方列表框中选择“COUNT”选项,单击“确定”按钮。此时,弹出“函数参数”对话框。

③在“Value1”参数对应的文本框中输入拟参与计算数量的单元格区域,这里输入“A3:A12”。“Value2”参数由于本例中没有此类需求,故该参数暂不设置,如图 3-88 所示。

④单击“确定”按钮,完成公式的输入,统计结果即可呈现在单元格中,如图 3-89 所示。

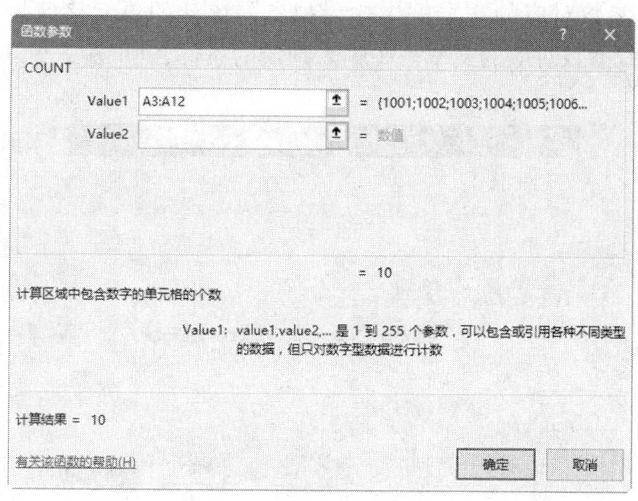

图 3-88 “函数参数”对话框——COUNT 函数

2. COUNTIF 函数

COUNTIF 函数是一个统计函数,与 COUNT 函数不同的是,COUNT 函数只能统计区域内数据的个数,而 COUNTIF 函数则可以统计在满足某种条件下区域内数据的个数。该

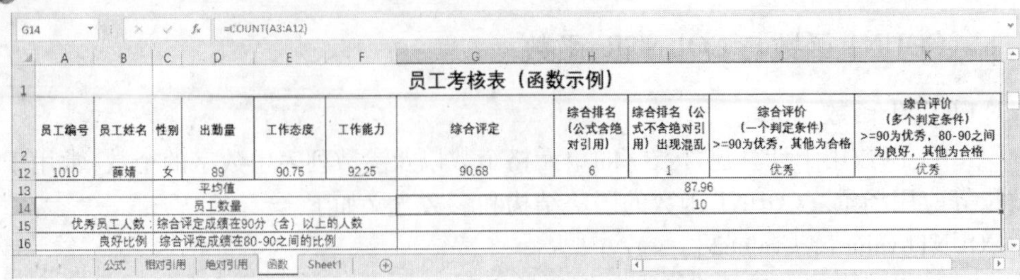

图 3-89　COUNT 函数运算结果

函数常用于统计诸如某个成绩区间内学生的数量，或者某个特定城市在客户列表中出现的次数等场景。

COUNTIF 函数的语法结构和参数含义如下。

COUNTIF(range, criteria)

range：必需。要进行计数的单元格区域，区域可以包括数字、数组、命名区域或包含数字的引用。空白和文本值将被忽略。

criteria：必需。用于决定要统计哪些单元格数量的数字、表达式、单元格引用或文本字符串。

继续使用上面的案例完成后续表格制作。这里拟使用 COUNTIF 函数统计综合评定成绩在 90(含)以上的人数，具体操作如下。

①将鼠标定位在拟存放结果的单元格内，这里定位在 G15 单元格内。

②在“公式”选项卡的“函数库”组中，单击“插入函数”按钮。在弹出的对话框的“类别”下拉菜单中选择“统计”，在下方列表框中选择“COUNTIF”选项，单击“确定”按钮。此时，弹出“函数参数”对话框。

③在“Range”参数对应的文本框中输入拟参与统计的单元格区域，这里输入“G3：G12”。在“Criteria”参数对应的文本框中输入判定的条件，这里输入“ > =90”，如图 3-90 所示。

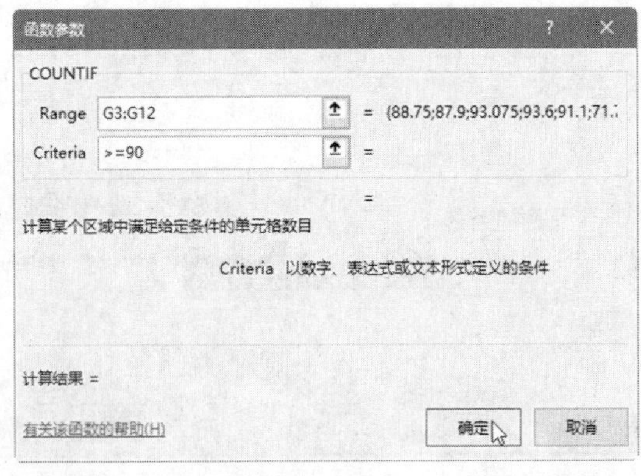

图 3-90　“函数参数”对话框——COUNTIF 函数

④单击“确定”按钮，完成公式的输入，统计结果即可呈现在单元格中，如图 3-91 所示。

G15 =COUNTIF(G3:G12,">=90")

员工编号	员工姓名	性别	出勤量	工作态度	工作能力	综合评定	综合排名（公式含绝对引用）	综合排名（公式不含绝对引用）出现混乱	综合评价（一个判定条件）>=90为优秀，其他为合格	综合评价（多个判定条件）>=90为优秀，80-90之间为良好，其他为合格
1001	江雨薇	女	91.75	82.75	93.75	88.75	7	7	合格	良好
1002	郝思嘉	女	87.75	90.75	84.25	87.90	8	8	合格	良好
1003	林晓彤	男	94.25	93	92	93.08	2	2	优秀	优秀
1004	曾蔼	女	93.5	94.5	92.5	93.60	1	1	优秀	优秀
1005	邱月清	女	88.25	94.25	89.75	91.10	5	3	优秀	优秀
1006	沈沉	男	70.75	70.25	74.75	71.75	10	6	合格	合格
1007	蔡小蓓	女	94.25	93	88.25	91.95	4	2	优秀	优秀
1008	尹南	男	71.5	81.75	80	78.15	9	4	合格	合格
1009	陈小旭	男	93.25	91.25	94	92.68	3	1	优秀	优秀
1010	薛婧	女	89	90.75	92.25	90.68	6	1	优秀	优秀
平均值						87.96				
员工数量						10				
优秀员工人数	综合评定成绩在90分（含）以上的人数					6				
良好比例	综合评定成绩在80-90之间的比例									

图 3-91　COUNTIF 函数运算结果

3. COUNT 函数与 COUNTIF 函数的综合运用

继续使用上面的案例完成后续表格制作。假如需要计算出综合评定成绩在 80 ~ 90 之间的比例,这时就需要考虑 COUNT 函数与 COUNTIF 函数的综合运用。

解决思路为:先使用 COUNTIF 函数计算出综合评定成绩大于 80 的人数,再使用 COUNTIF 函数计算出大于 90 的人数,让其两者做减法运算,差额即为 80 ~ 90 之间的人数。最后,使用计算出的人数除以总人数,即可得出人数占比。具体操作如下。

①将鼠标定位在拟存放结果的单元格内,这里定位在 G16 单元格内。

②输入"="号开始编辑公式,根据上面的思路分析,这里将公式书写为"=(COUNTIF(G3:G12,">80")-COUNTIF(G3:G12,">90"))/COUNT(G3:G12)"。需要注意的是,根据运算符的优先级,在执行减法运算时,需要为减法运算增加括号。

③完成公式的编辑后,单击【Enter】键执行运算,其结果如图 3-92 所示。

G16 =(COUNTIF(G3:G12,">80")-COUNTIF(G3:G12,">90"))/COUNT(G3:G12)

员工编号	员工姓名	性别	出勤量	工作态度	工作能力	综合评定	综合排名（公式含绝对引用）	综合排名（公式不含绝对引用）出现混乱	综合评价（一个判定条件）>=90为优秀，其他为合格	综合评价（多个判定条件）>=90为优秀，80-90之间为良好，其他为合格
员工数量						10				
优秀员工人数	综合评定成绩在90分（含）以上的人数					6				
良好比例	综合评定成绩在80-90之间的比例					20.00%				

图 3-92　COUNT 函数与 COUNTIF 函数的综合运用

3.3.9 时间和日期函数

在 Excel 中我们经常会与时间和日期方面的数据打交道,这里介绍一些常见的日期和时间类函数,以及常用提取时间的操作,可以帮助用户快速完成一些工作,如图 3-93 所示。

1. YEAR 函数

YEAR 函数用于提取目标数据中对应的年份,返回值为 1900 到 9999 之间的整数。

语法:YEAR(serial_number)

serial_number:必需。为一个日期值,其中包含要查找年份的日期。

时间和日期函数示例

需求	日期数据源	呈现结果	所用公式	备注
提取数据中的年份	2020-8-17	2020	=YEAR(B3)	若使用=YEAR(NOW())公式则可以获取当前时间的年份
提取数据中的月份	2021-5-17	5	=MONTH(B4)	若使用=MONTH(NOW())公式则可以获取当前时间的月份
提取数据中的日期	2020-11-21	21	=DAY(B5)	若使用=DAY(NOW())公式则可以获取当前时间的日期
显示当前年月日		2019-8-17	=TODAY()	若将单元格格式改为"数值"属性，则结果为对应的序列号
显示当前年月日时间		2019-8-17 10:34	=NOW()	若将单元格格式改为"数值"属性，则结果为对应的序列号

G15 | 公式 相对引用 绝对引用 函数 日期时间函数

图 3-93　时间和日期函数运算结果

例如，公式"=YEAR("2020-08-17")"将返回的值为"2020"。

2. MONTH 函数

MONTH 函数用于提取目标数据中对应的月份，返回值为 1（一月）到 12（十二月）之间的整数。

语法：MONTH(serial_number)

serial_number：必需。为一个日期值，其中包含要查找的月份。

例如，公式"=YEAR("2021-05-17")"将返回的值为"5"。

3. DAY 函数

DAY 函数用于提取目标数据中对应的天数，用整数 1 到 31 表示。

语法：DAY(serial_number)

serial_number：必需。为一个日期值，其中包含要查找的日期。

4. TODAY 函数

TODAY 函数用于返回当前日期的序列号。序列号是 Excel 日期和时间计算使用的日期-时间代码。若想要返回的值显示为日期格式，只需要将单元格格式设置为"日期"类型。

语法：TODAY ( )

该函数语法没有参数，可以用于计算时间间隔。例如，公式"=YEAR(TODAY())-2000"的运算结果为，2000 年出生的人距现在为止的年龄。

5. NOW 函数

NOW 函数用于返回当前日期和时间的序列号。系统约定 1900 年 1 月 1 日的序列号是 1，而使用 NOW 函数获取当前日期后的值为距离 1900 年 1 月 1 日有多少天。若想要返回的值显示为日期格式，只需要在单元格格式设置的"自定义"列表中选择"yyyy-m-d h:mm"选项。

语法：NOW ( )

该函数语法没有参数，其运算结果不会自动更新。

6. 实际运用——计算年龄

在实际工作中，经常遇到已知"身份证号"或"日期"等信息，需要计算出年龄或工龄等场景，此时需要将前面介绍的函数进行组合使用。这里介绍两种计算年龄的方法。

(1)方法一

①将鼠标定位在拟存放运算结果的单元格内部，这里定位在 L3 单元格，并将 L3 所在

整列单元格格式设置为“常规”。

②这里使用身份证号来计算年龄，在公式栏输入公式“ = YEAR (TODAY ( ))-MID(J3,7,4)”，按下【Enter】键即可计算出结果，如图 3-94 所示。本公式中，“J3”代表对应单元格，“7”代表第 7 位数字，“4”代表第 7 位数字开始后面的 4 位数。

由于本例中获取的是身份证号数据，默认状态下身份证号中从第 7 位数字开始的 4 位数字代表出生日期中的年份，所以使用公式能够快速计算出对应的年龄。

L3 =YEAR(TODAY())-MID(J3,7,4)

计算年龄

序号	姓名	性别	身份证号	出生日期	计算年龄方法一
1	沈沉	男	510102199112058489	1991-12-5	28
2	蔡小蓓	男	610211199508045000	1995-8-4	24
3	尹南	男	610204199412165027	1994-12-16	25
4	陈小旭	女	610202199810191000	1998-10-19	21
5	薛婧	女	610202200003281000	2000-3-28	19

公式 相对引用 绝对引用 函数 日期时间函数

图 3-94　计算年龄(方法一)

(2)方法二

①将鼠标定位在 M3 单元格内部。

②这里使用出生日期来计算年龄，在公式栏输入公式“ = (TODAY ( ) -K3) /365”，其含义为：获取当前日期的序列号后，与目标出生日期的序列号做减法，得到的差值再除以 365 天，得到年龄的具体值。

③将 M 列单元格格式属性设置为“数值”，且不保留小数，如图 3-95 所示。此时，运算结果如图 3-96 所示。

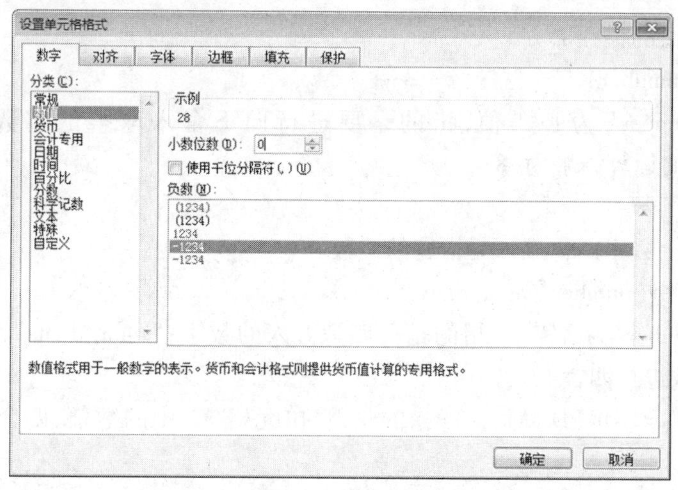

图 3-95　设置不保留小数

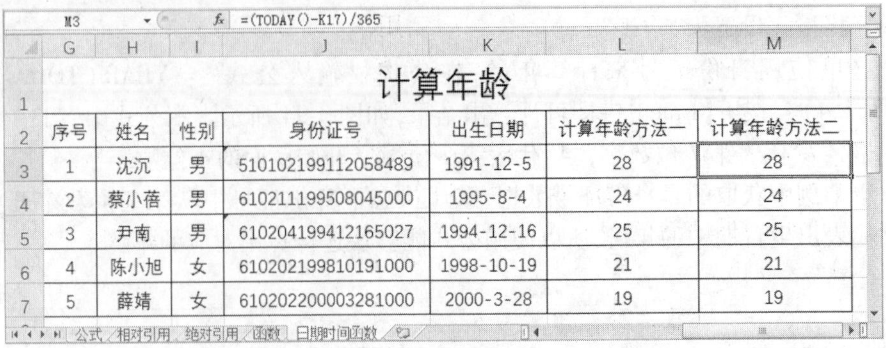

M3 　=(TODAY()-K17)/365

	G	H	I	J	K	L	M
1	计算年龄						
2	序号	姓名	性别	身份证号	出生日期	计算年龄方法一	计算年龄方法二
3	1	沈沉	男	510102199112058489	1991-12-5	28	28
4	2	蔡小蓓	男	610211199508045000	1995-8-4	24	24
5	3	尹南	男	610204199412165027	1994-12-16	25	25
6	4	陈小旭	女	610202199810191000	1998-10-19	21	21
7	5	薛婧	女	610202200003281000	2000-3-28	19	19

公式 / 相对引用 / 绝对引用 / 函数 / 日期时间函数

图 3-96　计算年龄(方法二)

3.3.10　其他常用函数

1. MAX 函数

含义:返回一组值中的最大值。

语法:MAX(number1, [number2], …)

参数中"number1"是必需值,后续数值是可选值。参数可以是数字或者是包含数字的名称、数组或引用。如果参数不包含数字,MAX 函数返回 0(零)。如果参数为错误值或为不能转换为数字的文本,将会导致错误。如果要使计算包括引用中的逻辑值和代表数字的文本,需要使用 MAXA 函数。

2. MIN 函数

含义:返回一组值中的最小值。

语法:MIN(number1, [number2], …)

参数中"number1"是必需值,后续数值是可选值,用法与 MAX 函数雷同,这里不再赘述。

3. INT 函数

含义:取数值的整数部分。

语法:INT(number)

参数中"number"为必需值,指的是要进行向下舍入取整的实数。例如,公式" = INT(8.9)"的运算结果为"8"。

4. ROUND 函数

含义:将某个数字四舍五入为指定的位数。

语法:ROUND(number, num_digits)

参数中"number"为必需值,指的是要四舍五入的数字;"num_digits"为必需值,指的是按照何种位数进行四舍五入。

例如,公式" = ROUND(A1, 2)"指的是,将单元格 A1 中的数值,四舍五入为小数点后两位。

5. SUMIF 函数

含义:将指定区域内符合条件的值求和。

语法:SUMIF(range, criteria, [sum_range])

参数中“range”为必需值，指的是条件区域，用于条件判断的单元格区域；“criteria”为必需值，指的是求和的条件；“sum_range”为可选值，指的是实际求和区域。当省略第三个参数时，则条件区域就是实际求和区域。

例如，公式“=SUMIF(A2:A15,">10")”指的是，对单元格区域 A2:A15 中，大于 10 的所有数据求和；公式“=SUMIF(A1:A4,"河南区",B1:B4)”指的是，首先在单元格区域 A1:A4 中，筛选出数值等于“河南区”的所有数据，然后计算这些数据对应在单元格区域 B1:B4 中所有值的和。

3.3.11 跟着做——学生成绩汇总表

以制作学生成绩汇总表为主题，使用公式和函数计算结果，最终效果如图 3-97 所示。

	A	B	C	D	E	F	G	H	I	J
1	学生成绩汇总表									
2	学号	姓名	性别	大学英语	高等数学	计算机	个人总分	平均分	成绩评定	班级排名
3	202006001	严晓红	女	89	88	96	273	91.0	优秀	1
4	202006002	郭明力	男	87	86	76	249	83.0	良好	4
5	202006003	周广冉	男	67	77	89	233	77.7	合格	8
6	202006004	乔蕾	女	76	89	82	247	82.3	良好	5
7	202006005	魏家平	女	82	63	63	208	69.3	合格	10
8	202006006	孙茂艳	女	86	79	86	251	83.7	良好	3
9	202006007	徐伟	男	77	76	79	232	77.3	合格	9
10	202006008	任惠青	女	89	77	87	253	84.3	良好	2
11	202006009	张厚营	男	83	73	86	242	80.7	良好	6
12	202006010	刘丽娟	女	84	80	74	238	79.3	合格	7
13	单科成绩最高分			89	89	96				
14	班级良好率（平均分在80-90之间的为良好）			50.00%						

图 3-97 使用多种函数计算学生成绩汇总表

①新建空白 Excel 文档。

②按照图 3-97 所示的内容，完成各科成绩的基本录入，并对表格进行格式化。

③使用 SUM 函数完成“个人总分”的计算。

④使用 AVERAGE 函数完成“平均分”的计算，并对单元格格式进行设置，使其保留 1 位小数。

⑤使用 IF 函数完成“成绩评定”的计算（大于等于 90 为优秀，80～90 之间为良好，其余为合格）。

⑥使用 RANK.AVG 函数完成“班级排名”的计算，并对单元格格式进行设置，将其属性设置为“常规”。

⑦使用 MAX 函数完成“单科成绩最高分”的计算。

⑧使用 COUNTIF 函数和 COUNT 函数，完成“班级良好率”的计算。

3.3.12 课堂思考与技能训练

1. 什么是运算符？在 Excel 中的运算符包含哪 4 类？

2. 什么是绝对引用？

3. 函数由哪两部分组成?

4. 什么是 IF 函数?

5. 创建如图 3-98 所示的考生成绩表,按照笔试成绩占 70%、面试成绩占 30% 计算总成绩,并将总成绩所在列设置为保留 1 位小数;使用 RANK. AVG 函数完成“名次”的计算。

	A	B	C	D	E	F
1	考生成绩表					
2	考号	姓名	笔试成绩	面试成绩	总成绩	名次
3	202005001	孙茂艳	81	89	83.4	6
4	202005002	徐伟	87	94	89.1	1
5	202005003	任惠青	67	88	73.3	10
6	202005004	张厚营	76	78	76.6	9
7	202005005	刘丽娟	82	86	83.2	7
8	202005006	纪风敏	86	85	85.7	3
9	202005007	张以恒	77	83	78.8	8
10	202005008	李海峰	89	84	87.5	2
11	202005009	郭明力	83	90	85.1	4
12	202005010	周广冉	84	85	84.3	5

图 3-98　考生成绩表

3.4　工作表中数据的处理

Excel 系统具有十分强大的数据处理功能。特别是对于已有的数据表格,可以根据用户需求进行数据查找、数据排序和分类汇总等。

【本节知识与能力要求】

(1) 掌握数据排序的方法;

(2) 掌握数据分类汇总的方法;

(3) 掌握数据筛选的操作方法。

3.4.1　数据排序

对数据表格中的数据进行排序,是 Excel 系统数据分析中最为常见的操作方法,它能够快速直观地依照人们设定的排序规则显示数据,有助于我们更好地理解数据、查找数据,提高数据应用分析效率。

在 Excel 中,对一列或多列数据,既可以按文本、数字以及日期和时间进行排序,还可以按自定义序列或格式(包括单元格颜色、字体颜色或图标集)进行排序。总的来讲,数据排序可以分为快速排序和多条件排序。下面以一个具体的示例介绍排序的操作方法。

1. 快速排序

快速排序,指的是针对工作表中某一列数据进行升序或降序的排列。在排序过程中,针对不同类型的数据有对应的默认规则。例如,字母以字典顺序为依据,默认不区分大小写;汉字默认以拼音为顺序;空格始终排列在最后。

①打开配套素材“工作表中数据的处理. xlsx”工作簿中的“快速排序”工作表。

②默认状态下该工作表按照"学号"排序。现需要针对"高等数学"课程进行快速排序。将光标定位在"高等数学"数据所在列的任意单元格位置。

③在"数据"选项卡的"排序和筛选"组中,单击"降序"按钮 Z↓A,即可按照要求完成排序,而其他行数据跟随排序的调整进行变化,如图 3-99 所示。

此外,在"开始"选项卡的"编辑"组中,单击"排序和筛选"按钮,在二级菜单中选择"降序"选项,同样可以完成快速排序。

	A	B	C	D	E	F	G	H	I
1	学生成绩汇总表								
2	学号	姓名	性别	大学英语	高等数学	计算机	个人总分	平均分	成绩评定
3	202006004	乔蕾	女	76	89	82	247	82.3	良好
4	202006001	严晓红	女	89	88	96	273	91.0	优秀
5	202006002	郭明力	男	87	86	76	249	83.0	良好
6	202006006	孙茂艳	女	86	81	86	253	84.3	良好
7	202006010	刘丽娟	女	84	80	74	238	79.3	合格
8	202006003	周广冉	男	67	77	89	233	77.7	合格
9	202006008	任惠青	女	89	77	87	253	84.3	良好
10	202006007	徐伟	男	77	76	79	232	77.3	合格
11	202006009	张厚营	男	83	73	86	242	80.7	良好
12	202006005	魏家平	女	82	63	63	208	69.3	合格

图 3-99 快速排序(降序)

2. 高级排序

在实际工作中,如果需要在满足多个条件下进行排序,使用快速排序的方式就不能满足需求,这时就需要使用高级排序。

高级排序,指的是在满足多个条件下,对工作表数据进行排序。例如,在对"个人总分"进行降序排列的情况下,若遇到总分相同的情况,则再按照"高等数学"分值高低进行先后排序。这里排序所依据的字段称为"关键字","个人总分"是主要关键字,"高等数学"是次要关键字,只有当主要关键字相同时才考虑次要关键字,以此类推。

①使用鼠标选择参与排序的全部数据(含标题行,不含表头)。

②在"数据"选项卡的"排序和筛选"组中,单击"排序"按钮,弹出"排序"对话框。在此对话框中的"主要关键字"下拉菜单中选择"个人总分"选项,在"次序"下拉列表中选择"降序"选项。

③单击"添加条件"按钮,在"次要关键字"下拉菜单中选择"高等数学"选项,在"次序"下拉列表中选择"降序"选项,如图 3-100 所示。

此外,单击"选项"按钮,弹出"排序选项"对话框,如图 3-101 所示。用户可以根据具体需求对排序进行设置。

④在"排序"对话框中,单击"确定"按钮,当前工作表中的数据即可按照两个条件进行排序,如图 3-102 所示。

3.4.2 数据筛选

数据筛选是数据处理过程中,根据人们的设定只显示符合条件的数据,它同样是提高数据应用分析效率的重要操作方法。

图 3-100 “排序”对话框

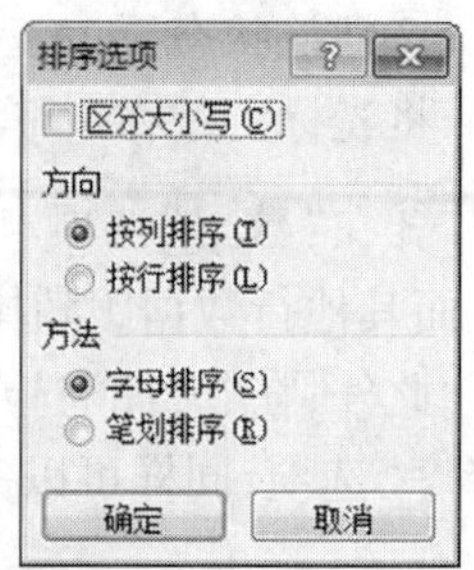

图 3-101 “排序选项”对话框

学生成绩汇总表

学号	姓名	性别	大学英语	高等数学	计算机	个人总分	平均分	成绩评定
202006001	严晓红	女	89	88	96	273	91.0	优秀
202006006	孙茂艳	女	86	81	86	253	84.3	良好
202006008	任惠青	女	89	77	87	253	84.3	良好
202006002	郭明力	男	87	86	76	249	83.0	良好
202006004	乔蕾	女	76	89	82	247	82.3	良好
202006009	张厚营	男	83	73	86	242	80.7	良好
202006010	刘丽娟	女	84	80	74	238	79.3	合格
202006003	周广冉	男	67	77	89	233	77.7	合格
202006007	徐伟	男	77	76	79	232	77.3	合格
202006005	魏家平	女	82	63	63	208	69.3	合格

在“个人总分”相同的前提下，依据次要关键字“高等数学”进行排序

图 3-102 高级排序

Excel 中提供了三种数据筛选操作，即“自动筛选”、“自定义筛选”和“高级筛选”，下面继续用一个具体的示例介绍有关筛选的基本操作。

1. 自动筛选

自动筛选一般用于简单的条件筛选，筛选时将不满足条件的数据暂时隐藏起来，只显示符合条件的数据。

①将鼠标定位在工作表包含数据的任意单元格内部。

②在“数据”选项卡的“排序和筛选”组中，单击“筛选”按钮，或者在“开始”选项卡的“编辑”组中，单击“排序和筛选”菜单按钮，选择其中的“筛选”选项。此时，工作表各字段名变为下拉菜单的形式，如图 3-103 所示。

学生成绩汇总表

学号	姓名	性别	大学英语	高等数学	计算机	个人总分	平均分	成绩评定
202006001	严晓红	女	89	88	96	273	91.0	优秀
202006002	郭明力	男	87	86	76	249	83.0	良好

图 3-103 自动筛选的下拉菜单

③根据实际需要，单击某个字段的下拉菜单，在菜单中勾选筛选条件即可。凡是符合筛选条件的数据才被展示，不符合条件的数据均被隐藏。这里拟筛选“高等数学”成绩均为“77”的同学，则在“高等数学”下拉菜单中勾选“77”复选框，如图 3-104 所示。单击“确定”按钮后，即可筛选出来，如图 3-105 所示。

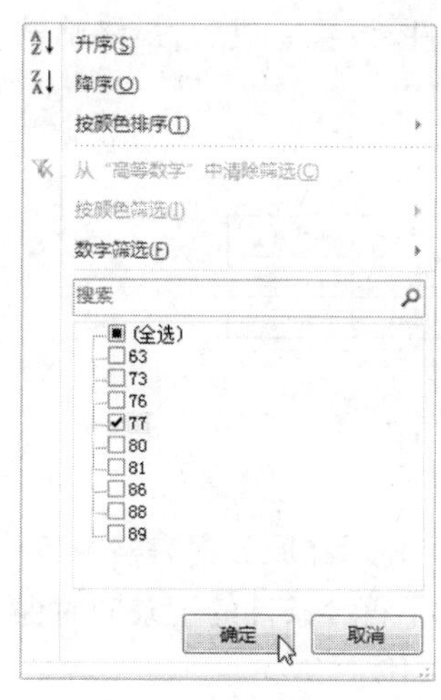

	A	B	C	D	E	F	G	H	I
1	学生成绩汇总表								
2	学号	姓名	性	大学英	高等数	计算机	个人总	平均分	成绩评定
5	202006003	周广冉	男	67	77	89	233	77.7	合格
10	202006008	任惠青	女	89	77	87	253	84.3	良好
13									
14									

图 3-104　筛选条件　　　　图 3-105　自动筛选结果

④若要恢复隐藏的数据，在图 3-104 菜单中选择"从…中清除筛选"选项即可。

2. 自定义筛选

自定义筛选能够进行多条件下的筛选，主要用于更加精细的筛选场景。本例中，拟筛选"大学英语"成绩在 85 分以上，同时"高等数学"成绩也在 85 分以上的同学，就要使用自定义筛选功能，具体操作如下。

①将鼠标定位在工作表包含数据的任意单元格内部。在"数据"选项卡的"排序和筛选"组中，单击"筛选"按钮。

②在"大学英语"字段的下拉菜单中执行如图 3-106 所示的操作。随后，弹出"自定义自动筛选方式"对话框，在该对话框中进行参数设置，如图 3-107 所示。单击"确定"按钮后，即可筛选出"大学英语"成绩在 85 分以上的同学。

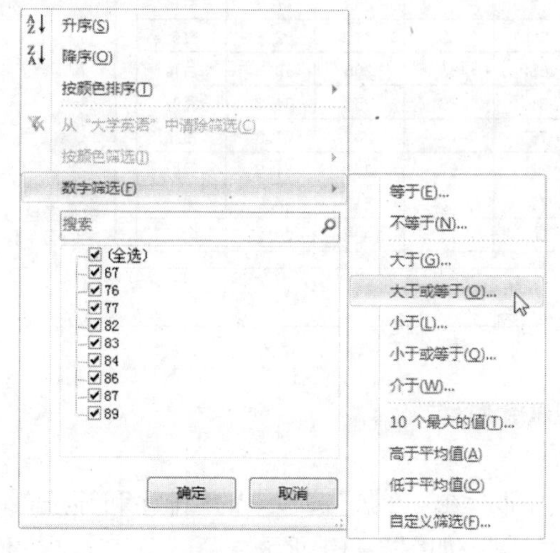

图 3-106　数字筛选

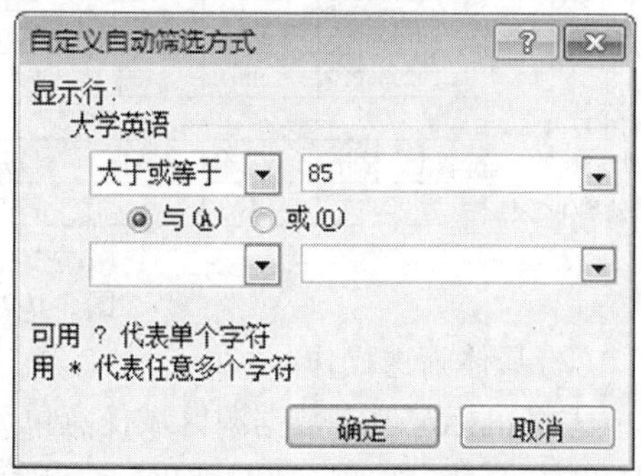

图 3-107　"自定义自动筛选方式"对话框

③按照步骤②的方法，继续为“高等数学”字段设置筛选条件，设置完成后，最终筛选结果如图 3-108 所示。

	A	B	C	D	E	F	G	H	I
1	学生成绩汇总表								
2	学号	姓名	性别	大学英语	高等数学	计算机	个人总分	平均分	成绩评定
3	202006001	严晓红	女	89	88	96	273	91.0	优秀
4	202006002	郭明力	男	87	86	76	249	83.0	良好
13									

图 3-108　自定义筛选结果

3. 高级筛选

高级筛选一般用于条件较复杂的筛选操作，其筛选的结果可显示在原数据表格中，不符合条件记录则被隐藏起来；也可以在新的位置显示筛选结果，不符合条件的记录同时保留在数据表中而不会被隐藏起来，这样就更加便于进行数据的对比。

要使用高级筛选功能，需要根据需求创建一个组合条件区域，该条件区域包含条件字段名和具体的筛选条件。这里以筛选个人总分在 230～240 分之间、计算机成绩在 80 分以上的男生为需求，介绍高级筛选的操作方法。

(1)创建条件区域

①通过对上面筛选条件的分析，需要为高级筛选创建组合条件区域。这里从数据源的标题栏复制对应的字段，粘贴在当前工作表的下方。

②根据需求输入筛选条件，如图 3-109 所示。

	A	B	C	D	E	F	G	H	I
1	学生成绩汇总表								
2	学号	姓名	性别	大学英语	高等数学	计算机	个人总分	平均分	成绩评定
3	202006001	严晓红	女	89	88	96	273	91.0	优秀
4	202006002	郭明力	男	87	86	76	249	83.0	良好
5	202006003	周广冉	男	67	77	89	233	77.7	合格
6	202006004	乔蕾	女	76	89	82	247	82.3	良好
7	202006005	魏家平	女	82	63	63	208	69.3	合格
8	202006006	孙茂艳	女	86	81	86	253	84.3	良好
9	202006007	徐伟	男	77	76	79	232	77.3	合格
10	202006008	任惠青	女	89	77	87	253	84.3	良好
11	202006009	张厚营	男	83	73	86	242	80.7	良好
12	202006010	刘丽娟	女	84	80	74	238	79.3	合格
13									
14	个人总分	个人总分	计算机	性别					
15	>230	<240	>80	男					

条件区域的标题行内容必须与数据源的标题行字段名完全一致

建议：条件区域的标题行字段内容从数据源标题行字段内容处复制

筛选条件

数据源区域

条件区域与数据源区域之间至少保留 1 行的空隙

条件区域

图 3-109　创建条件区域

(2)具体筛选操作

①将鼠标定位在数据源区域任意单元格内部。在“数据”选项卡的“排序和筛选”组中，单击“高级”按钮。此时弹出“高级筛选”对话框，如图 3-110 所示。

- 列表区域：指的是数据源区域。
- 条件区域：指的是之前由用户自行设置的条件区域。

• 复制到:若选择“在原有区域显示筛选结果”,则该选项不可选;若选择“将筛选结果复制到其他位置”,则该选项用于设置筛选出来后的数据展示的位置。

②设置完成后,单击“确定”按钮,符合条件区域的筛选结果即可被展示出来,如图 3-111 所示。

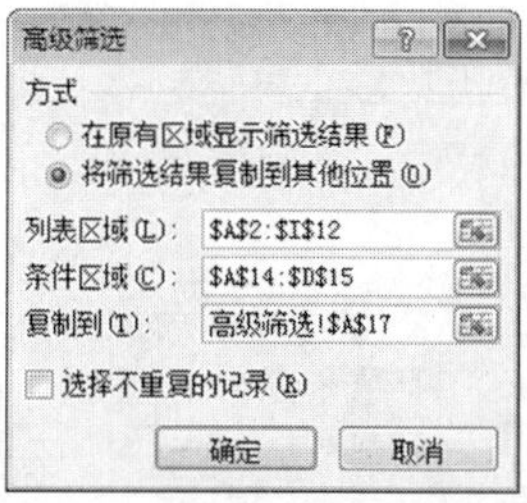

高级筛选

方式

○ 在原有区域显示筛选结果(F)

◉ 将筛选结果复制到其他位置(O)

列表区域(L): $A$2:$I$12

条件区域(C): $A$14:$D$15

复制到(T): 高级筛选!$A$17

☐ 选择不重复的记录(R)

确定 取消

图 3-110 “高级筛选”对话框

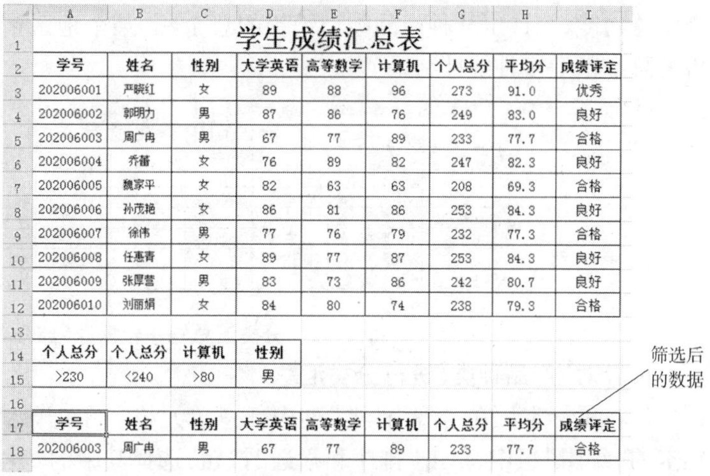

学生成绩汇总表

学号	姓名	性别	大学英语	高等数学	计算机	个人总分	平均分	成绩评定
202006001	严晓红	女	89	88	96	273	91.0	优秀
202006002	郭明力	男	87	86	76	249	83.0	良好
202006003	周广冉	男	67	77	89	233	77.7	合格
202006004	乔蕾	女	76	89	82	247	82.3	良好
202006005	魏家平	女	82	63	63	208	69.3	合格
202006006	孙茂艳	女	86	81	86	253	84.3	良好
202006007	徐伟	男	77	76	79	232	77.3	合格
202006008	任惠青	女	89	77	87	253	84.3	良好
202006009	张厚营	男	83	73	86	242	80.7	良好
202006010	刘丽娟	女	84	80	74	238	79.3	合格

个人总分	个人总分	计算机	性别
>230	<240	>80	男

筛选后的数据

学号	姓名	性别	大学英语	高等数学	计算机	个人总分	平均分	成绩评定
202006003	周广冉	男	67	77	89	233	77.7	合格

图 3-111 高级筛选结果

(3)筛选条件中的逻辑关系

细心者可以发现,高级筛选的多个条件之间存在一定的逻辑关系,通过分析逻辑关系,能够轻松地书写出筛选条件。

• “与”关系:只有当所有条件都满足时,结果才出现,否则结果就不会出现。

• “或”关系:只要有一个条件满足时,结果就会出现;只有当所有条件都不满足时,结果才不会出现。

在 Excel 中,条件放在同一行表示“与”关系,条件不在同一行表示“或”关系,示意图如图 3-112 所示。

“与”关系

含义为:个人总分大于230~240分之间,且计算机成绩大于80分的男生,筛选结果必须同时满足以上条件

个人总分	个人总分	计算机	性别
>230	<240	>80	男

“或”关系

含义为:个人总分大于230分,且计算机成绩大于80分的男生,或者个人总分小于240分的所有人,筛选结果只要满足上面两个条件的任何一个即可

个人总分	个人总分	计算机	性别
>230	>80	>80	男
	<240		

图 3-112 “与”关系和“或”关系对比示意图

从上述示例可以看出,自动筛选和自定义筛选相对于高级筛选,操作起来比较简单。使用“自动筛选”同时对多个字段进行筛选操作时,各字段间限制的条件只能是“与”关系,若要筛选的多个条件是“或”关系,则只能用“高级筛选”来实现。

3.4.3 分类汇总

分类汇总指的是在工作表中的数据进行了基本的数据操作管理之后,利用 Excel 本

身所提供的函数,对数据进行统计汇总,以达到条理化和明确化。

要完成分类汇总需要分为两步,第一步是利用排序功能对某一字段进行排序,第二步是利用函数的计算进行汇总操作。下面通过一个示例介绍分类汇总的操作方法。

假设现有一张某公司销售业绩表,如图 3-113 所示。针对此表格的数据,可以使用分类汇总功能,统计出某种产品类型销售的总金额、某个地区销售的总金额、某个业务员销售的总金额等多种统计结果。

	A	B	C	D	E	F	G	H
1	**公司销售业绩表							
2	产品代号	产品种类	销售地区	业务员编号	单价	销售数量	总金额	销售总金额排名
3	G0350	VR硬件设备	广东省	W0802	200	550	¥110,000.00	12
4	C0350	VR硬件设备	福建省	W0802	200	300	¥60,000.00	17
5	G0350	VR硬件设备	辽宁省	W0801	300	55	¥16,500.00	22
6	G0350	VR硬件设备	四川省	W0803	400	100	¥40,000.00	20
7	F0901	素材资源	广东省	W0802	400	300	¥120,000.00	9

图 3-113 分类汇总——数据源(部分)

1. 针对"产品种类"进行分类汇总

①将鼠标定位在"产品种类"列中任意单元格。在"开始"选项卡的"编辑"组中,单击"排序和筛选"按钮,选择其中的"升序"或"降序"选项。随后,数据完成重新排序。

②将鼠标定位在工作表任意单元格,在"数据"选项卡的"分级显示"组中,单击"分类汇总"按钮,弹出如图 3-114 所示的对话框。

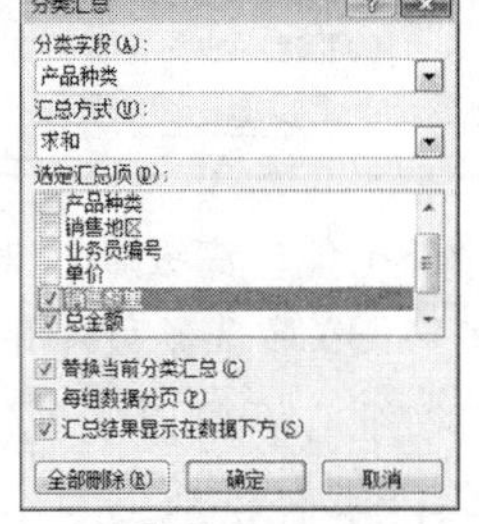

图 3-114 "分类汇总"对话框

- 分类字段:用于指定当前数据表中哪个字段参与分类汇总。
- 汇总方式:系统提供了多种汇总方式,包括求和、平均值、计数、乘积、最大值等,根据实际需要选择某一方式即可。
- 选定汇总项:用于指定当前数据表中哪个字段参与数据计算。

③设置完成后,单击"确定"按钮,工作表中的数据就被分类汇总,如图 3-115 所示。从图中可以发现,此时的数据分类展示,层级效果明显,更加容易分析数据。

2. 追加汇总方式

上述示例中,仅仅是对产品种类的总金额和销售数量进行求和的汇总,如果还想追加有关产品种类总金额平均值的汇总,就要使用追加的方式。

在图 3-114 所示的对话框中,分类字段设置为"产品种类",汇总方式设置为"平均值",选定汇总项设置为"总金额",取消"替换当前分类汇总"复选框。最后,单击"确定"按钮即可,如图 3-116 所示。

3.4.4 数据透视表与透视图

数据透视表是一种交互式的动态报表,它可以动态地改变版面布置,以便按照不同方式分析数据,也可以重新编排行号、列标和页字段。每一次改变版面布置时,数据透视表会立即按照新的布置重新计算数据。另外,如果原始数据发生更改,则可以更新数据透视表。数据透视图则是数据透视表的图表展示。

等级按钮：单击某个级别对应的按钮，所有数据会按照层级显示

1 2 3

	A	B	C	D	E	F	G	H
1	**公司销售业绩表							
2	产品代号	产品种类	销售地区	业务员编号	单价	销售数量	总金额	销售总金额排名
3	G0350	VR硬件设备	广东省	W0802	200	550	¥110,000.00	14
4	G0350	VR硬件设备	福建省	W0802	200	300	¥60,000.00	19
5	G0350	VR硬件设备	辽宁省	W0801	300	55	¥16,500.00	24
6	G0350	VR硬件设备	四川省	W0803	400	100	¥40,000.00	22
7	G0350	VR硬件设备	河南省	W0801	500	100	¥50,000.00	20
8	G0350	VR硬件设备	河北省	W0803	500	230	¥115,000.00	13
9	G0350	VR硬件设备	浙江省	W0802	600	70	¥42,000.00	21
10	G0350	VR硬件设备	贵州省	W0801	600	120	¥72,000.00	17
11		**VR硬件设备 汇总**				1525	¥505,500.00	
12	F0901	素材资源	广东省	W0802	400	300	¥120,000.00	11
13	F0901	素材资源	福建省	W0802	500	500	¥250,000.00	7
14	F0901	素材资源	甘肃省	W0801	500	60	¥30,000.00	23
15	F0901	素材资源	浙江省	W0802	800	150	¥120,000.00	11
16	F0901	素材资源	四川省	W0803	800	200	¥160,000.00	9
17	G0350	素材资源	海南省	W0803	900	90	¥81,000.00	15
18	F0901	素材资源	贵州省	W0801	900	70	¥63,000.00	18
19	F0901	素材资源	河南省	W0801	1000	200	¥200,000.00	8
20		**素材资源 汇总**				1570	¥1,024,000.00	
21	F0901	应用软件	广东省	W0802	500	600	¥300,000.00	5
22	G0350	应用软件	湖北省	W0801	800	150	¥120,000.00	11
23	F0901	应用软件	福建省	W0802	800	820	¥656,000.00	2
24	G0350	应用软件	浙江省	W0802	1200	220	¥264,000.00	6
25	F0901	应用软件	海南省	W0803	1300	60	¥78,000.00	16
26	F0901	应用软件	河北省	W0803	1300	250	¥325,000.00	4
27		**应用软件 汇总**				2100	¥1,743,000.00	
28		**总计**				5195	¥3,272,500.00	

图 3-115　分类汇总(以总金额和销售数量求和为参数)

1 2 3 4

	A	B	C	D	E	F	G	H
1	**公司销售业绩表							
2	产品代号	产品种类	销售地区	业务员编号	单价	销售数量	总金额	销售总金额排名
3	G0350	VR硬件设备	广东省	W0802	200	550	¥110,000.00	15
4	G0350	VR硬件设备	福建省	W0802	200	300	¥60,000.00	21
5	G0350	VR硬件设备	辽宁省	W0801	300	55	¥16,500.00	26
6	G0350	VR硬件设备	四川省	W0803	400	100	¥40,000.00	24
7	G0350	VR硬件设备	河南省	W0801	500	100	¥50,000.00	22
8	G0350	VR硬件设备	河北省	W0803	500	230	¥115,000.00	14
9	G0350	VR硬件设备	浙江省	W0802	600	70	¥42,000.00	23
10	G0350	VR硬件设备	贵州省	W0801	600	120	¥72,000.00	18
11		**VR硬件设备 平均值**					¥63,187.50	20.375
12		**VR硬件设备 汇总**				1525	¥505,500.00	

追加后的分类汇总

图 3-116　追加汇总方式

1. 数据透视表

继续使用某公司销售业绩表进行数据透视，这里拟按照每个业务员所负责的销售地区中各类产品销售总金额来进行数据透视，具体操作如下。

①将鼠标定位在包含数据的单元格内。

②在"插入"选项卡的"表格"组中，单击"数据透视表"按钮，在其二级菜单中选择"数据透视表"选项。此时，弹出如图 3-117 所示的对话框。

③在"请选择要分析的数据"选项中设置数据来源，这里选择的数据来源为包含标题栏的所有数据。

④设置完成后，单击"确定"按钮。此时，系统新插入一张工作表来展示数据透视的内容。与此同时，数据源表格中的各字段名称出现在"数据透视表字段列表"中。

⑤在"数据透视表字段列表"中勾选需要添加到报表中的字段名称，这里勾选"业务员编号""产品种类""销售地区""总金额"复选框。由于勾选次序不同，系统显示行标签

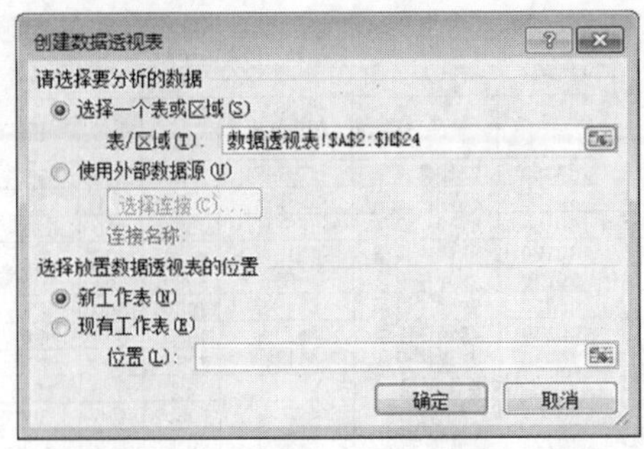

图 3-117 “创建数据透视表”对话框

和列标签字段名称和顺序也不同,进而会产生不同的数据透视效果,如图 3-118 所示。

求和项:总金额	列标签			
行标签	VR硬件设备	素材资源	应用软件	总计
W0801	138500	293000	120000	551500
甘肃省		30000		30000
贵州省	72000	63000		135000
河南省	50000	200000		250000
湖北省			120000	120000
辽宁省	16500			16500
W0802	212000	490000	1220000	1922000
福建省	60000	250000	656000	966000
广东省	110000	120000	300000	530000
浙江省	42000	120000	264000	426000
W0803	155000	241000	403000	799000
海南省		81000	78000	159000
河北省	115000		325000	440000
四川省	40000	160000		200000
总计	505500	1024000	1743000	3272500

图 3-118 调整数据透视表

2. 数据透视图

数据透视表用于汇总展示数据,而数据透视图可以形象地通过图形展示数据之间的关系,具体操作如下。

①将鼠标定位在包含数据的单元格内。

②在“插入”选项卡的“表格”组中,单击“数据透视表”按钮,在其二级菜单中选择“数据透视图”选项。在弹出的对话框内确定数据源区域。

③设置完成后,系统新插入一张工作表来展示数据透视的内容。根据实际需要勾选对应的字段名称,即可实时看到数据透视图的变化,如图 3-119 所示。

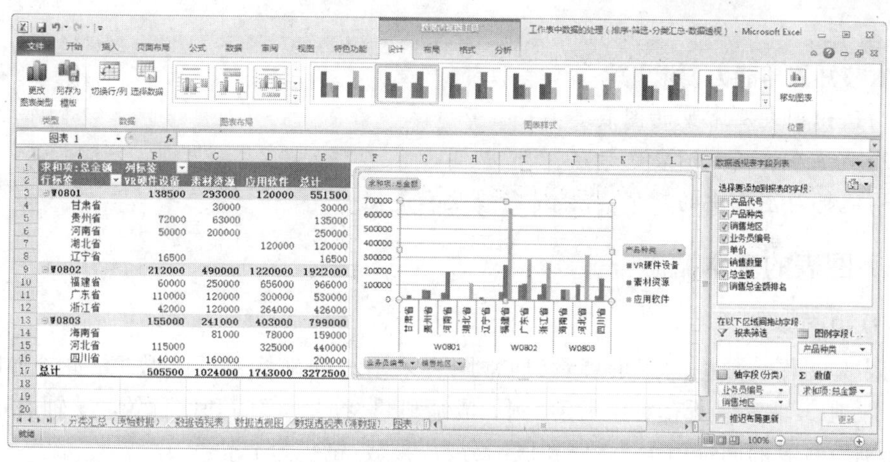

图 3-119 数据透视图

3.4.5 跟着做——数据的分类汇总

以分类汇总某公司销售业绩表为主题对数据进行处理,最终效果如图 3-120 所示。

	A	B	C	D	E	F	G	H
1	**公司销售业绩表							
2	产品代号	产品种类	销售地区	业务员编号	单价	销售数量	总金额	销售总金额排名
3	G0350	VR硬件设备	福建省	W0802	200	300	¥60,000.00	33
4	F0901	素材资源	福建省	W0802	500	500	¥250,000.00	9.5
5	F0901	应用软件	福建省	W0802	800	820	¥656,000.00	2
6			福建省 平均值				¥322,000.00	
7			福建省 汇总			1620	¥966,000.00	
8	F0901	素材资源	甘肃省	W0801	500	60	¥30,000.00	38
9			甘肃省 平均值				¥30,000.00	
10			甘肃省 汇总			60	¥30,000.00	

图 3-120 按销售地区分类汇总(部分)

①打开配套素材中的“跟着做——数据的分类汇总. xlsx”。

②对销售地区进行排序。

③将鼠标定位在工作表任意单元格内,针对每个销售地区的销售数量和总金额进行求和方式的分类汇总。

④使用追加汇总的方式,追加针对每个销售地区总金额的平均值统计。

3.4.6 课堂思考与技能训练

1. 在高级排序中,举例说明什么是主要关键字,什么是次要关键字。

2. 要使用高级筛选功能,必须包含哪两步操作?

3. 在高级筛选时,用户创建的约束条件放在同一行表示什么逻辑关系? 放在不同行表示什么逻辑关系?

3.5 工作表中图表的应用

在 Excel 中,图表可以直观地展示统计信息,可以理解为是一种对数据的形象化、可视化展示手段。

【本节知识与能力要求】

(1)认识图表及常见的图表类型;

(2)熟练掌握插入图表的方法;

(3)能够对图表中的数据、样式进行修改和美化。

3.5.1 图表的基本概念

1. 认识图表

图表是工作表数据的图形展示,通常图表采用二维坐标系反映数据,如图 3-121 所示。一般地,x 轴表示所有对象类别(例如成绩科目、编号、部门和职称等),y 轴表示每个对象类别所具有的属性值大小(例如成绩分数、人数、销售量)等。

2. 图表的类型

在 Excel 中,图表有柱形图、折线图、饼图、条形图、面积图、曲面图、股价图和雷达图等 11 种类型,而每种类型的图表又可以细分为多种形态,如图 3-122 所示。这里仅介绍几种常用的图表类型,更多图表请读者自行查阅相关信息。

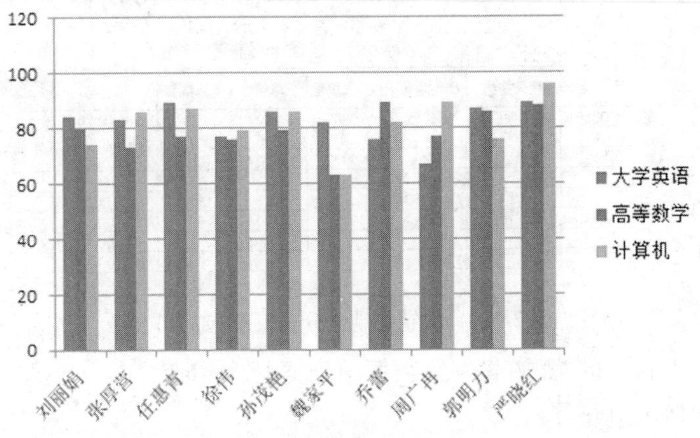

图 3-121 图表(柱形图)

(1)柱形图

柱形图是以宽度相等的条形高度差来显示统计指标数值多少或大小的一种图形。柱形图用于显示一段时间内的数据变化或显示各项之间的比较情况。

(2)折线图

折线图可以显示随时间而变化的连续数据,因此非常适用于显示在相等时间间隔下数据的趋势,如图 3-123 所示。

(3)饼图

饼图以二维或三维格式显示每一数值相对于总数值的比例。通常,饼图由若干不同颜色的扇形图形组成,每种颜色代表数据中对应的数值,扇形面积越大表示对应的数值在整个数值中的比例越大,如图 3-124 所示。

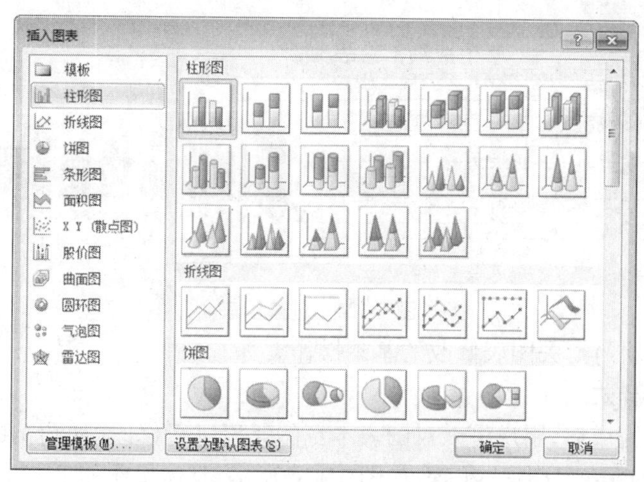

图 3-122 图表的类型

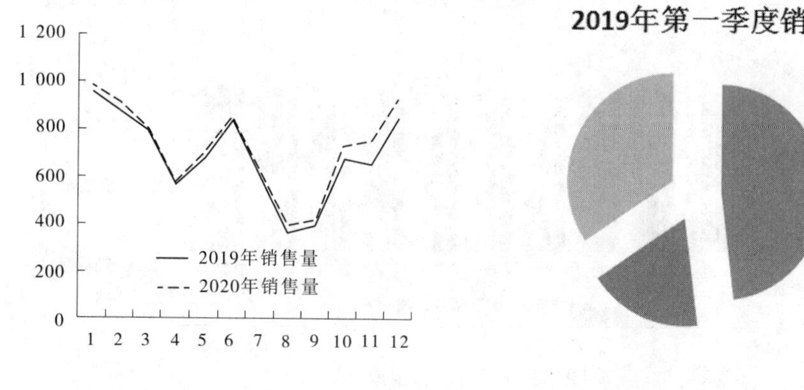

图 3-123 折线图

图 3-124 饼图

3.5.2 创建与编辑图表

1. 创建图表

图表的创建需要基于一张包含数据的工作表,在创建前首先需要选定数据区,然后才能插入图表。这里以学生成绩汇总表为例讲解图表的创建方法,具体操作如下。

①在配套素材中,打开“工作表中数据的处理. xlsx”工作簿的“图表”工作表。

②根据需要选择数据区域,这里拟选择“姓名”、“大学英语”、“高等数学”和“计算机”共四个字段的数据作为数据源。由于字段并非连续的数据,所以在选择数据时,需要按下【Ctrl】键进行选择。

③选择完成后,在“插入”选项卡的“图表”组中单击需要进行展示的图表类型,这里选择“簇状柱形图”。随后,Excel 即可根据所选数据按照系统默认设置创建图表,如图 3-125 所示。

由上述操作步骤可以看出,图表的创建相对简单,用户只要理解 x 轴和 y 轴对应的含义即可。那么,如果遇到系统默认创建的图表并非用户需要的数据展示类型,又该如何操

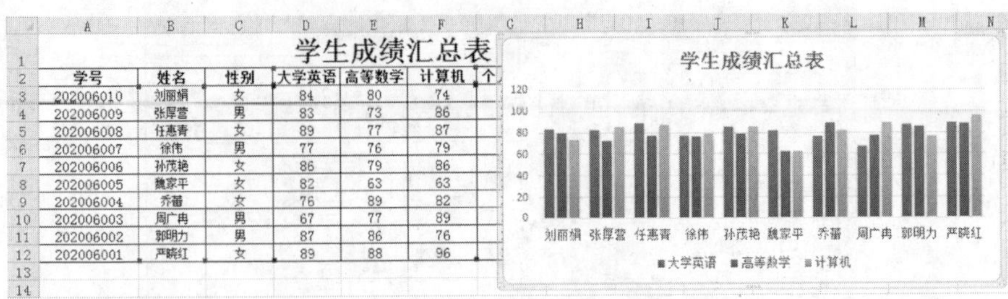

	A	B	C	D	E	F
1	学生成绩汇总表					
2	学号	姓名	性别	大学英语	高等数学	计算机
3	202006010	刘丽娟	女	84	80	74
4	202006009	张厚营	男	83	73	86
5	202006008	任惠青	女	89	77	87
6	202006007	徐伟	男	77	76	79
7	202006006	孙茂艳	女	86	79	86
8	202006005	魏家平	女	82	63	63
9	202006004	乔蕾	女	76	89	82
10	202006003	周广冉	男	67	77	89
11	202006002	郭明力	男	87	86	76
12	202006001	严晓红	女	89	88	96

图 3-125　创建图表

作呢？下面继续讲解有关图表修改的基本操作。

2. 修改图表样式

在图表创建完成后，用户可以对图表本身的元素进行修改，如图例的位置、图表标题的内容、柱状条的颜色、字体大小等，如图 3-126 所示，具体操作如下。

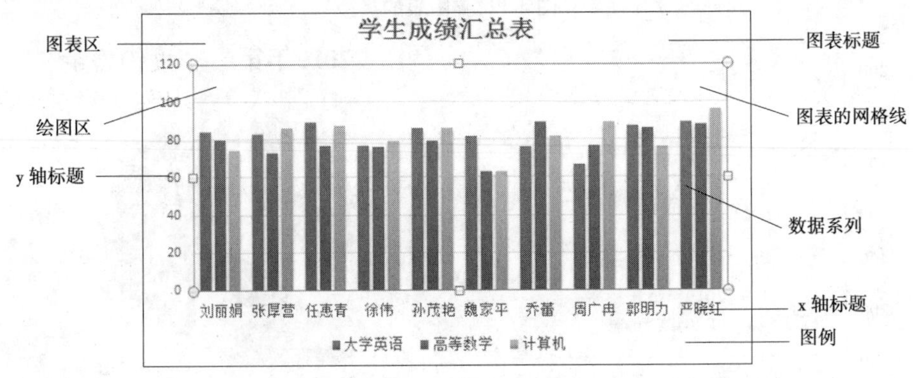

图 3-126　图表的组成

①鼠标单击图表区任意位置，此时图表已经被选中，将鼠标移至图表边缘，当鼠标指针发生变化时，拖拽鼠标即可对图表区进行放大或缩小。

②选择图表中某条柱形图，在“格式”选项卡中可以对柱形图的颜色进行修改，或者在“图表设计”选项卡的“图表样式”组中直接选择系统内置的外观样式即可。

③若要修改图表标题，鼠标双击该标题即可进入编辑状态。

④在图表区单击鼠标右键，选择二级菜单中的“设置图表区格式”选项，在弹出的对话框中可以对图表的填充、边框样式、大小等属性进行设置，如图 3-127 所示。

⑤在数据系列区单击鼠标右键，选择二级菜单中的“设置数据系列格式”选项，在弹出的对话框中可以对数据系列的间距、形状、填充类型等内容进行设置，如图 3-128 所示。

⑥在图表的网格线上单击鼠标右键，在二级菜单中可以对网格线和坐标轴进行设置。这里不再赘述，请读者自行设置。

3. 修改图表数据

在图表创建完成后，若还需要对数据源中的字段增加或减少，就需要对数据区域重新选择，具体操作如下。

①在图表区单击鼠标右键，在弹出的二级菜单中选择“选择数据”选项。这时，弹出如图 3-129 所示的对话框。

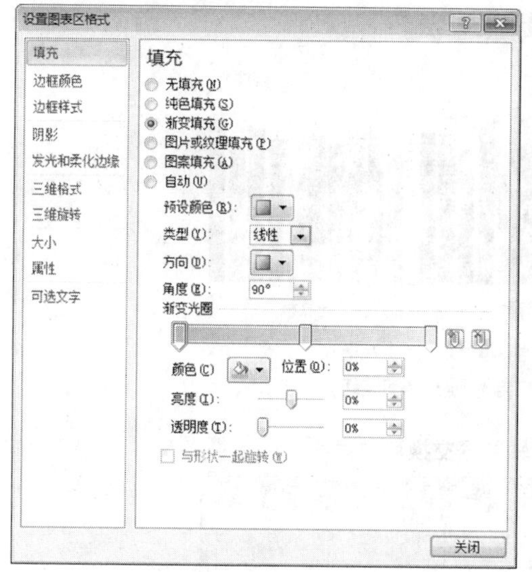

图 3-127 “设置图表区格式”对话框

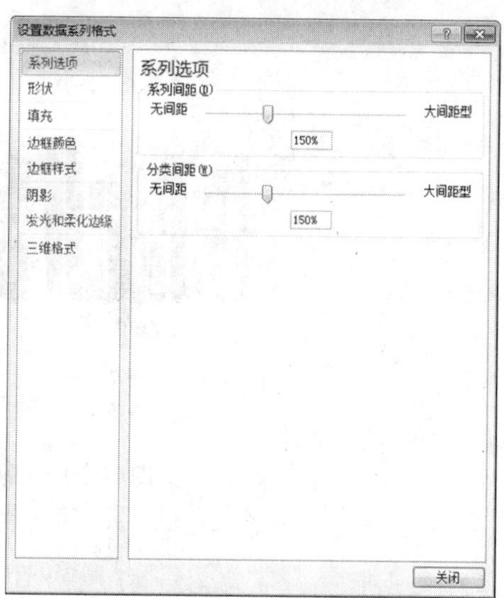

图 3-128 “设置数据系列格式”对话框

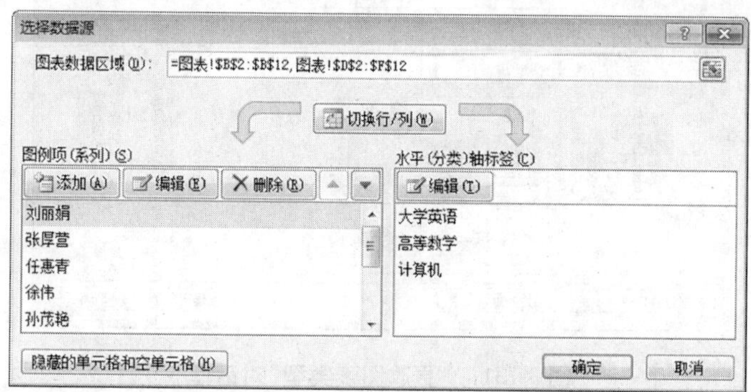

图 3-129 “选择数据源”对话框

②在“图表数据区域”文本框中设置新的数据源区域即可,其方法与创建图表时相同。

③此外,单击“切换行/列”按钮,可以将 x 轴与 y 轴数据进行交换,从而产生新的图表分类展示内容,如图 3-130 所示。

4. 更改图表类型

在已经创建图表的情况下,如果对图表的展示不满意,可以在图表区单击鼠标右键,在弹出的二级菜单中选择“更改图表类型”选项,弹出如图 3-131 所示的对话框。在该对话框中选择合适的展示图表类型即可。

5. 移动图表

在默认状态下,创建的图表与数据源在同一工作表内,若需要将图表移动到其他工作表,可以进行以下操作。

①在图表区单击鼠标右键,在弹出的二级菜单中选择“移动图表”选项。此时,弹出如图 3-132 所示的对话框。

②若选择“新工作表”单选按钮,并在后面对应的文本框内输入新的工作表名称,单

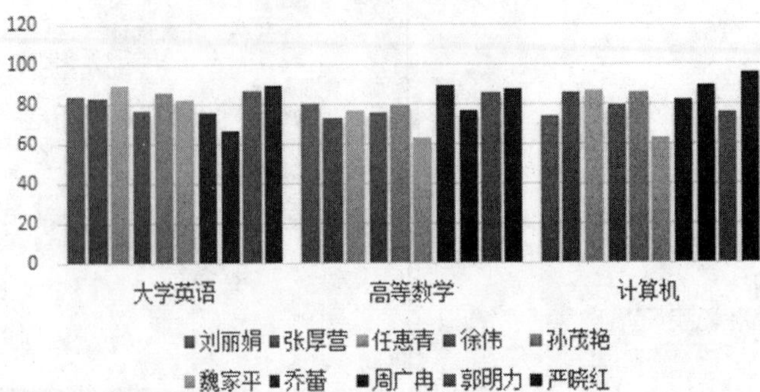

图 3-130　x 轴与 y 轴数据交换后效果

图 3-131　“更改图表类型”对话框

图 3-132　“移动图表”对话框

击“确定”按钮后，图表就被移动到新工作表中；若选择“对象位于”单选按钮，并在对应的下拉菜单中选择当前工作簿包含的其他工作表，单击“确定”按钮后，图表就被移动到已经包含的其他工作表中。

3.5.3　跟着做——制作三维饼图

以制作销售统计三维饼图为主题，录入数据并格式化表格，制作最终效果如图 3-134 所示。

①新建空白 Excel 文档。

②按照图3-133所示的内容，以及之前讲授的知识制作表格并完成数据录入。

双11智能设备销售量排名				
序号	智能设备	单价	数量	总价
1	华为AI智能音箱	¥ 399.00	3581	¥ 1,428,819.00
2	大疆口袋灵眸osmo	¥ 2,607.00	1984	¥ 5,172,288.00
3	天猫精灵 M1	¥ 299.00	2645	¥ 790,855.00
4	华为WATCH GT	¥ 1,488.00	2003	¥ 2,980,464.00
5	Galaxy watch active	¥ 1,599.00	906	¥ 1,448,694.00
6	鹿客智能锁Classic	¥ 2,199.00	780	¥ 1,715,220.00

图3-133 “智能设备”销售数据

③选择“智能设备”和“总价”两列数据，在“插入”选项卡的“图表”组中，单击“饼图”按钮。

④随后，即可看到生成的三维饼图效果。选择该图表，在“设计”选项卡的“图表布局”组中选择数据用百分比表示的布局，如图3-134所示。

⑤调整图表各类文字大小和位置。

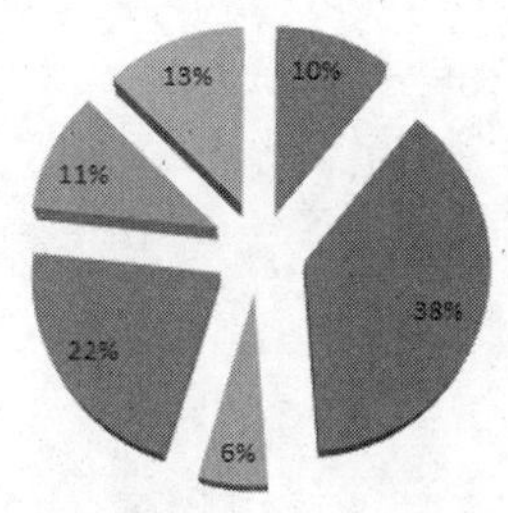

图3-134 “双十一”销量占比三维饼图

3.5.4 课堂思考与技能训练

1. 什么是图表？

2. 列举在生活中常见的图表类型。

3. 创建包含数据的某公司员工工资表，以“姓名”和“应发金额”字段为数据源创建三维簇状柱形图，并保存在当前工作表中，设置图表标题为“员工工资对比柱状图”，设置图例位置在底部，如图3-135所示。以“姓名”、“基本工资”、“绩效奖”和“补贴”字段为数据源，创建员工姓名为“郭明力”的工资比例饼图，如图3-136所示。

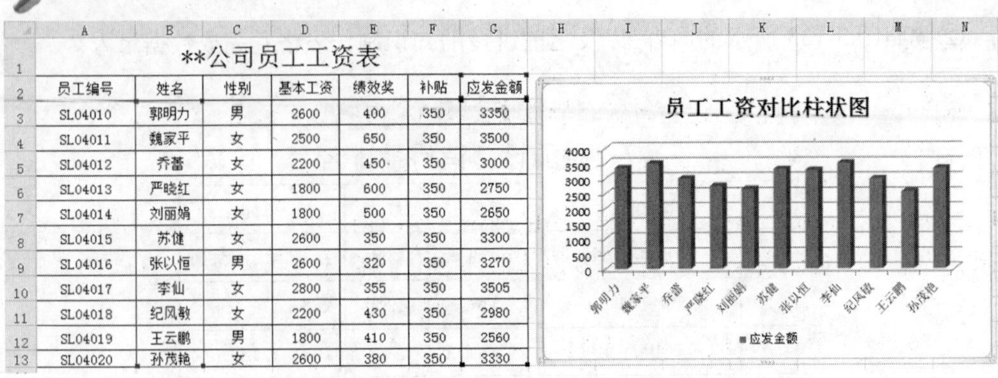

**公司员工工资表

员工编号	姓名	性别	基本工资	绩效奖	补贴	应发金额
SL04010	郭明力	男	2600	400	350	3350
SL04011	魏家平	女	2500	650	350	3500
SL04012	乔蕾	女	2200	450	350	3000
SL04013	严晓红	女	1800	600	350	2750
SL04014	刘丽娟	女	1800	500	350	2650
SL04015	苏健	女	2600	350	350	3300
SL04016	张以恒	男	2600	320	350	3270
SL04017	李仙	女	2800	355	350	3505
SL04018	纪风敏	女	2200	430	350	2980
SL04019	王云鹏	男	1800	410	350	2560
SL04020	孙茂艳	女	2600	380	350	3330

图 3-135　习题——员工工资对比柱状图

**公司员工工资表

员工编号	姓名	性别	基本工资	绩效奖	补贴	应发金额
SL04010	郭明力	男	2600	400	350	3350
SL04011	魏家平	女	2500	650	350	3500
SL04012	乔蕾	女	2200	450	350	3000
SL04013	严晓红	女	1800	600	350	2750
SL04014	刘丽娟	女	1800	500	350	2650
SL04015	苏健	女	2600	350	350	3300
SL04016	张以恒	男	2600	320	350	3270
SL04017	李仙	女	2800	355	350	3505
SL04018	纪风敏	女	2200	430	350	2980
SL04019	王云鹏	男	1800	410	350	2560
SL04020	孙茂艳	女	2600	380	350	3330

图 3-136　习题——工资比例饼图

第4章 演示文稿PowerPoint

Microsoft PowerPoint 是一种功能强大的演示文稿应用软件。在工作中，常使用该软件制作产品演示、工作报告、广告宣传、多媒体课件等电子版幻灯片。

4.1 认识 PowerPoint 2010

通过漂亮的设计、图标、3D 模型，以及丰富的动画，演讲者可以通过简单的鼠标单击即可向观众呈现生动的演示文稿，以便高效、直观地表达演讲者的想法、观点、策略或各类工作报告、学术报告等关键内容。

【本节知识与能力要求】

(1)认识 PowerPoint 2010 工作环境；

(2)掌握演示文稿中创建、编辑、保存等基本操作；

(3)掌握利用“主题”快速美化演示文稿的方法；

(4)掌握幻灯片之间的恰当的动态切换效果，以及简单动画制作的方法；

(5)掌握插入 SmartArt 图形、表格，以及超链接的方法；

(6)掌握插入音频、视频的方法；

(7)掌握设置页眉页脚的方法。

4.1.1 PowerPoint 2010 界面

启动并打开一个制作完成的演示文稿。此时，PowerPoint 2010 的窗口主界面如图 4-1 所示。该界面与 World 2010、Excel 2010 的界面相似，主要由快速访问工具栏、各类功能面板、幻灯片编辑窗格等部分组成，具体的功能解释如下：

- 快速访问工具栏：该工具栏将常用的功能（如新建、保存、打开、打印、撤销等）集成在一起，方便用户使用。单击该工具栏右侧的下拉菜单，可以添加或删除某些功能。
- 各类功能面板：将所有功能按钮分类放置在不同的功能面板中，便于用户查找。
- 幻灯片编辑窗格：该窗格是 PowerPoint 的主工作区，用于编辑每张幻灯片的具体内容，进行细节设置等。
- 大纲/幻灯片窗格：以大纲或缩略图形式显示幻灯片，便于全局统筹幻灯片的排列。
- 备注窗格：用于输入当前幻灯片的备注。在多台监视器上放映演示文稿时可以查看演讲者备注信息。
- 视图切换按钮：用于在“普通视图”、“幻灯片浏览”、“阅读视图”和“幻灯片放映”之间直接进行切换。

4.1.2 新建演示文稿和幻灯片

在工作中，用户经常将“演示文稿”和“幻灯片”混淆在一起。其实，它们之间的关系

图 4-1　PowerPoint 2010 的窗口主界面

是演示文稿包含一张或多张幻灯片，即当使用 PowerPoint 制作了多张幻灯片，并将其保存后，该文档就称为演示文稿。

1. 新建与保存演示文稿

①启动 PowerPoint 后，软件会自动创建一个空白演示文稿，默认名字为“演示文稿1”，其中包含一张空白幻灯片。

②在默认状态下创建的演示文稿页面比例为 4∶3，若要想将页面比例修改为流行的 16∶9或者其他的显示尺寸，则可以在“设计”选项卡的“页面设置”组中，单击“页面设置”按钮，此时弹出如图 4-2 所示的对话框。在“幻灯片大小”下拉菜单中选择“全屏显示(16∶9)”选项，或者在“宽度”“高度”选项框中直接修改即可。

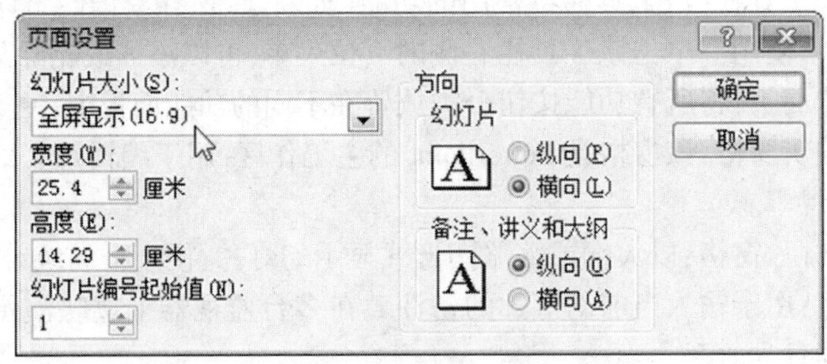

图 4-2　更改幻灯片大小

③在快速访问工具栏中，单击“保存”按钮，在弹出的“另存为”对话框中，选择演示文稿拟保存的位置，并输入文件名“盛世中国”，文件类型选用默认的“PowerPoint 演示文稿(＊.pptx)”，最后单击“保存”按钮，即可将当前演示文稿保存为“盛世中国.pptx”。

2. 添加文字与新建幻灯片

①在第一张幻灯片“单击此处添加标题”和“单击此处添加副标题”虚线框中，直接输入文字即可完成文字的添加，如图 4-3 所示。

图 4-3 添加文字

②若要修改文字内容，只需在有文字的地方单击，激活文本框后，直接修改即可。若要在幻灯片空白处添加文字，需要选择“插入”面板，在面板中选择“文本框”命令，如图 4-4 所示。这时，在幻灯片空白区域即可添加一个文本框，在文本框中添加文字即可。

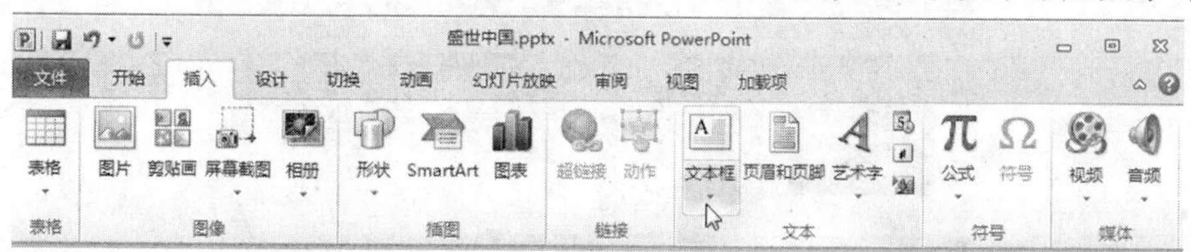

图 4-4 插入文本框

在幻灯片中，对于文字字号和颜色等基础设置，与 Word 文档中文字设置方法类似，这里不再赘述。

③切换到“开始”面板，在“新建幻灯片”下拉菜单中选择需要的版式，这里选择“标题和内容”版式，如图 4-5 所示。

④此时，一张空白的幻灯片被创建出来，根据实际需要添加文字内容即可完成第二张幻灯片的制作。

3. 插图图片

①在图 4-5 中，选择“两栏内容”版式，创建第三张幻灯片。在空白幻灯片的左栏中单击“插入来自文件的图片”按钮，如图 4-6 所示。

②这时弹出“插入图片”对话框，根据需要选择图片，最后单击“插入”按钮，即可完成图片的插入。

此外，在图 4-4 所示的“插入”面板中，单击“图片”按钮，跟随系统提示，同样可以插入图片，详细过程这里不再赘述。

③按照上述操作过程，创建第四张幻灯片，添加必要的文字内容。至此，仅包含文字

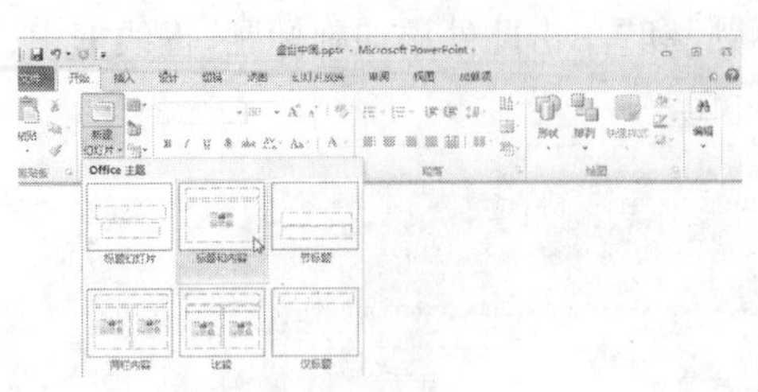

图 4-5　新建幻灯片

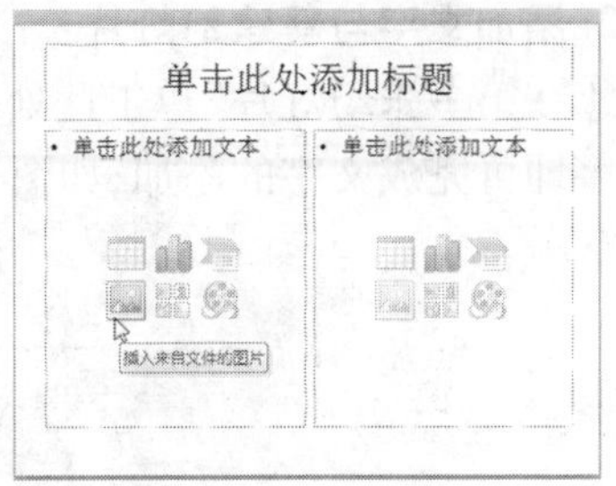

图 4-6　插入图片

和图片的简易幻灯片已经制作完成，在“幻灯片浏览”模式下如图 4-7 所示。

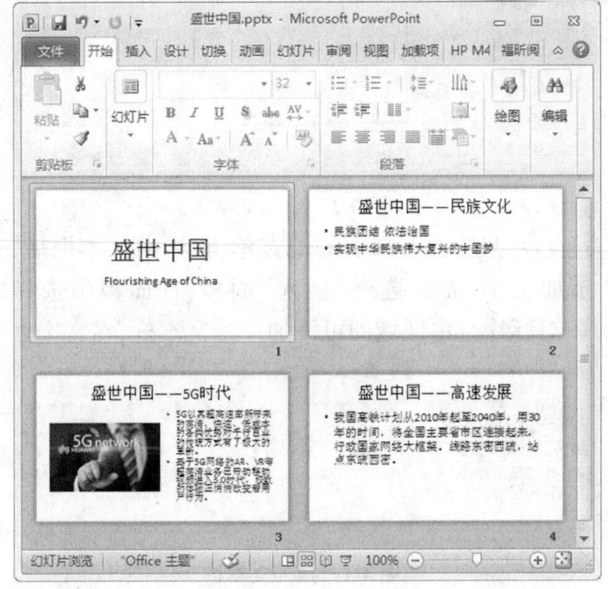

图 4-7　初步完成的简易幻灯片

4.1.3　使用“主题”美化演示文稿

PowerPoint 自带有很多主题，能够快速美化演示文稿。具体操作如下：

①切换到“设计”面板，在该面板中单击喜欢的主题，当前演示文稿即可应用该主题。

②应用主题后，幻灯片不能完全贴合主题，需要进一步对字体大小、位置、颜色等方面进行设置，设置完成后最终效果如图 4-8 所示。

4.1.4　演示文稿中图片与文字的进阶处理

演示文稿质量的优劣在于背景、文字、图片、表格、形状等各类元素的细节处理。之前，虽然已经通过“主题”快速美化幻灯片，但实际效果并不能达到用户完全满意，通常需要通过对图片和文字做进一步处理，使之成为精美的演示文稿。

1. 插入背景图片

①在没有使用“主题”美化演示文稿的情况下，切换到第一张幻灯片。

图 4-8　使用“主题”快速美化幻灯片

②在幻灯片空白区域，单击鼠标右键，弹出如图 4-9 所示的二级菜单，选择其中的“设置背景格式”选项。这时，弹出如图 4-10 所示的对话框。

图 4-9　在幻灯片空白处单击右键出现的菜单

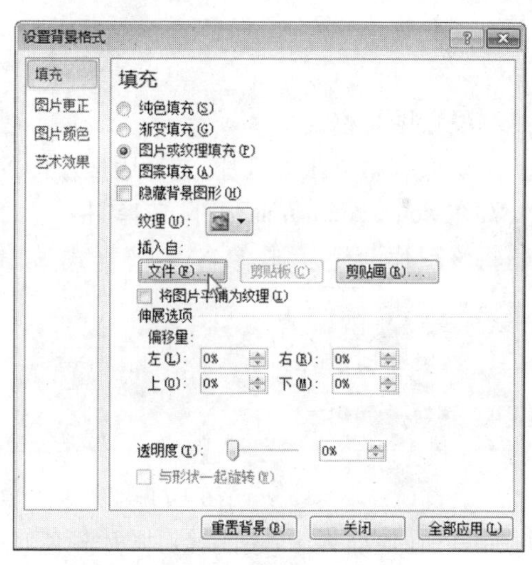

图 4-10　“设置背景格式”对话框

③在该对话框中，选择“图片或纹理填充”单选按钮，然后单击“文件”按钮，跟随系统提示即可插入背景图片。

④删除幻灯片中“盛世中国”文字内容，插入“盛世中国. png”图片作为标题，根据喜好修改其它文字大小、颜色等内容，最终效果如图 4-11 所示。

此外，通过“设计”面板的“背景样式”下拉菜单，也能快速完成背景的设置，如图 4-12 所示。需要说明的是，若使用该功能，之前插入的背景图片将被覆盖，需要重新设置。

图 4-11　第一张幻灯片最终效果

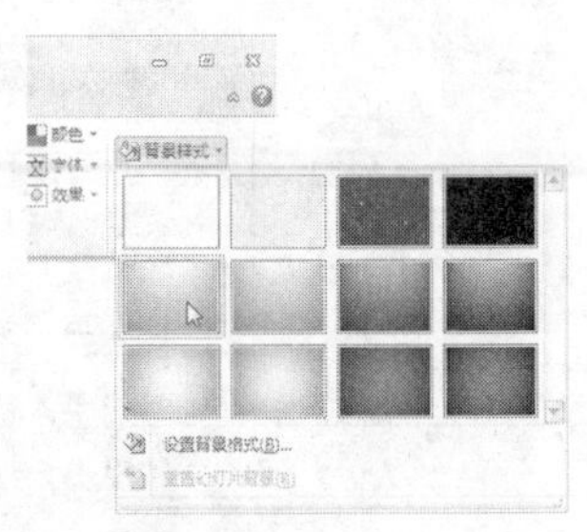

图 4-12　设置背景格式

2. 设置艺术字

①切换到第二张幻灯片，并选择当前幻灯片的标题文字。此时，在 PowerPoint 界面顶部，出现“格式”面板。

②在该面板中，根据喜好选择艺术字样式，如图 4-13 所示。个性化的设置细节，这里不再赘述，请读者自行练习。

图 4-13　设置艺术字

3. 设置图片格式

①切换到第三张幻灯片，选择版面左侧的“5G”图片。

②在 PowerPoint 界面顶部，选择“格式”面板。在该面板中，根据喜好选择图片样式。这里将该图片设置为“映像右透视”样式，如图 4-14 所示。

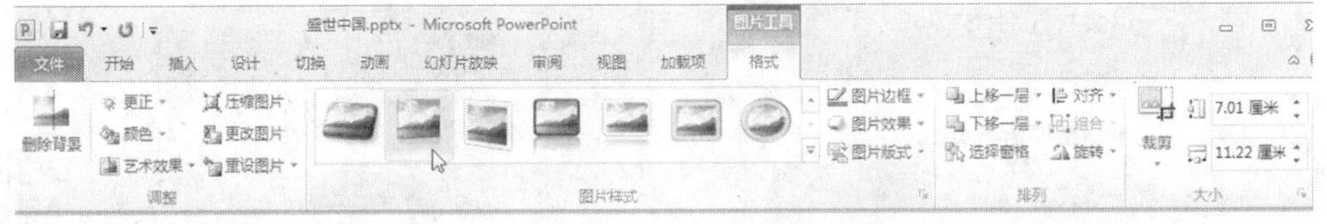

图 4-14　设置图片格式为“映像右透视”

此外，在该面板中，还能够对图片颜色、饱和度、色调、亮度、对比度等多种参数进行设置，这里不再一一举例，请读者自行练习。

4. 设置添加对象的堆叠次序

①切换到第四张幻灯片，插入“高铁. png”图片对象。此时，由于插入图片的原因，图片覆盖到了原文本框对象的上方，使得其中的文字无法显示或选取。

②右键单击刚刚插入的图片，在右键菜单中选择图 4-15 所示的“置于底层”选项。此时，图片就会被放置于所有对象的下方。再次选择本幻灯片中的文字，可以发现文字能正常显示和选取。

通过以上多个方面的细节处理，当前演示文稿的外观得到了进一步的美化，整体演示效果有了明显的提升，在“幻灯片浏览”模式下的最终效果如图 4-16 所示。

4.1.5 演示文稿的常用操作与设置

1. 插入图形对象

PowerPoint 提供了插入图形对象的方法，如剪贴画、艺术字、自选图形、SmartArt 图形等，从而使得幻灯片更加丰富和赏心悦目。

(1)插入剪贴画

①选择需要插入剪贴画的幻灯片后，选择“插入”选项卡，在“图像”组中单击“剪贴画”按钮，此时打开“剪贴画”任务窗格。

图 4-15 设置元素堆叠次序

图 4-16 演示文稿最终效果

②在“搜索文字”文本框中输入关键字“汽车”，单击“搜索”按钮，即可搜索出指定要求的剪贴画，如图 4-17 所示。根据需要，直接将右侧任务窗格中的剪贴画拖放到幻灯片中即可。

(2)添加 SmartArt 图形

①选择需要插入 SmartArt 图形的幻灯片后，选择“插入”选项卡，在“插图”组中单击“SmartArt”按钮，此时打开如图 4-18 所示的“选择 SmartArt 图形”对话框。

②在图 4-18 所示的对话框中，左侧列表主要罗列了图形布局的分类样式。用户可以根据需要对拟展示信息的类型进行二次选择，待选择合适的 SmartArt 图形后，单击“确定”按钮，即可完成 SmartArt 图形的添加。

③这里以添加“块循环”SmartArt 图形为例，如图 4-19 所示。鼠标单击某个图形对象，即可对文字进行编辑；鼠标右键选择某个对象，选择二级菜单中的“设置对象格式”选项，可以对其进行编辑设置。

图 4-17　插入剪贴画

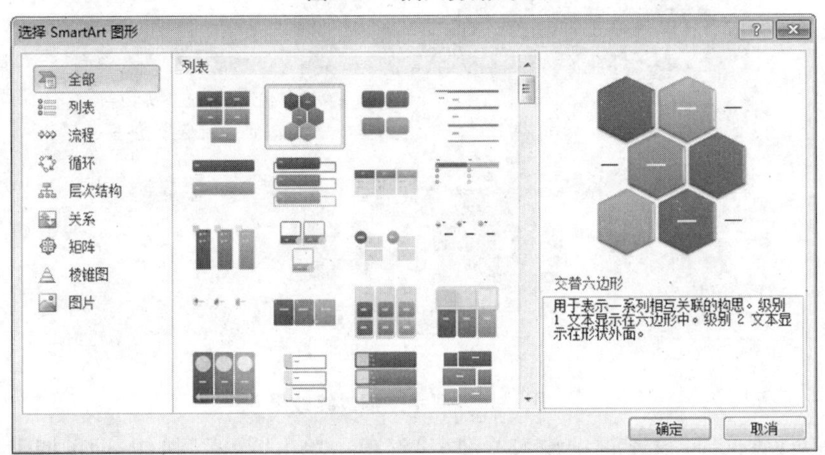

图 4-18　“选择 SmartArt 图形”对话框

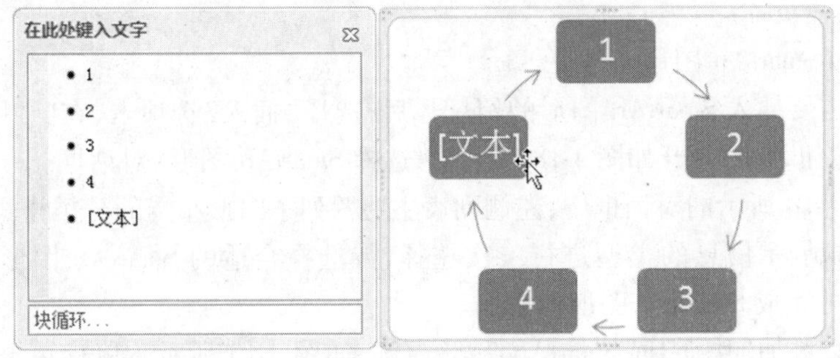

图 4-19　“块循环”SmartArt 图形

2. 插入表格

在幻灯片中，只需在“插入”选项卡中的“表格”组中按下“表格”按钮，根据软件提示即可快速创建表格，其插入方法与在 Word 中类似，这里不再赘述。

3. 插入超链接

在演示文稿中插入超链接，可以快速链接到本机文件、某张幻灯片、互联网等内容。对象被链接后，只要修改源文件，数据就会被更新。创建超链接步骤如下：

①在某张幻灯片中，右键选择任意的文本、图片或其他对象。

②在右键菜单中选择“超链接”选项，此时弹出如图 4-20 所示的对话框。在该对话框中，根据实际需要设置超链接的参数即可。需要说明的是，若链接对象是本地计算机内的文件，则在拷贝当前演示文稿时，需要将链接文件一同拷贝，否则在其他电脑上该链接将失效。

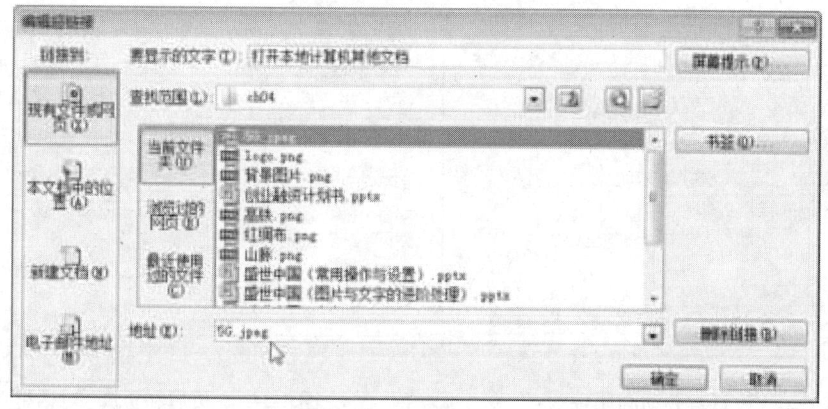

图 4-20 “编辑超链接”对话框

4. 插入音频或视频

在演示文稿中插入必要的音频或视频，能够使文稿更加活泼生动。插入的音频或视频可以是软件自带的剪贴画音视频，也可以是用户自己创建的音视频文件，由于操作方法相似，这里以插入背景音乐为例向读者介绍具体步骤。

①背景音乐一般放在第一张幻灯片内部，切换到第一张幻灯片，在“插入”面板中，执行“音频”→“文件中的音频”命令。

②在弹出的“插入音频”对话框中，选择要插入的音频文件，并单击“插入”按钮。

③经过一段时间的载入，幻灯片中央出现音频剪辑图标和播放控制条，如图 4-21 所示。单击播放控制条的“播放”按钮可以播放音频。

④选择音频剪辑图标，打开“播放”面板可以对其进行详细设置，如图 4-22 所示。

⑤设置完成后，打开“动画窗格”，将该音频的动画次序排列在顶端，并且将动画属性设置为“从上一项开始”，如图 4-23 所示。这时，该音频才能作为背景音乐贯穿整个幻灯片。

5. 设置页眉和页脚

在 PowerPoint 中同样可以设置幻灯片的页眉和页脚。打开某个演示文稿，在“插入”选项卡的“文本”组中，单击“页眉和页脚”按钮。此时，弹出如图 4-24 所示的“页眉和页

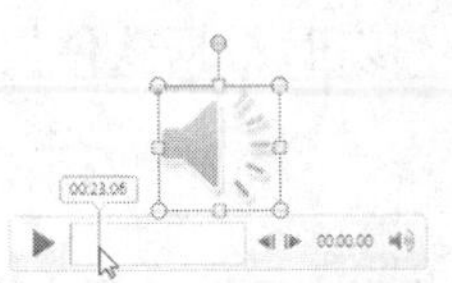

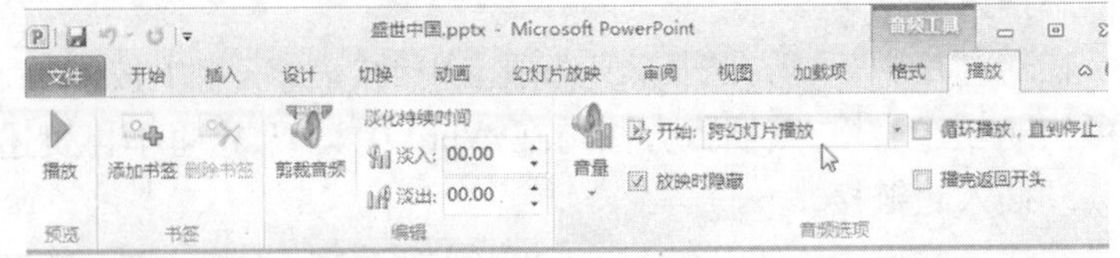

图 4-21　音频播放控制条　　　　图 4-22　设置音频播放参数

脚”对话框。用户可以根据需要,勾选“日期和时间”复选框,在右下角“预览”位置,即可看到页脚内容的区域;选择“备注和讲义”选项卡,则可以进一步设置页眉的内容。由于设置过程较为简单,这里不再过多讲解每个选项的含义,请读者自行体验设置。

图 4-23　设置音频动画属性

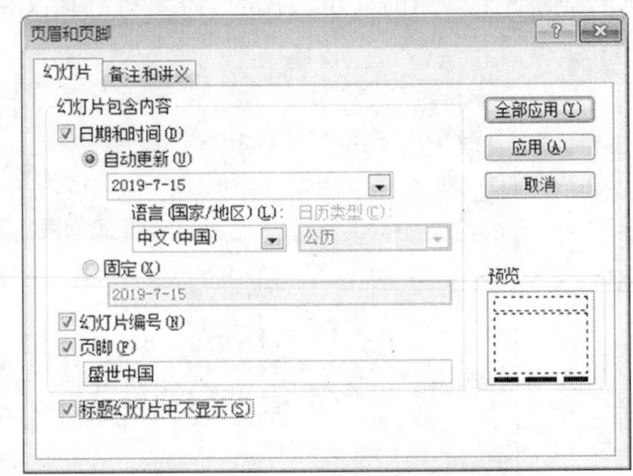

图 4-24　“页眉和页脚”对话框

4.1.6　跟着做——团日活动策划书演示文稿

在配套素材中,打开“团日活动策划书(原始).pptx”文件,以团日活动策划书为主题,完成下列操作。

①在“设计”选项卡的“页面设置”组中,将现有的 4:3屏幕比例设置为 16:9。

②将演示文稿所有文字设置为“微软雅黑”。

③在第一张幻灯片中单击鼠标右键,在二级菜单中选择“设置背景格式”,将配套素材文件夹中的“封面背景.png”设置为图片背景;将主标题的字号设置为 66 磅、加粗显示,并设置为艺术字,如图 4-25 所示。

④将除封面外的所有页面顶部的标题文字,字号设置为 48 磅,艺术字类型为“橄榄绿”。

⑤在第二张幻灯片中插入“草地背景.png”图片,缩放其大小,将其放在幻灯片左下角;调整本张幻灯片正文文字大小为 22 磅,如图 4-26 所示。

⑥将第三张幻灯片的背景纹理设置为“栎木”;设置本张幻灯片内容文字为 36 磅,如图 4-27 所示。

⑦将第四张幻灯片的背景设置为“渐变填充”;设置本张幻灯片内容文字为 28 磅,并适当排版,如图 4-28 所示。

图 4-25 第一张幻灯片

图 4-26 第二张幻灯片

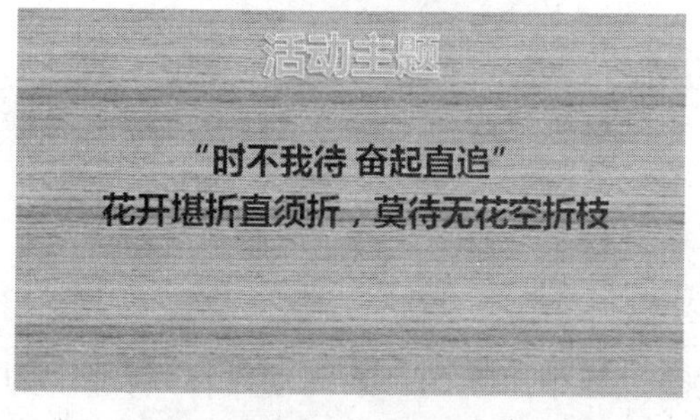

图 4-27 第三张幻灯片

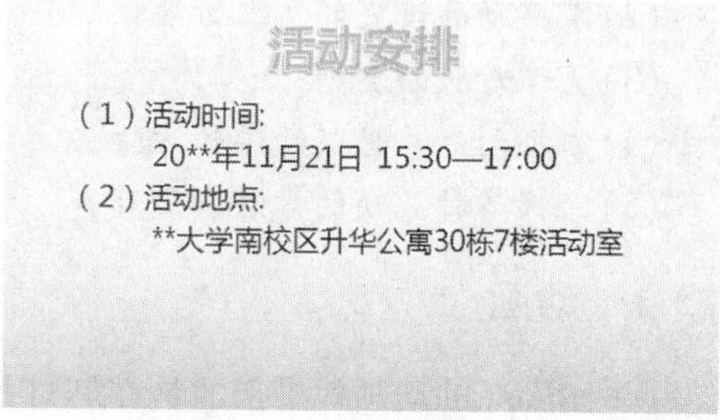

活动安排

（1）活动时间:
20**年11月21日 15:30—17:00
（2）活动地点:
**大学南校区升华公寓30栋7楼活动室

图 4-28 第四张幻灯片

⑧将第五张幻灯片的背景设置为"图案填充"，前景色为"绿色"，背景色为"白色"；插入 4 列 6 行的表格，在表格中添加大小为 18 磅的文字，并居中对齐，如图 4-29 所示。

活动内容

序号	活动项目	主持人	备注
1	"时不我待 奋起直追"团日活动	团支书	宣布活动开始并介绍导师
2	以世界咖啡屋形势进行讨论	各组组长	分组讨论
3	组长代表发言	团支书	总结组员在谈论过程中的看法
4	导师总结	团支书	回答学生提问
5	结语	团支书	宣布活动结束

图 4-29 第五张幻灯片

⑨在第一张幻灯片中插入音乐文件"Music. mp3"，并设置为幻灯片放映时隐藏声音图标。

4.1.7 课堂思考与技能训练

1. PowerPoint2010 有哪几种视图方式？各有什么作用？
2. 如何在幻灯片空白处插入文本？如何对文本进行格式设置？
3. 在同一张幻灯片中有很多对象元素，如何改变这些对象元素的堆叠次序？
4. 请以"新能源"或"个人简历"为题材制作 5 张幻灯片。

4.2 演示文稿的高级操作与实战

静态的演示文稿在展示时不免有些单调,而具有交互效果的动画更容易吸引观众的注意。本节将向读者介绍有关演示文稿播放时幻灯片切换动画、幻灯片中各对象元素动画设置以及幻灯片母版设置等高级操作。

【本节知识与能力要求】

(1)认识动画的类型及适用环境;

(2)掌握动画设置的基本方法;

(3)认识母版的类型;

(4)掌握幻灯片母版的编辑方法;

(5)掌握多种放映的方法和设置。

4.2.1 动画

PowerPoint 的动画效果指的是在幻灯片放映过程中出现的一系列动作特效,适度的特效能够为演示文稿增加吸引力和视觉冲击效果。幻灯片中的动画效果分两类:幻灯片间的切换动画,以及幻灯片中对象的动画。

1. 幻灯片间的切换动画

设置幻灯片的切换方式,也就是控制幻灯片如何移入或移出屏幕的切换效果。PowerPoint 提供了几十种切换效果供用户选择。下面继续以"盛世中国"演示文稿为例来完善动画的内容。

①选择第一张幻灯片,并打开"切换"选项卡。

②在"切换到此幻灯片"下拉菜单中选择喜欢的切换效果,这里选择"淡出"效果,如图 4-30 所示。此外,在该面板中,还可以进一步对该切换方式的持续时间、效果选项、换片方式等参数进行详细设置。

③设置完成后,按下【F5】快捷键,即可放映当前演示文稿。

图 4-30 设置幻灯片的切换方式

2. 幻灯片中对象的动画

除了切换效果以外,还可以为幻灯片中任意一个对象元素设置动画效果,让静止的对象动起来。对象元素的动画设置要求在设置动画效果前,先要选中幻灯片上某个具体的对象元素,方可进行动画设置,否则动画功能将不可使用。具体操作及含义如下:

①切换至第四张幻灯片,并选中"高铁"图片。

②打开“动画”选项卡，如图 4-31 所示，此时可以为“高铁”对象设置具体的动画方式和效果。这里将该图片的动画方式设置为“飞入”，效果选项设置为“自左侧”，预览即可看到动画方式和动画效果。

图 4-31 添加动画效果

需要说明的是，对象的动画分为以下 4 类，读者可以根据实际运行效果和需要添加或删除某个动画类型。

- 进入动画：用于对象从无到有的动画过程。
- 强调动画：用于在放映过程中对象已经存在，但为了突出而添加的动态效果。
- 退出动画：用于对象从有到无的动画过程。
- 路径动画：用于在放映过程中对象按照指定的路径移动的动画。

③选择第二张幻灯片中的“山脉. png”图像，设置其动画为“浮入”，效果选项设置为“向上”；选择“红绸布. png”图像，设置其动画为“擦除”，效果选项设置为“自左侧”。至此，当前幻灯片中已经包含了两个动画效果。当设置多个动画时，通常应打开“动画窗格”，并对各个动画运行流程进行排序、删除、播放等操作。在图 4-31 中，单击“动画窗格”按钮，即可打开“动画窗格”，如图 4-32 所示。

④在设置多个动画效果之间的逻辑顺序时，可以通过计时器来完成，具体含义如下：

- 开始方式：包含 3 种方式，“单击开始”指的是等待演讲者单击鼠标，才激活动画；“从上一项开始”指的是与前面的动画同时开始；“从上一项之后开始”指的是当前动画在上一动画播放完成后自动开始。
- 持续时间：设置动画的播放时间，决定了动画速度的快慢。
- 延迟：控制两个动画之间的间隔时间。

这里将“红绸布. png”设置为“从上一项之后开始”，持续时间为“0. 5 秒”，如图 4-33 所示。

⑤根据预定的设想或要求对其它幻灯片的元素设置动画，具体内容请读者查看源文件。

4.2.2 母版

在实际工作中，经常会遇到演示文稿的各个页面的版式布局、图形外观、文字格式等内容有高度的重复性，这时使用母版就可以快速统一编辑，极大地提高工作效率。

这里所说的“母版”就是整个演示文稿所有幻灯片的“底版”，它包含幻灯片的公共属性和局部信息。当对母版进行编辑时，会影响到演示文稿中所有幻灯片页面。

1. 母版的类型

PowerPoint 提供了 3 种母版：幻灯片母版、讲义母版和备注母版。

(1)幻灯片母版

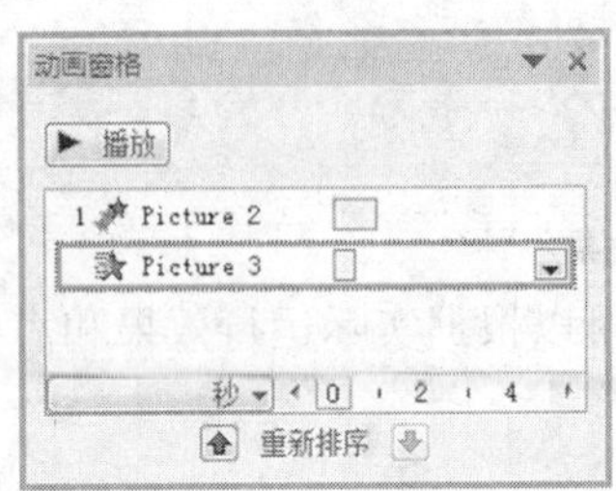

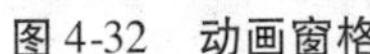
图 4-32　动画窗格

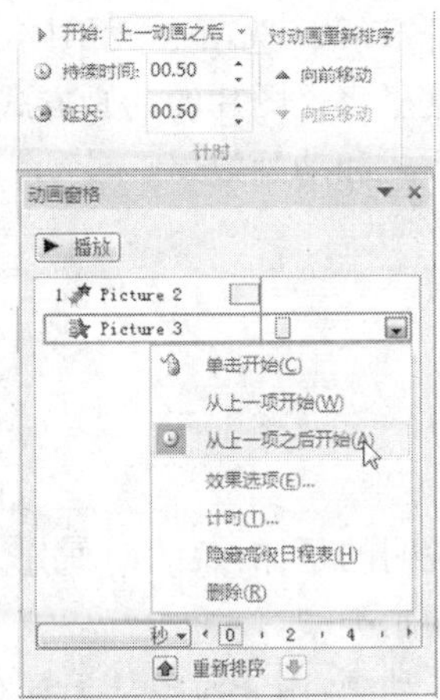

图 4-33　设置动画逻辑顺序

幻灯片母版控制的是包含标题幻灯片在内的所有幻灯片格式。可以编辑的内容主要包括标题、文本对象、日期、页脚和幻灯片编号。通过设置幻灯片母版版式的占位符,可以控制幻灯片对应区域的格式。如果删除了幻灯片母版上的占位符,幻灯片对应区域将会失去格式控制。进入幻灯片母版视图的方法如下:

①打开任意幻灯片,选择“视图”选项卡,在“母版视图”组中单击“幻灯片母版”按钮,即可进入幻灯片母版视图,如图 4-34 所示。

②选择左侧任意一个版式,即可对应用当前版式的幻灯片修改母版。若要退出幻灯片母版视图,只需在软件顶部“幻灯片母版”选项卡中,单击“关闭母版视图”按钮即可。

特别说明的是,若在“幻灯片母版”页面修改内容,则所有页面都会应用其内容;若在“母版的各类版式”页面修改内容,只会应用于当前版式。

(2)讲义母版

讲义母版相当于教师的备课本,如果一张纸只打印一张幻灯片,未免有点浪费纸张。而使用讲义母版,可以设置多张幻灯片到一张纸上,并对各个幻灯片的显示信息进行设置。

讲义母版只显示幻灯片而不包含相应的备注。讲义母版包含 4 个占位符,可以为幻灯片设置页眉、页脚、日期和页码。默认状态下,6 个虚线框表示在一页纸张里能够显示幻灯片的数量。

进入讲义母版视图的方法与进入幻灯片母版视图的方法类似,只需在“视图”选项卡的“母版视图”组中单击“讲义母版”按钮即可。

(3)备注母版

如果讲演者把所有的话都写在幻灯片上,演讲就会变成照本宣科而变得乏味。因此,在制作幻灯片时,通常将演讲的主题词或关键词放在幻灯片中展示给观众,而把不需要展示给观众的内容(如画外音、专家与领导批示、与同事之间的交流等)写在备注里。如果需要把备注页打印出来,应在“打印内容”的下拉菜单里设置,即选择“备注页”即可。

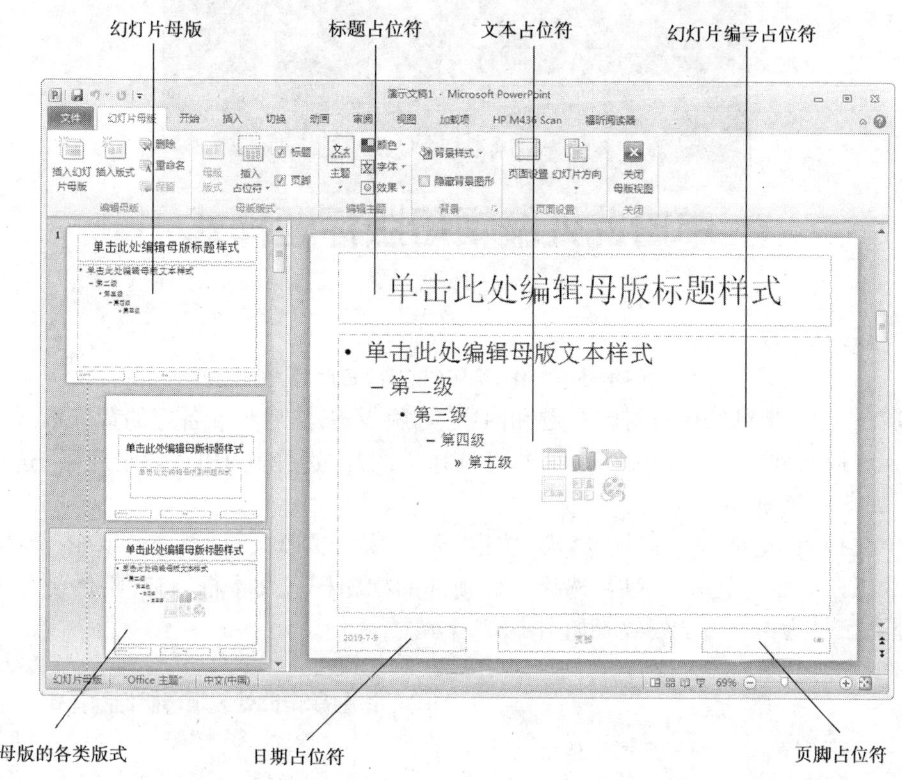

图 4-34　幻灯片母版视图

备注母版可以将幻灯片和备注显示在同一页面中。备注母版包含 6 个占位符,可以为幻灯片设置页眉、页脚、日期、备注母版页的方向等。

进入备注母版视图的方法与进入幻灯片母版视图的方法类似,只需在“视图”选项卡的“母版视图”组中单击“备注母版”按钮即可。

2. 幻灯片母版的制作

在 3 种母版中,最常用的就是幻灯片母版,通过对此母版的编辑,可以用来制作具有统一标志和背景内容的幻灯片。这里以案例的形式讲解幻灯片母版的制作方法。

①新建一个名为“母版. pptx”的演示文稿,并将页面设置为 16∶9的比例。

②在“视图”选项卡中单击“幻灯片母版”按钮,进入幻灯片母版编辑状态。在母版左侧列表中,选择“标题幻灯片”母版版式,将准备好的背景素材“标题幻灯片背景. jpg”插入到当前页面中;右键选择该图片,在二级菜单中选择“置于底层”选项;分别选择“标题样式”和“副标题样式”文本框,将其文字设置为“微软雅黑”,字号分别为 54 磅和 20 磅,并将文本框摆放在合适的位置,最终效果如图 4-35 所示。

图 4-35　制作“标题幻灯片”母版版式

③在母版左侧列表中，选择“标题和内容”母版版式，然后将准备好的背景素材“母版背景. png”插入到当前页面中。最后，右键选择该图片，选择其中的“置于底层”选项，最终效果如图 4-36 所示。

④在“插入”选项卡中单击“形状”按钮，选择“矩形”形状，绘制蓝色填充、无描边的矩形，放置在页面左上角。然后，选择页面顶部的标题样式文本框，将其字体设置为“微软雅黑”，字号为 48 磅，最终效果如图 4-37 所示。

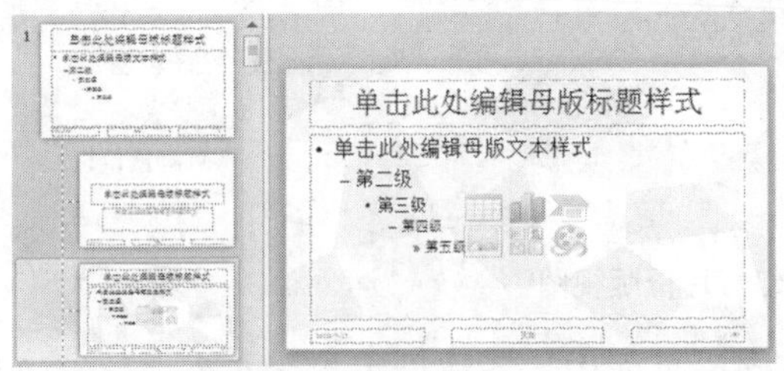

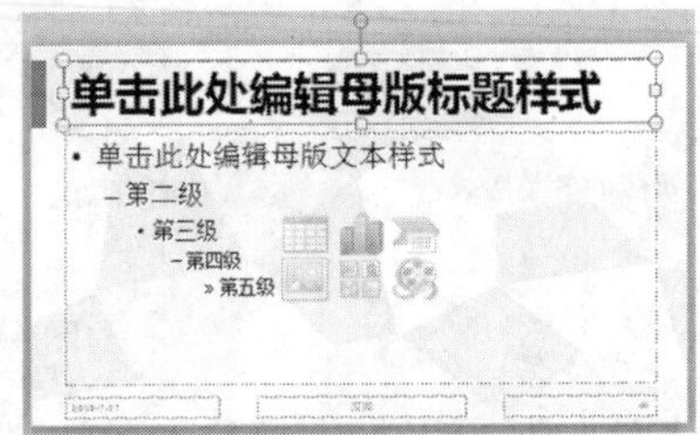

图 4-36　为“标题和内容”母版版式添加背景效果　　图 4-37　为母版增加装饰效果

至此，包含 2 个版式布局的母版制作完成。在“幻灯片母版”选项卡中，单击“关闭母版视图”按钮，退出母版编辑状态。

⑤在“单击此处添加标题”处输入标题文字“创业融资计划书”，添加副标题“‘互联网 + 企业’一站式服务平台”，最终效果如图 4-38 所示。

⑥单击“新建幻灯片”下拉框中的“标题和内容”版式，作为第二张幻灯片插入，如图 4-39 所示。

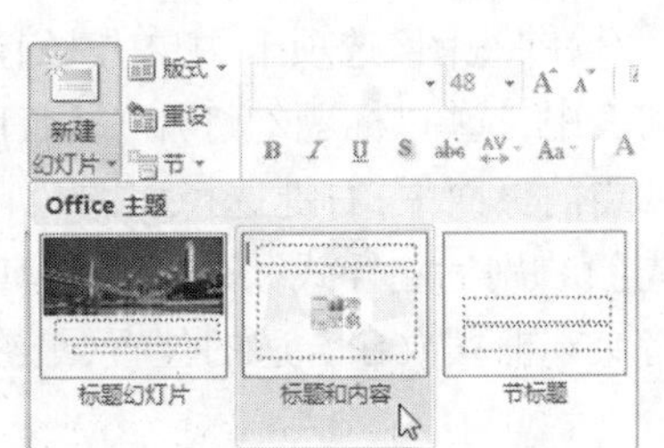

图 4-38　标题母版最终效果　　图 4-39　新建“标题和内容”版式幻灯片

⑦在第二张幻灯片顶部添加标题“项目介绍”，在文本框区域添加相关文字内容，最

终效果如图 4-40 所示。

项目介绍

- 项目来源
- 需求分析
- 行业前景
- 竞争对手分析
- 我们的优势
- 可行性分析

图 4-40　标题和内容母版最终效果

4.2.3　放映操作与放映设置

1. 放映操作

PowerPoint 有多种放映方式,用户可以根据演讲的情形选择适合自己的放映模式。

(1)在 PowerPoint 中放映

此类放映方式指的是,用户启动 PowerPoint 并打开某个演示文稿,在“幻灯片放映”选项卡中的“开始放映幻灯片”组中,单击“从头开始”或“从当前幻灯片开始”按钮,如图 4-41 所示,即可放映幻灯片。

图 4-41　放映幻灯片

(2)在桌面直接放映

当用户制作好演示文稿后,将其保存为“PowerPoint 放映”类型,即文件扩展名为“*.ppsx”。需要放映时,直接双击该文件,系统就会自动放映该演示文稿,而不再启动 PowerPoint。

2. 结束放映

在演示文稿放映过程中,鼠标右键单击幻灯片的任意区域,在弹出的右键菜单中选择“结束放映”选项即可,如图 4-42 所示。

3. 放映设置

PowerPoint 提供了 3 种放映类型:演讲者放映、观众自行浏览和在展台浏览。其操作步骤为:在“幻灯片放映”选项卡中的“设置”组中,单击“设置幻灯片放映”按钮,即可弹出如图 4-43 所示的对话框。

- 演讲者放映:该放映模式为系统默认选项,在放映时演示文稿全屏显示。其特点是演讲者能够自主控制演示速度,还可以在放映过程中录制旁白,适合于授课或会议演讲场合。

- 观众自行浏览:该放映模式适合于小规模演示,在放映时为用户提供移动、编辑、复制和打印命令,便于观众自己浏览演示文稿。
- 在展台浏览:该放映模式适合于无人值守的展览会场的幻灯片放映,在放映时演示文稿会自动循环放映,直至按下【Esc】键,才能退出放映状态。

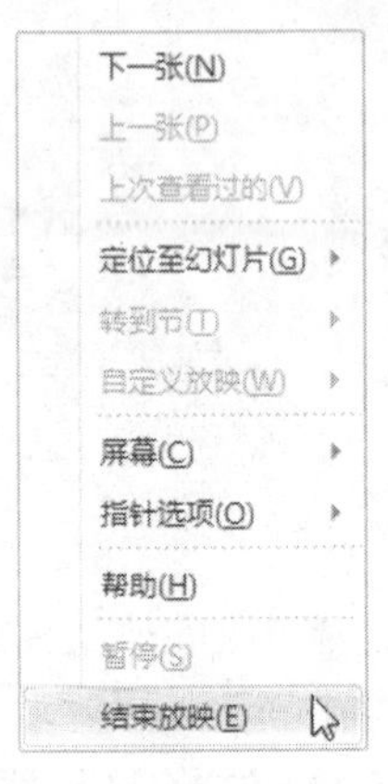

图 4-42　放映时的右键菜单

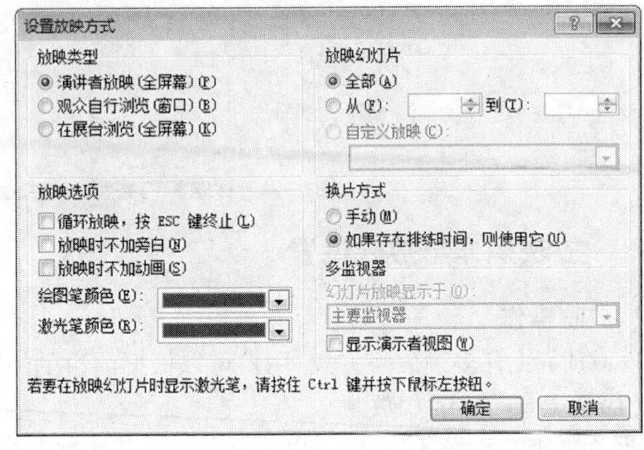

图 4-43　设置放映方式

4. 自定义放映设置

①在“幻灯片放映”选项卡中的“开始放映幻灯片”组中,单击“自定义幻灯片放映”按钮,在下拉菜单中选择“自定义放映”选项,弹出如图 4-44 所示的对话框。

②单击“新建”按钮,弹出如图 4-45 所示的对话框。从左侧列表中选择某个幻灯片,单击“添加”按钮,即可将左侧幻灯片添加到右侧列表中。通过此类设置,即可实现原始幻灯片 1 ~ 7 按次序播放,自定义为 1→2→4→5→3→7→6 顺序播放。

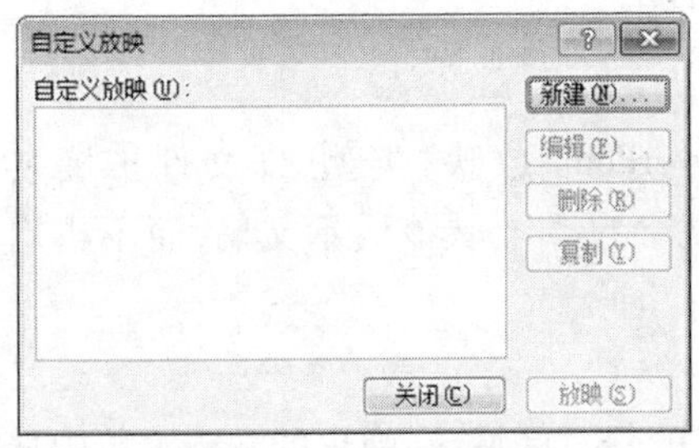

图 4-44　自定义放映

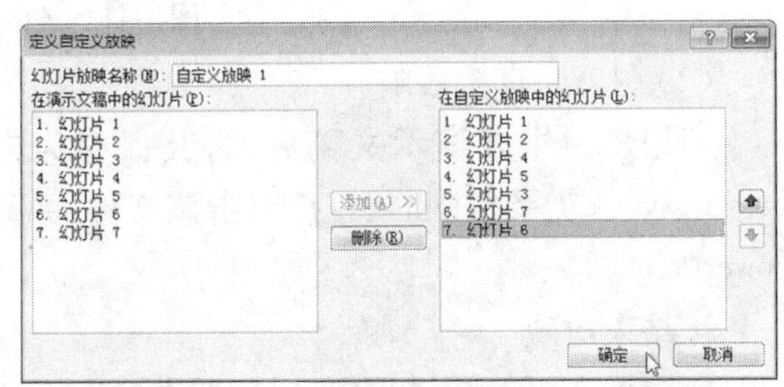

图 4-45　“定义自定义放映”对话框

4.2.4　跟着做——商务宣传演示文稿

在配套素材中,打开“商务宣传演示文稿(原始). pptx”文件,以商务宣传工作方案为主题,完成下列操作。

①新建空白演示文稿,并将现有的 4∶3屏幕比例设置为 16∶9。

②进入幻灯片母版编辑状态，在母版左侧列表中，选择“标题幻灯片”母版版式。

③在“插入”选项卡中，使用“形状”工具绘制蓝色底纹的矩形，并将该矩形置于最底层；调整当前页面中的字体为“微软雅黑”，主标题字号 60 磅，副标题字号 24 磅；在页面下部，使用“圆角矩形”工具绘制蓝色底纹的圆角矩形，如图 4-46 所示。

④在母版左侧列表中，选择“标题和内容”母版版式。将配套素材中的“logo. png”图像插入到当前页面左上角；使用“直线”工具绘制水平的直线，并在“格式”选项卡的“形状轮廓”菜单中，将直线粗细调整为 6 磅；将本页面所有文字设置为“微软雅黑”，标题文字加粗，字号设置为 36 磅，颜色为蓝色；调整页面所有文字的位置。

⑤在母版左侧列表中，选择“节标题”母版版式。使用“矩形”工具绘制贯穿版面的横向蓝色矩形和橙色正方形，调整元素的层叠位置；将标题文本样式设置为“微软雅黑”，字号 60 磅，并调整其位置，如图 4-47 所示。

图 4-46 “标题幻灯片”母版样式

图 4-47 “节标题”母版样式

⑥关闭母版视图，返回幻灯片第一页编辑状态。将配套素材中的“波浪. png”图像插入到当前页面中，为其增加“擦除”动画，方向为“自底部”；根据需要为页面增加必要的文字内容，如图 4-48 所示。

图 4-48 “商务宣传”第一张幻灯片

⑦依次新建“节标题”幻灯片和“标题和内容”幻灯片，在其中增加必要的文字内容，如图 4-49、图 4-50 所示。

⑧根据自身喜好，为每张幻灯片设置不同的切换动画效果。

图 4-49 “商务宣传”第二张幻灯片

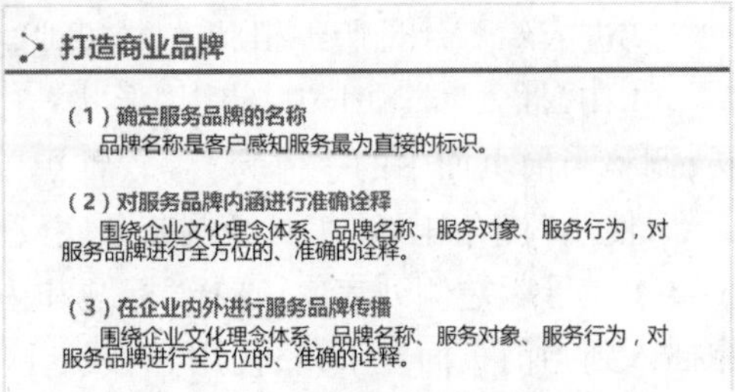

图 4-50 “商务宣传”第三张幻灯片

4.2.5 课堂思考与技能训练

1. 动画分为哪几类？其具体使用环境是什么？

2. 多个动画叠加时，“单击开始”“从上一项开始”“从上一项之后开始”分别是什么含义？

3. 母版有哪些类型？其作用是什么？

4. PowerPoint 有哪些放映方式？

5. 请以“创新创业”为题材制作 5 张幻灯片，其中需要包含“标题幻灯片”和“标题和内容”版式的母版内页，并增加合适的动画。

第5章 数据库管理系统软件Access

Access 2010 是由微软公司出品的一款图形用户界面和软件开发工具结合在一起的数据库管理系统开发软件,使用它可以高效地完成各种类型中小型数据库管理系统的开发任务。

5.1 认识 Access 2010

Access 在很多地方得到广泛使用,例如财务、金融、教育、统计、审计和行政等众多需要管理数据的领域。相比 Excel 来讲,Access 在处理数据速度和操作便捷性方面更加突出,同时可以用来开发管理软件。由于操作简单,且数据处理功能强大,能够低成本地满足一般管理工作需求,因此在实际工作中,有很多非计算机专业的管理人员,普遍采用 Access 系统软件进行数据运算与管理。

【本节知识与能力要求】

(1)认识 Access 2010 工作环境;

(2)掌握有关数据的基本概念;

(3)掌握应用 Access 创建数据库的基本操作。

5.1.1 启动 Access 2010

与启动 Excel 的方法类似,有多种方法可以启动 Access 2010,常用的三种方法如下。

1. 通过桌面快捷方式

正常安装 Microsoft Access 2010 以后,软件就会在桌面自动添加桌面快捷图标,若要启动软件,只需双击 Access 的桌面快捷图标即可。

2. 通过系统的"开始"菜单

①在系统桌面左下角,单击"开始"按钮,弹出"开始"菜单。

②在菜单中执行"所有程序"→"Microsoft Office"→"Microsoft Office Access 2010"选项,即可启动软件。

3. 直接打开 Access 文档

在"我的电脑"中,找到需要编辑的 Access 文档,直接用鼠标左键双击该文档,软件即可启动。

5.1.2 Access 2010 工作界面介绍

成功启动 Access 2010 后,软件的工作界面如图 5-1 所示。其界面主要由快速访问工具栏、标题栏、状态栏、各类型选项卡、导航窗格,以及数据库对象工作区等组成。这里仅简单介绍与其它办公软件不同的界面功能。

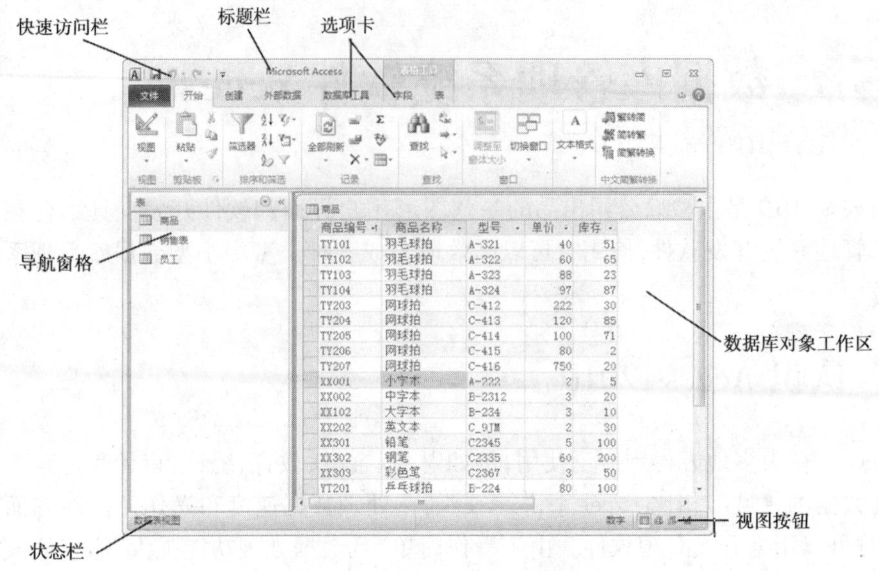

图 5-1　Access 2010 工作界面

- 导航窗格:显示数据库中的所有对象,并且按照类别进行分类。
- 数据库对象工作区:用于设计、编辑、修改、显示以及运行表、查询、窗体、报表和宏等对象的区域。对 Access 所有对象进行的操作都是在工作区中进行的,操作结果也显示在该区域中。
- 视图按钮:用于切换对象的显示方式。表、查询、窗体和报表均有不同的视图,在不同的视图中,对对象的操作也不尽相同。

5.1.3　数据库的基本概念

1. 数据库概述

数据库(Database)是为了实现某一目标,按照某种规则结构来组织、存储和管理数据的仓库。随着信息技术和市场的发展,数据管理不再仅仅是存储和管理数据,而转变成用户所需要的各种数据管理的方式。

例如,对于一所高校来讲,每年都要管理上万名学生信息,而这些学生信息就可以组成一个数据库——学生基础信息数据库。在这个数据库中,至少包括学号、姓名、班级、专业、家庭地址、联系方式、邮箱等字段信息。通过某种操作,可以向该数据库中添加或修改某个同学的信息,或者根据某些个性化筛选条件,快速查找出所需要的数据。

数据库有很多种类型,通常分为层次型数据库、网络型数据库和关系型数据库三种,而不同的数据库是按不同的数据结构来联系和组织的,无论哪种数据库类型目前都在各个方面得到了广泛的应用。Access 采用的是关系型数据库的数据组织模式,也是目前在理论上最为成熟,实践上应用最为广泛的数据库类型。

2. 数据库管理系统

数据库中包含了大量的数据和数据之间的关系,如果使用人工管理的方式极有可能出现错误、效率低下的情况。为此,软件公司开发出专门的数据库管理工具,通过这些工具软件,用户能够高效地处理数据,而这些工具软件称为数据库管理系统。

3. 了解关系型数据库

关系型数据库,是创建在关系模型基础上的数据库,借助集合代数等数学概念和方法来处理数据库中的数据。工作中的各种实体以及实体之间的各种联系均用关系模型来表示。

关系型数据库管理系统的基本特征是按照关系数据模型组织数据库,关系数据模型由关系数据结构、关系操作集合、关系完整性约束三部分组成,Access 就属于关系型数据库管理系统。

举例说明,学校学生成绩管理是一项日常工作,如果把学号、姓名、专业、班级、课程名、成绩等多种信息放在一张表中,那么其中一个数据发生变化,其它数据也要进行更新或修改,这张表管理起来既复杂,又容易出现混乱。为了有效地管理这种复杂的数据,在关系型数据库中,把数据进行分类后分别放在多张不同的二维表中,然后多张表之间建立某种关系或联系,这样既节省了存储空间,又减少了数据冗余,使得数据组织非常条理化,即学生成绩信息通过相互关联的各个二维表格完整、有序地被记载了下来。

4. Access 数据库的基本概念

在关系型数据库中,数据元素是最基本的数据单元。若干个数据元素组成数据元组,若干个相同的数据元组组成一个数据表。所有相关的数据表则组成一个数据库,即关系型数据库。

(1)字段

在 Access 中,数据元素被称为“字段”,每个字段作为数据表的一个列。每个字段必须有唯一的名字,称为字段名。每个字段都有相关的属性,而这些属性可以赋予不同的值。

(2)记录

在 Access 中,数据表的每一行就是一条记录。记录由若干字段构成,每个记录都有唯一的编号,称为记录号。

(3)数据表

在 Access 中,具有相同字段的所有记录的集合称为“数据表”。一个数据库中的每个数据表均具有唯一的名字,称为表名。

5.1.4 数据库的创建

Access 提供了两种创建数据库的方法:一种是从空白开始创建数据库;另一种是使用模板创建数据库。数据库文件的扩展名为“.accdb”。

1. 创建空白数据库文件

创建一个空白数据库文件是最常用的方法,即先建立未包含数据的数据库,类似于建立数据库的外壳,然后根据实际需要添加表、窗体、查询、报表和宏等对象。这种方法最灵活,可以创建出所需要的各种数据库,具体操作如下。

①启动 Access,在“文件”选项卡的菜单中,选择“新建”选项。在窗口中单击“空数据库”按钮,并在右侧窗格中输入拟保存的数据库文件名,这里输入“成绩表”。

②单击“创建”按钮，这时 Access 自动创建了一个数据库文件，如图 5-2 所示。在当前窗口中，左侧窗格列出了数据库包含的主要对象类型“表”，系统默认打开“表 1”数据表，在右侧窗格中用户可以对“表 1”数据表的字段进行编辑。

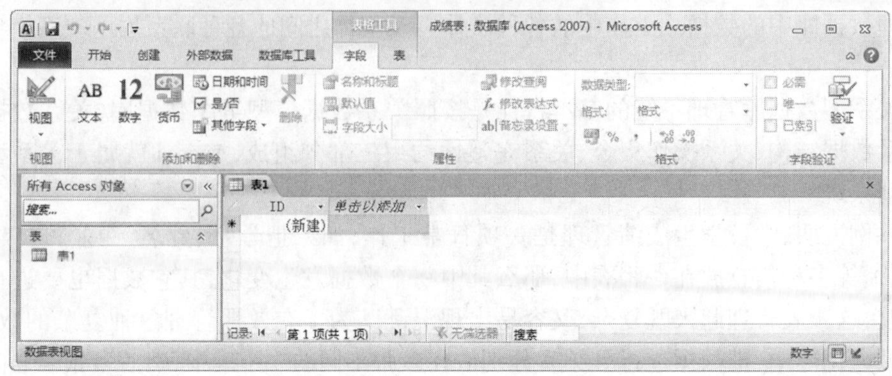

图 5-2　创建空白数据库文件

2. 使用模板创建数据库文件

为了方便用户快速创建不同类型的数据库，Access 2010 提供了多种样本数据库模板。在使用模板创建时，软件自动从 Office. com 的网站搜索对应的模板，下载到本地后即可使用。

①启动 Access，在“文件”选项卡的菜单中，选择“新建”选项。

②在中间窗格内的“可用模板”界面中，选择“教育”栏目中名为“学生”的模板。

③在右侧窗格内输入数据库文件名称和保存路径，单击“下载”按钮。随后，Access 从互联网上获取对应的模板，并在软件中打开，如图 5-3 所示。从当前模板可以发现，该数据库文件包含了表和查询等多种对象，用户只需要录入数据即可。

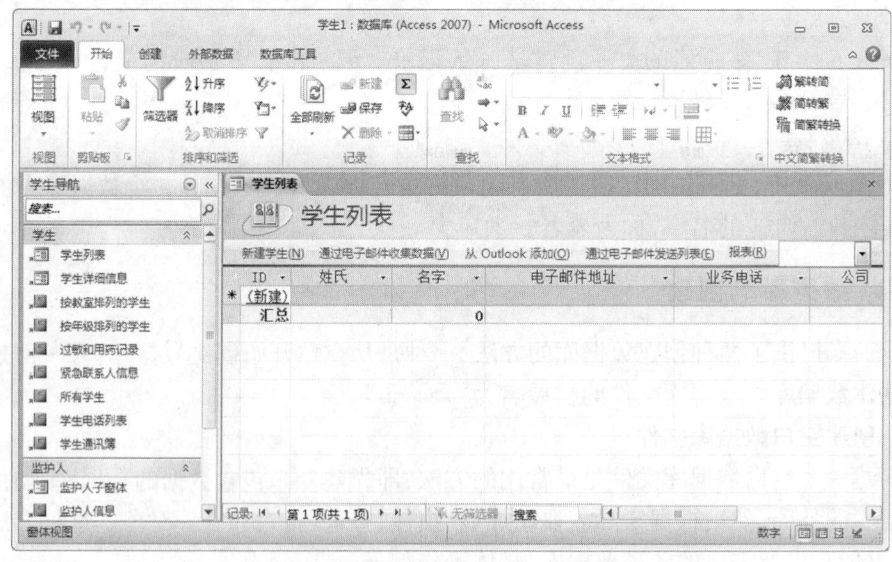

图 5-3　使用模板创建“学生”数据库文件

5.1.5 组织数据库对象

Access 提供了对数据库对象的组织和管理,其中“导航窗格”就是对 Access 中的主要对象进行管理的工具。

1. 表

在 Access 数据库中,数据表是最基本的对象。查询、窗体、报表等对象都是基于表为数据源而创建的。因此,这些对象与某个表有关的对象自然就构成了逻辑关系,通过这种组织方式,可以使 Access 开发者比较容易了解数据库内部对象之间的关系。

一个数据库可以包含多个表,每个表又包含特定的主题,如图 5-4 所示。表中的单个数据元素(列)称为字段,在表的顶部可以看到不同类型的字段名;表的一行所有字段的集合,称为记录。

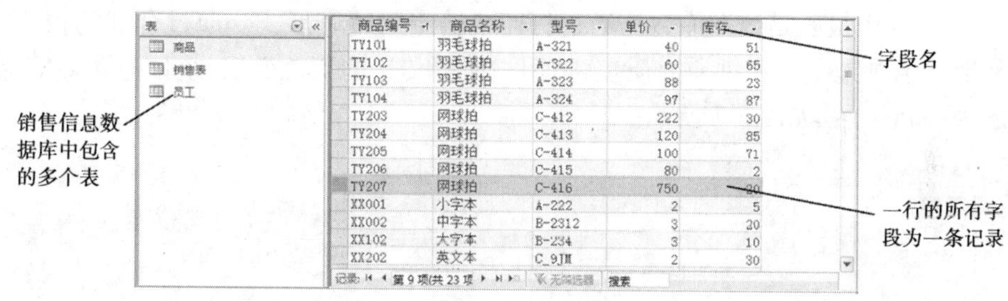

图 5-4 “商品”表

2. 查询

查询是一种在数据库的一个或多个表中查找所需要信息的手段。要创建查询对象,用户可以通过查询设计视图来选择数据源,然后根据实际需要设置查询条件,如图 5-5 所示。更为详细的操作,在后续内容中陆续讲解。

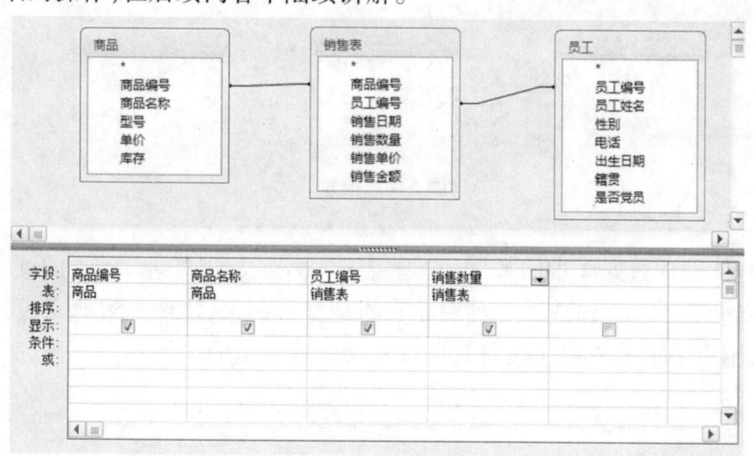

图 5-5 查询

3. 窗体

窗体是用于显示、输入和编辑应用程序的操作界面,也是数据库与用户交互的操作界面，如图 5-6 所示。窗体中显示的数据可以来自一个或多个数据表，也可以来自某个查询结果。在窗体中可以加入不同类型的控件、图形等多种对象来服务于事件处理。

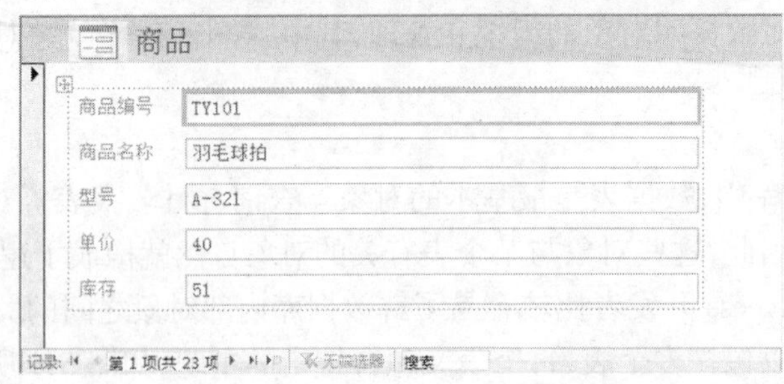

图 5 6　窗体

4. 报表

在 Access 中报表是数据库数据通过打印机输出的特有形式。通过合理的报表设计，能够使数据清晰地呈现在纸质介质上，把用户所要传达的汇总数据、统计与摘要信息让他人看起来一目了然，如图 5-7 所示。

销售表

2019年8月24日 8:27:26

商品编号	员工编号	销售日期	销售数量	销售单价	销售金额
XX002	101	2019-12-5	21	3	0
TY206	101	2018-6-23	81	81	0
TY101	101	2018-2-8	56	40	0
XX303	101	2018-6-23	24	3	0
XX002	105	2019-2-5	51	3	0
YT202	105	2019-5-23	54	120	0
XX002	107	2018-5-23	12	3	0
TY101	107	2019-3-21	20	40	0
TY205	107	2019-2-4	100	100	0
XX303	107	2019-8-21	4	3	0
TY206	107	2019-12-21	80	80	0

图 5-7　报表

5. 宏

宏并不直接处理数据库中的数据，它是组织 Access 数据处理对象的工具。在 Access 中使用宏可以把表、查询、窗体等多种对象有机地整合起来，协调一致地完成特定的任务。通过执行宏，用户不用编写程序代码就可以自动完成大量的工作。

5.2　表

表是有关特定主题的信息集合，也是数据库中存放数据的场所。在 Access 中，表有四种视图窗口，分别执行不同的操作。一是设计视图，它用于创建和修改表的结构；二是数据表视图，它用于浏览、编辑和修改表的内容；三是数据透视图视图，它用于以图形的形式显示数据;四是数据透视表视图,它用于按照不同方式组织和分析数据。其中,前两种是最常用的表操作视图窗口。

【本节知识与能力要求】

(1)认识数据库中的表;

(2)认识表与表之间的三种关系;

(3)掌握修改表结构的方法。

5.2.1 创建表

在确定数据库系统的开发需求之后,就需要对拟创建的数据库加以分析,明确应该创建哪些表,以及以何种关系建立表与表之间的联系。

1. 表与主题

主题指的是在关系型数据库中具有相同主题的数据集合。在创建表时,需要根据每个不同的主题存放不同类别的数据信息。

例如,在教学管理数据库中所涉及的主题和对应的表之间的联系如表5-1所示。

表5-1 表与主题的关系

主题	表
教师基本信息	教师
学生基本信息	学生
教师授课信息	授课
课程信息	课程
成绩信息	成绩

2. 表的结构

表由若干行和若干列组成,定义字段就是确定表的结构,即确定表中字段名称、数据类型、字段属性和说明等,如图5-8所示。

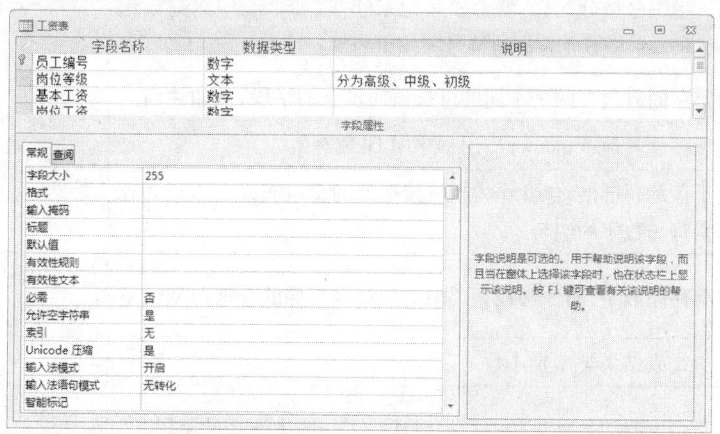

图5-8 表的结构

(1)字段名称

表中的列称为字段,主要用于描述某一主题的特征,例如员工编号、岗位等级、基本工资等。

(2)数据类型

在表中同一列数据必须具有相同的数据特征,这个相同的数据特征称为字段的数据类型。不同数据类型的字段用来表达不同的信息。在设计表时,必须先定义表中字段的数据类型。

Access 提供了多种数据类型,用户可以在下拉列表中选择。不同的数据类型,不仅数据的存储方式不同,而且占用的计算机存储空间大小不同,能够保存信息的长度也不相同,具体内容详见表 5-2。

表 5-2 数据类型

类型名称	含义	存储大小
文本	Access 的默认数据类型,用于存储字符串信息。可以存储例如电话号码、邮政编码等以字符串形式存储的数字,不具有计算能力,但具有字符串属性	最多 255 个字符
备注	用于存储长度较长的文本和数字,或具有 RTF 格式的文本。通常情况下,该类型数据只用于描述性注释,不具有排序和索引的属性,更不能被设置为主键	最多 65535 个字符
数字	用于存储需要进行计算的数值数据。由于取值范围不同,又可以分为字节、整型、长整型、单精度型、双精度型等	1、2、4、8 个字节
日期/时间	用于存储日期和时间,每个日期或时间字段需要 8 个字节的存储空间	8 个字节
货币	属于数字数据类型的特殊类型,用于存放数值数据。用户不需要输入货币符号,Access 会根据输入内容自动添加货币符号	8 个字节
自动编号	自动给每条记录分配一个唯一的递增的数值,并以长整型形式存储。当编号被分配后,就会永久记录连接,如果表中删除该记录,则 Access 并不会为自动编号字段重新编号	4 个字节
是/否	用于存储只包含两个不同的可选值而设立的字段,例如性别	1 位
OLE 对象	用于存储其他 Windows 应用程序中 OLE 对象	最多 1GB
超链接	用于存储超链接,包含作为超链接地址的文本或以文本形式存储的字符与数字的组合	
附件	用于存储数字、图像和任意类型的二进制文件的首选数据类型	压缩附件不超过 2GB,未压缩附件约为 700KB
计算	表达式或结果类型是小数	8 个字节
查阅向导	用于实现查阅另外表中的数据或从一个列表中选择的字段	与执行查阅的主键字段大小相同

3. **表与表的关系**

在创建数据库过程中，需要将信息分类组织到多个表中，然后再通过某种关系将表与表之间相互关联起来，而这种关联起来的关系是通过建立主键和外键来实现的。

- 主键：用于存储在表中对每个行进行唯一标识的字段，又称为主关键字。这通常是一个唯一的标识号，且不能有重复值，例如，学生表中的学号，或者课程表中的课程编号。
- 外键：引用其他表中主键的字段，用于配合主键表明表与表之间的关系。

在关系型数据库中，表与表之间的关系有三种：

(1)一对一关系

表A的每一个记录，表B中至多有一个记录与之对应，反之亦然。例如，学生表中的学号和健康表中的一个学号相对应。

(2)一对多关系

表A的每一个记录，表B中有多个记录与之对应；反之，表B的每一个记录，表A中至多有一个记录与之对应。例如，学生表中的学号，在选课表中有多门课程与该学号对应。

(3)多对多关系

表A的每一个记录，表B中有多个记录与之对应，同样对于表B的每一个记录，表A中也有多个记录与之对应。例如，学生表和课程表，每个学生可以选修多门课程，而每门课程可以有多个学生选修。

4. **创建表**

在Access中创建表的方法有多种，这里介绍最为常用的操作方法。

①在配套素材中，使用Access打开“产品销售业绩.accdb”数据库文件。

②在“创建”选项卡的“表格”组中，单击“表设计”按钮。随后，系统将新表“表1”插入到数据库中，并打开数据表视图。

③根据之前讲解的知识，这里拟对“产品销售业绩”数据库增加“工资表”，用于存放员工的工资。在第一行的“字段名称”列中输入字段名称“员工编号”，然后在“数据类型”列的下拉列表中选择“文本”选项；在第二行的“字段名称”列中输入字段名称“岗位等级”，然后在“数据类型”列的下拉列表中选择“文本”选项。以此类推，根据需求完成表的结构设计，如图5-9所示。

④设置完成后，鼠标右键单击“员工编号”字段，在二级菜单中选择“主键”选项，将“员工编号”设置为“工资表”的主键。

⑤将当前表保存为“工资表”。在导航窗格中，双击“工资表”选项，打开数据表视图，依次录入数据即可，如图5-10所示。

5.2.2 修改表结构

在数据库创建过程中，需要对数据表的结构进行修改和完善，例如新增字段、删除字段、重命名字段和更改数据类型等。

1. **在原有表结构中插入新字段**

①在配套素材中，使用Access打开“产品销售业绩.accdb”数据库文件。

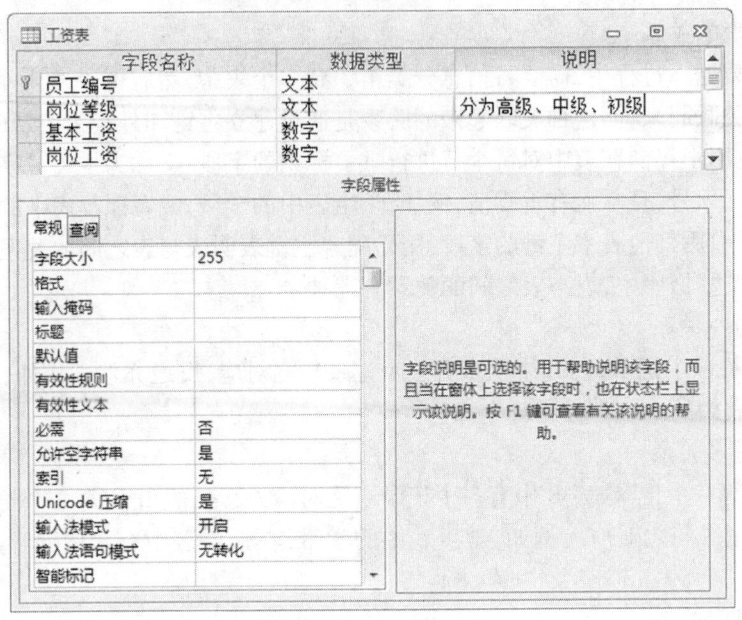

图 5-9　设计“工资表”的结构

工资表

员工编号	岗位等级	基本工资	岗位工资	单击以添加
701	高级	2200	800	
702	中级	1800	600	
703	初级	1500	400	
*				

记录: 第 3 项(共 3 项)　无筛选器　搜索

图 5-10　录入数据

②在左侧任务窗格中，右键单击“工资表”，选择二级菜单中的“设计视图”选项，如图 5-11 所示。

③随后，进入“工资表”的设计视图模式。根据需要，在拟增加字段的位置单击右键，在二级菜单中选择“插入行”选项，如图 5-12 所示，即可完成在原有表结构中插入新字段的操作。

2. 删除字段

与插入新字段操作类似，若要删除某个字段，只需在图 5-12 所示的操作中选择“删除行”选项，即可删除字段。需要注意的是，在删除字段之前，应该把该字段的有关的关系删除。

3. 更改字段属性

若要更改字段属性，只需在图 5-12 所示窗口的“数据类型”列的下拉菜单中选择合适的属性即可。

图 5-11　任务窗格的右键菜单

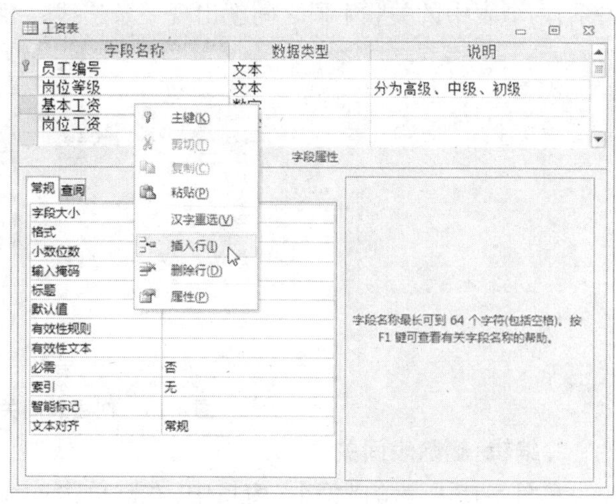

图 5-12　插入新字段

5.2.3　表间关系

1. 创建表间关系

之前已经讲解过，表与表之间包含 3 种关系，而在创建表间关系时，还需要遵从“参照完整性”原则。创建表间关系的操作如下。

①在配套素材中，使用 Access 打开“产品销售业绩.accdb”数据库文件。

②在“数据库工具”选项卡的“关系”组中，单击“关系”按钮。如果数据库中还没有定义任何关系，则系统弹出如图 5-13 所示的对话框，用户可以在“表”列表中选择需要创建关联的表。依次选择“员工”表和“销售表”表，单击“添加”按钮，将这两张表添加到“关系”窗口中。

③在“关系”窗口中，将“员工”表中的“员工编号”拖拽到“销售表”表中，此时弹出如图 5-14 所示的对话框。

图 5-13　“显示表”对话框

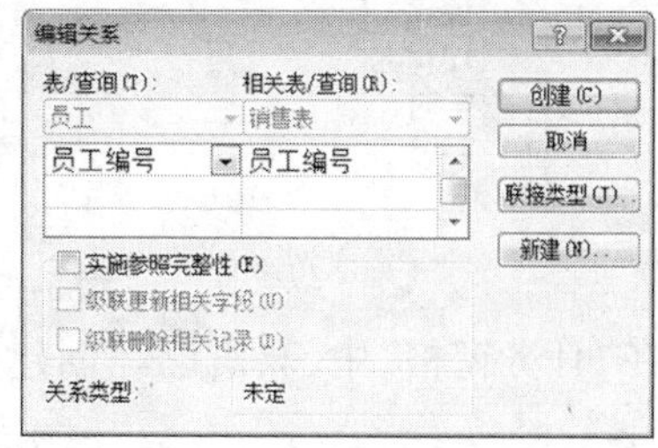

图 5-14　“编辑关系”对话框

④在“编辑关系”对话框中，单击“创建”按钮，“员工”表和“销售表”表就建立了一个关系，两个表中的关联字段之间就出现一条连线，如图 5-15 所示。

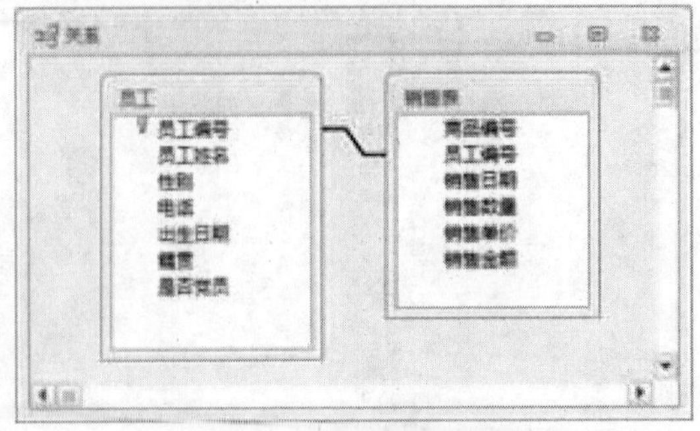

图 5-15　创建表间关系

2. 编辑/删除表间关系

在图 5-15 所示的“关系”窗口中，右键单击连线，在弹出的二级菜单中选择“编辑关系”或“删除”选项，即可完成对应的操作。

5.2.4　跟着做——创建学生成绩数据库

以创建学生成绩为主题在 Access 中创建包含“学生”、“课程”和“成绩”三个表的数据库，并完成数据的录入。

①打开 Access，创建空数据库。

②在“创建”选项卡的“表格”组中，单击“表设计”按钮，根据如图 5-16 ~ 图 5-18 所示的表结构完成数据库表的设计。

成绩

字段名称	数据类型	说明
学号	文本	
课程号	文本	
成绩	数字	

图 5-16　“成绩”表结构

课程

字段名称	数据类型	说明
课程号	文本	
课程名	文本	
学时	数字	
学分	数字	

图 5-17　“课程”表结构

③在“任务窗格”中，双击已经创建的表，在右侧窗格中完成数据录入，如图 5-19 所示。

④在“数据库工具”选项卡的“关系”组中，单击“关系”按钮，为表格创建关系，如图 5-20 所示。

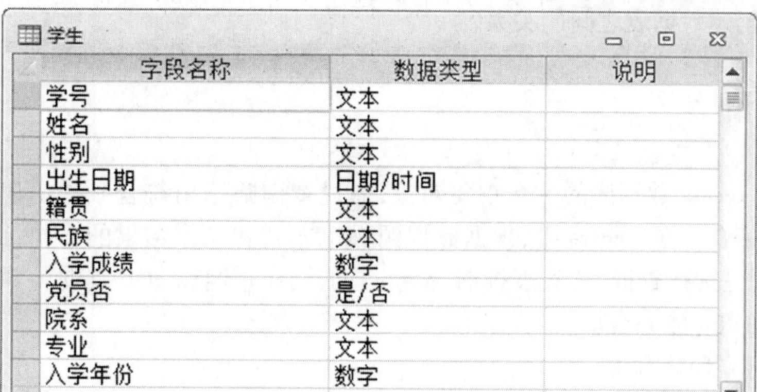

学生

字段名称	数据类型	说明
学号	文本	
姓名	文本	
性别	文本	
出生日期	日期/时间	
籍贯	文本	
民族	文本	
入学成绩	数字	
党员否	是/否	
院系	文本	
专业	文本	
入学年份	数字	

图 5-18 “学生”表结构

学生

学号	姓名	性	出生日期	籍贯	民族	入学成绩	党员	院系	专业	入学年份
541103010101	李文政	男	2001-5-5	河南郑州	汉族	511	☐	外国语学院	英语	2019
541103010102	张高丽	女	2000-2-28	湖北武汉	汉族	512	☐	外国语学院	英语	2019
541103010103	谢鹏	男	2001-12-12	河南安阳	汉族	533	☐	外国语学院	英语	2019
541103010104	李静	女	2001-5-9	河南信阳	回族	500	☑	外国语学院	英语	2019
541103020105	张志明	男	2000-6-9	青海西宁	苗族	488	☑	外国语学院	法语	2019
541103020106	刘冰	女	2001-12-15	湖南长沙	汉族	526	☐	外国语学院	法语	2019
541103020107	张应辉	男	2001-5-9	云南昆明	汉族	512	☑	外国语学院	法语	2019
541103020108	张静	女	2001-12-25	西藏拉萨	藏族	479	☐	外国语学院	法语	2019
541103020109	崔丽	女	2000-12-29	上海	汉族	600	☑	外国语学院	法语	2019
541103020110	赵宗赛	男	2001-12-12	河南洛阳	汉族	546	☐	外国语学院	法语	2019
541201010101	陈叶	男	2002-12-12	河南许昌	汉族	521	☑	计算机学院	计算机网络	2020
541201010102	李梦杰	男	2002-5-1	河南郑州	汉族	550	☑	计算机学院	计算机网络	2020
541201010103	王斌	男	2002-9-9	河南洛阳	回族	540	☐	计算机学院	计算机网络	2020
541201010104	刘佩菲	女	2002-6-28	河南郑州	白族	508	☐	计算机学院	计算机网络	2020
541202010101	李鹏飞	男	2002-12-1	河北邯郸	汉族	498	☑	经济管理学院	会计	2020
541202010102	汪透明	女	2002-4-8	北京	汉族	478	☐	经济管理学院	会计	2020
541202010103	林熙	女	2002-6-6	河北石家庄	汉族	499	☐	经济管理学院	会计	2020
*						0	■			0

记录: 第 1 项(共 17 项 无筛选器 搜索

图 5-19 数据录入

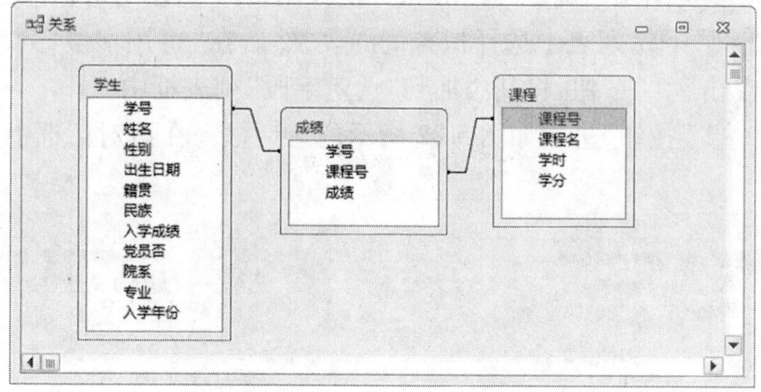

图 5-20 创建表间关系

5.2.5 课堂思考与技能训练

1. 对于 Access 数据库来讲,数据库中包含哪些数据对象?
2. 在关系型数据库中,如何定义表的结构?
3. 什么是数据类型?“文本”型数据类型的含义是什么?
4. 什么是主键?什么是外键?如何创建主键?

5. 如何创建数据表之间的关系？

5.3 查询

查询是 Access 数据库的一个重要对象，通过查询筛选出符合条件的记录，构成了一个新的数据集合。在 Access 中，根据数据源操作方式和操作结果的不同，可以把查询分为 5 种，分别是选择查询、交叉表查询、参数查询、操作查询和 SQL 查询。

【本节知识与能力要求】

(1) 了解查询的种类；

(2) 掌握选择查询的操作方法；

(3) 了解交叉表查询的操作方法；

(4) 掌握参数查询的操作方法；

(5) 掌握操作查询的操作方法；

(6) 了解 SQL 查询的操作方法。

5.3.1 选择查询

选择查询是最常用、最基本的查询对象类型和查询方式。它是根据指定的查询条件，从一个或多个表中获取数据并显示结果。使用选择查询还可以对记录进行分组，并且针对记录进行总计、计数、平均值以及其它类型的总和计算。借助查询向导创建“选择查询”的操作步骤如下。

①在配套素材中，使用 Access 打开“产品销售业绩. accdb”数据库文件。

②在“创建”选项卡的“查询”组中，单击“查询向导”按钮，在弹出的对话框中选择“简单查询向导”选项，单击“确定”按钮后，弹出如图 5-21 所示的对话框。

③在“表/查询”下拉列表中选择拟查询的表，然后在“可用字段”列表框中选择要用到的查询字段，单击“ > ”按钮，将其添加到“选定字段”列表框中。

④单击“下一步”按钮，进入如图 5-22 所示的对话框。在该对话框中，选择“明细”单选按钮。

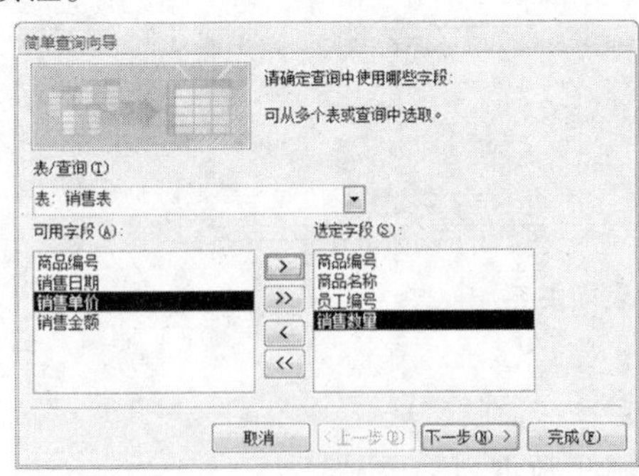

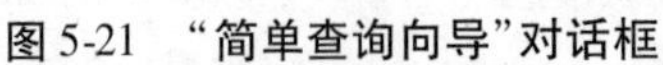
图 5-21 “简单查询向导”对话框

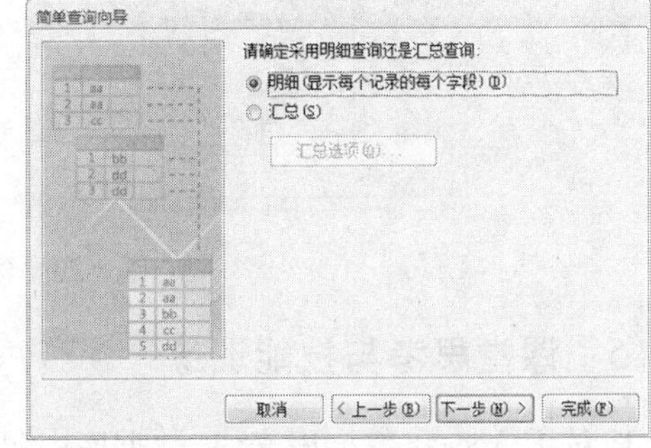

图 5-22 选择明细查询

⑤单击“下一步”按钮，进入如图 5-23 所示的对话框。在对话框的文本框中输入文件名称，单击“完成”按钮，系统自动按照用户需求创建了一个查询文件。

随后,用户即可看到查询结果。与此同时,在左侧任务窗格中,可以看到刚才创建的查询对象,如图 5-24 所示。

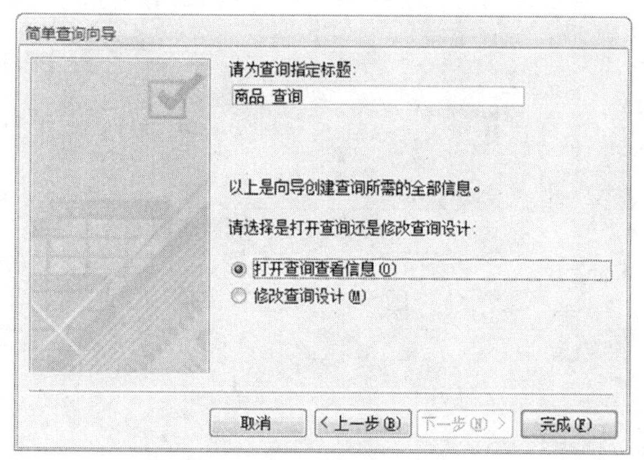

图 5-23　保存查询

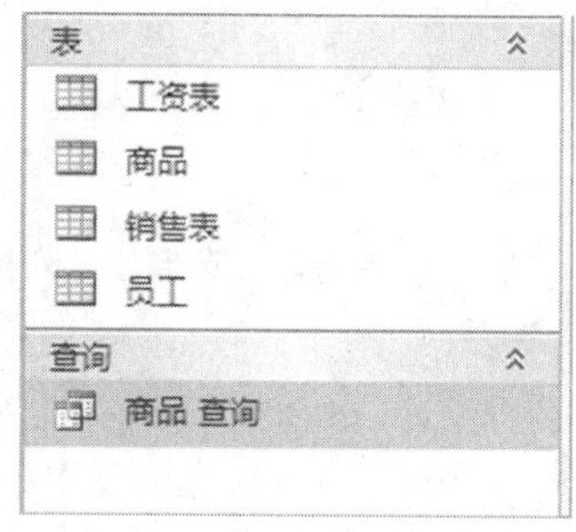

图 5-24　查询对象

5.3.2　交叉表查询

使用交叉表查询重构数据,可以简化数据分析。在实际应用中,交叉表查询用于解决在一对多关系中,对“多方”实现分组求和的问题。借助查询向导创建“交叉表查询”的操作步骤如下。

①在“创建”选项卡的“查询”组中,单击“查询向导”按钮,在弹出的对话框中选择“交叉表查询向导”选项,单击“确定”按钮后,弹出如图 5-25 所示的对话框。在该对话框中,选择用来建立交叉表查询的表,本例中选择“销售表”。

②单击“下一步”按钮,弹出如图 5-26 所示的对话框。在“可用字段”列表框中选择作为标题的字段。

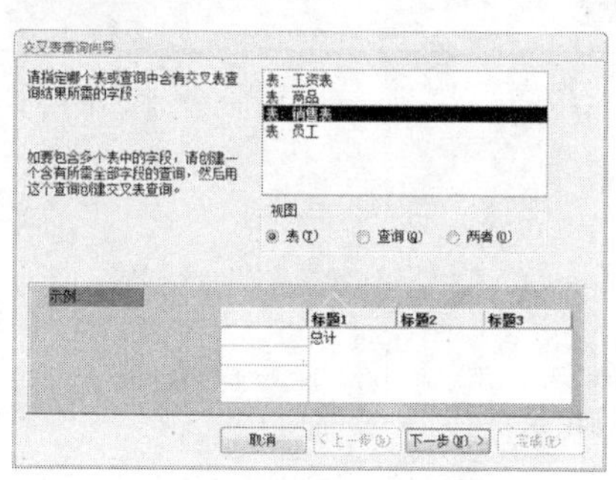

图 5-25　选择含有交叉表查询结果所需字段的表

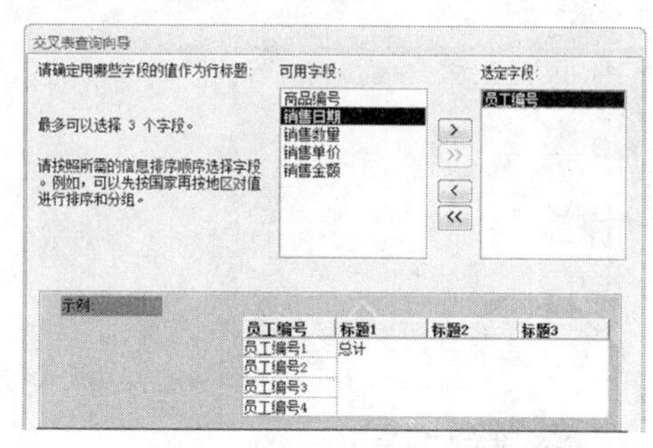

图 5-26　选择作为行标题的字段

③单击“下一步”按钮,弹出如图 5-27 所示的对话框,选择作为列标题的字段。单击“下一步”按钮,弹出如图 5-28 所示的对话框,在该对话框中指定“销售数量”的总和作为交叉值。

④单击“下一步”按钮,弹出如图 5-29 所示的对话框。输入查询名称后,单击“完成”

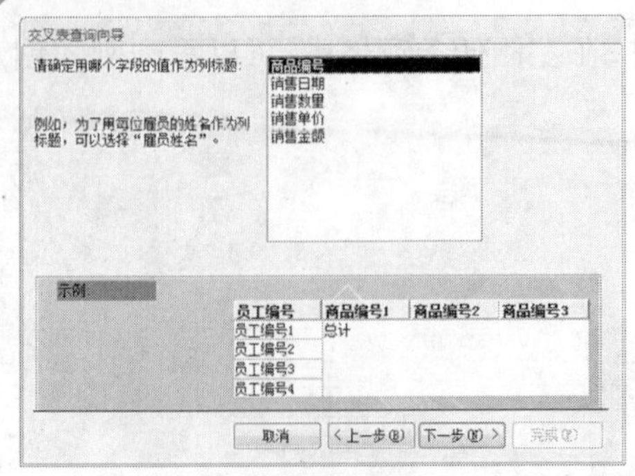

图 5-27　选择作为列标题的字段

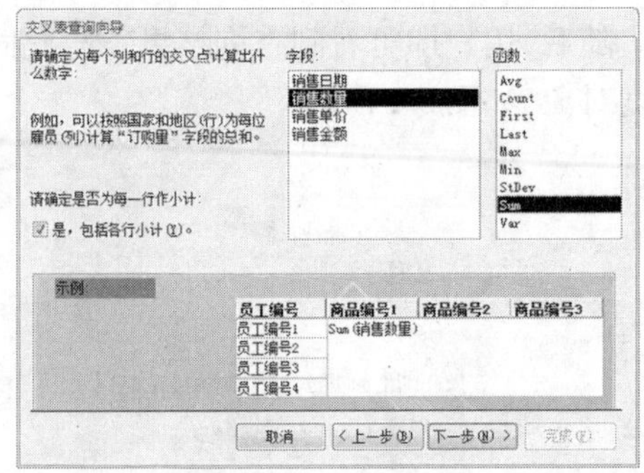

图 5-28　设置交叉值

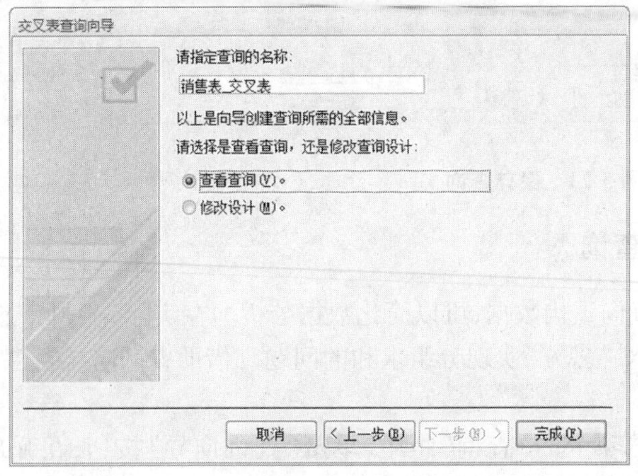

图 5-29　输入交叉表查询名称

按钮,即可完成交叉表查询,如图 5-30 所示。

销售表_交叉表

员工编号	总计 销售数量	TY101	TY102	TY104	TY203	TY205	TY206
101	182	56					81
105	105						
107	242	20				100	80
202	125	23			102		
204	35		12		23		
29	52		52				
321	779		77				80
324	99					99	
336	15	15					
339	21		21				
407	108		85				

记录: 第 1 项(共 17 项)　无筛选器　搜索

图 5-30　交叉表查询结果

5.3.3　参数查询

参数查询指的是创建可以使用多次,但每次使用不同条件值进行的查询。例如,要查找员工的销售业绩,每次查询都是相同的查询,只是每次查询的员工名字不同,这时就可以使用参数查询。这种处理方法使得在查询过程中,让用户跟随提示信息输入数据,不用再去修改整个查询设计。

这里以示例的方式介绍“销售表”中的“销售金额”在满足大于某个参数值情况下的

参数查询。

①在配套素材中，使用 Access 打开“产品销售业绩. accdb”数据库文件。

②在“创建”选项卡的“查询”组中，单击“查询设计”按钮，弹出“显示表”对话框，这里选择“销售表”作为查询的目标数据表，如图 5-31 所示。单击“关闭”按钮，返回“查询”窗口。

③在“查询”窗口中，创建需要查询的字段，如图 5-32 所示。

图 5-31　选择拟查询的表

图 5-32　“查询”窗口

④在“设计”选项卡的“显示/隐藏”组中，单击“参数”按钮，在弹出的对话框中设置参数，并指定参数类型，这里将参数设置为 x，类型为“单精度型”，如图 5-33 所示。设置完成后，单击“确定”按钮，返回“查询”窗口。

⑤在“查询”窗口的“条件”行中，针对“销售金额”字段设置查询条件，如图 5-34 所示。或者在“设计”选项卡的“查询设置”组中，单击“生成器”按钮，在弹出的对话框中同样可以设置查询条件，如图 5-35 所示。

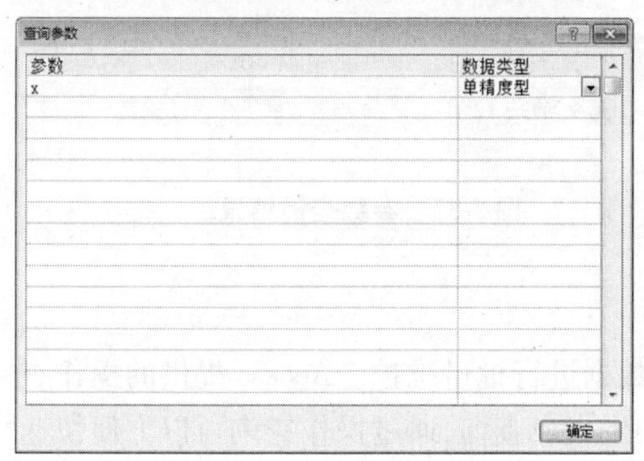

图 5-33　设置查询参数

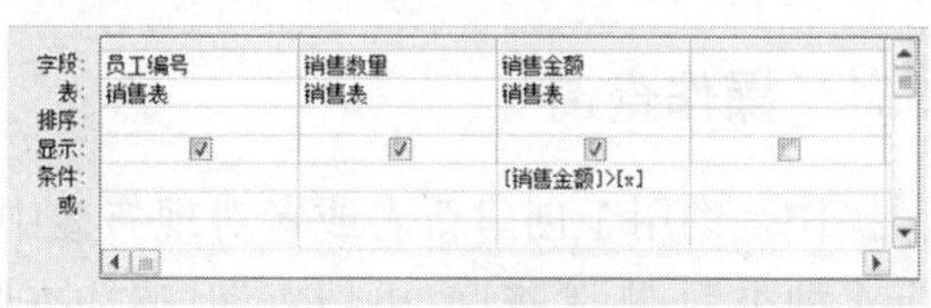

图 5-34　设置查询条件

⑥待所有设置完成后，在“设计”选项卡的“结果”组中，单击“运行”按钮。弹出如图 5-36所示的对话框，在其中输入参数值“5000”，单击“确定”按钮，即可出现查询结果，如图 5-37 所示。该结果的含义是，查询销售表中销售金额大于 5000 的员工。

至此，参数查询的操作全部完成，读者还可以通过该查询，输入不同的参数值，Access 将反馈不同的查询结果。

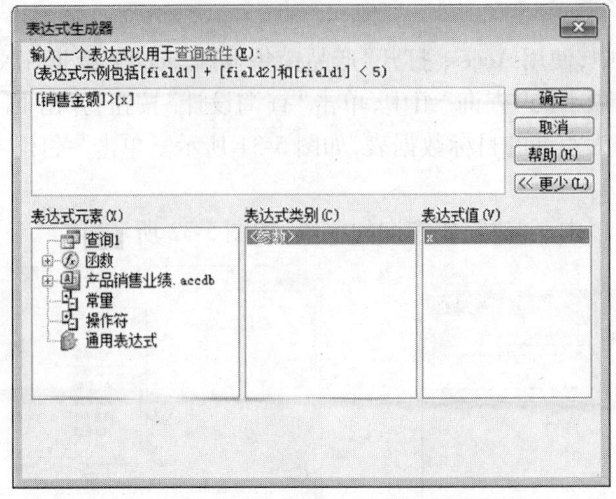

图 5-35　通过"表达式生成器"设置查询条件

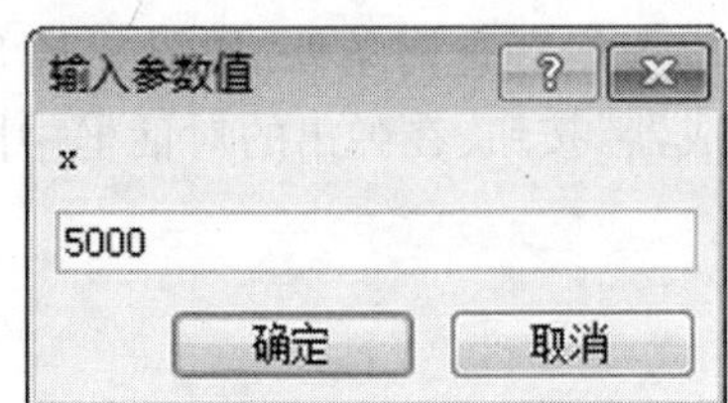

图 5-36　输入参数值

销售金额_参数查询

员工编号	销售数量	销售金额
321	77	5005
489	96	9312
509	100	9800
202	102	22542
204	23	5106
324	99	21780
107	100	10000
107	80	6400
321	80	6400
101	81	6561
105	54	6480
419	55	6325
*	0	0

记录: 第 1 项(共 12 项　无筛选器　搜索

图 5-37　参数查询结果

5.3.4　操作查询

操作查询用于创建新表或者对现有表中的数据进行批量维护。Access 提供的操作查询有 4 种类型:删除查询、更新查询、追加查询和生成表查询,通过操作查询可以方便快速地完成对数据的导出、删除和更新。

这里以将"工资表"中"岗位等级"为"中级"的"基本工资"数值,批量提高指定金额为目的,使用操作查询来完成对数据库的更新。

①在配套素材中,使用 Access 打开"产品销售业绩. accdb"数据库文件。

②在"创建"选项卡的"查询"组中,单击"查询设计"按钮,弹出"显示表"对话框,选择"工资表"选项,单击"添加"按钮,将"工资表"添加到"查询"窗口中。

③在"设计"选项卡的"查询类型"组中,单击"更新"按钮。在"查询"窗口的下方列

表的“字段”处选择“基本工资”,在“更新到”行中输入更新内容,这里输入“[基本工资]+100”,在“条件”行中输入约束条件,这里输入“[岗位等级]="中级"”,如图5-38所示。

④在“设计”选项卡的“结果”组中,单击“运行”按钮,系统弹出更新提醒,单击“是”按钮,即可实现数据表记录的更新。

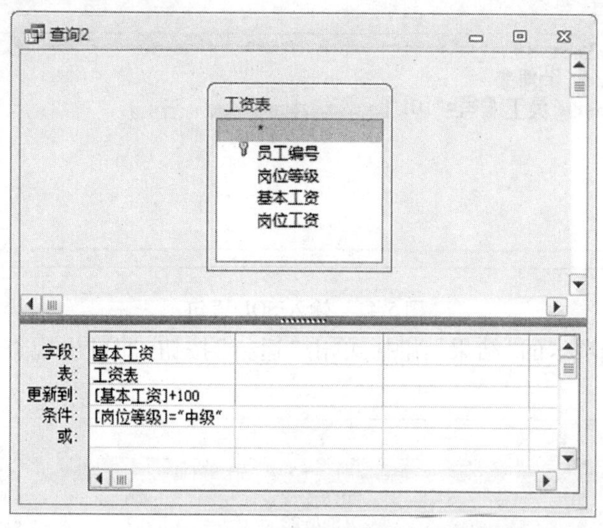

图5-38　设置操作查询的条件

⑤在左侧任务窗格中,再次打开“工资表”,可以看到数据已经更新,如图5-39和图5-40所示。

工资表

员工编号	岗位等级	基本工资	岗位工资	单击以添加
101	初级	1600	400	
102	初级	1600	400	
103	初级	1600	400	
104	中级	1900	600	
105	中级	1900	600	
106	中级	1900	600	
201	初级	1600	400	
202	中级	1900	600	
203	中级	1900	600	
204	中级	1900	600	
701	高级	2300	800	
702	中级	1900	600	
703	初级	1600	400	
801	中级	1900	600	
802	中级	1900	600	
803	高级	2300	800	

记录: 第4项(共16项 无筛选器 搜索

图5-39　更新前的工资表数据

工资表

员工编号	岗位等级	基本工资	岗位工资	单击以添加
101	初级	1600	400	
102	初级	1600	400	
103	初级	1600	400	
104	中级	2000	600	
105	中级	2000	600	
106	中级	2000	600	
201	初级	1600	400	
202	中级	2000	600	
203	中级	2000	600	
204	中级	2000	600	
701	高级	2300	800	
702	中级	2000	600	
703	初级	1600	400	
801	中级	2000	600	
802	中级	2000	600	
803	高级	2300	800	

记录: 第4项(共16项 无筛选器 搜索

图5-40　更新后的工资表数据

5.3.5　SQL查询

结构化查询语言(Structured Query Language,简称SQL),是一种数据库查询和程序设计语言,用于存取数据以及查询、更新和管理关系型数据库系统。用户可以使用SQL语句创建更加复杂的查询条件,这里以查询“销售表”中某一指定员工为例,向读者介绍使用SQL语句如何实现查询。

①在配套素材中,使用Access打开“产品销售业绩.accdb”数据库文件。

②在“创建”选项卡的“查询”组中,单击“查询设计”按钮,弹出“显示表”对话框,选

择“销售表”选项，单击“添加”按钮，将“销售表”添加到“查询”窗口中。

③在“设计”选项卡的“查询类型”组中，单击“联合”按钮，在弹出的窗口中输入 SQL 语句，如图 5-41 所示。

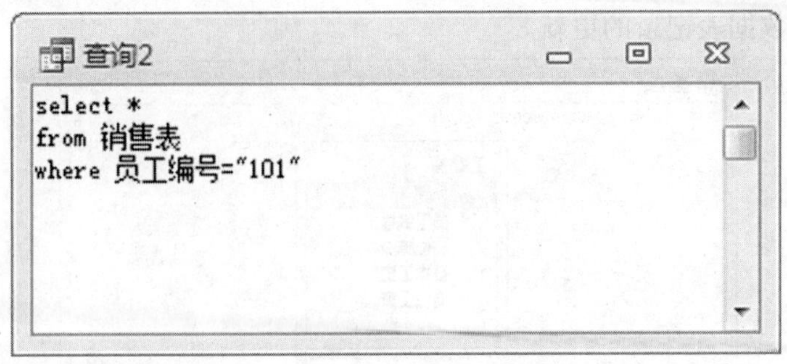

图 5-41 输入 SQL 语句

④在“设计”选项卡的“结果”组中，单击“运行”按钮，即可出现查询结果，如图 5-42 所示。

查询2

商品编号	员工编号	销售日期	销售数量	销售单价	销售金额
TY101	101	2018-2-8	56	40	2240
TY206	101	2018-6-23	81	81	6561
XX002	101	2019-12-5	21	3	63
XX303	101	2018-6-23	24	3	72
*			0	0	0

记录: 第 1 项(共 4 项) 无筛选器 搜索

图 5-42 SQL 查询结果

⑤按下组合键【Ctrl + S】将当前查询对象保存即可。

5.3.6 跟着做——数据库查询

以数据库查询为主题，完成以下数据库查询操作。

①打开 Access，使用 5.2.4 节制作的数据库文件完成查询操作。

②在“创建”选项卡的“查询”组中，单击“查询向导”按钮，选择“简单查询向导”选项。

③根据向导指引，在“学生”表中选择“学号”和“姓名”字段，在“课程”表中选择“课程名”字段，在“成绩”表中选择“成绩”字段，如图 5-43 所示。

④单击“下一步”按钮，根据向导指引即可完成查询，如图 5-44 所示。查询结束后，将当前查询对象保存为“成绩 简单查询——跟着做”。

⑤在“创建”选项卡的“查询”组中，单击“查询设计”按钮，在弹出的“显示表”对话框中选择“查询”选项卡，选择其中的“成绩 简单查询——跟着做”选项，将其添加到查询对象中，如图 5-45 所示。

⑥在“查询”窗口中，创建需要查询的字段，并设置查询条件，如图 5-46 所示。

⑦在“设计”选项卡的“结果”组中，单击“运行”按钮，即可看到查询结果，如图 5-47 所示。至此，“计算机基础”课程成绩大于 80 的同学即可被筛选出来。

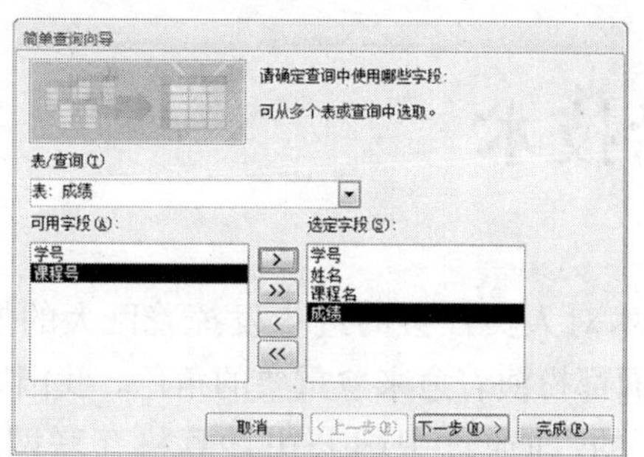

图 5-43 设置查询字段

成绩 简单查询——跟着做

学号	姓名	课程名	成绩
541201010101	陈叶	计算机基础	63
541201010101	陈叶	线性代数	55
541201010101	陈叶	概率论	58
541201010101	陈叶	操作系统	84
541201010101	陈叶	JAVA程序设计	78
541201010102	李梦杰	政治	96
541201010102	李梦杰	概率论	99
541201010102	李梦杰	线性代数	75
541201010102	李梦杰	网络技术	75
541201010103	王斌	程序设计	95
541201010103	王斌	操作系统	89
541201010103	王斌	数据库应用	75
541201010103	王斌	大学英语	45
541201010103	王斌	网络技术	78
541201010104	刘佩菲	程序设计	85

记录: 第 4 项(共 71 项) 搜索

图 5-44 简单查询结果

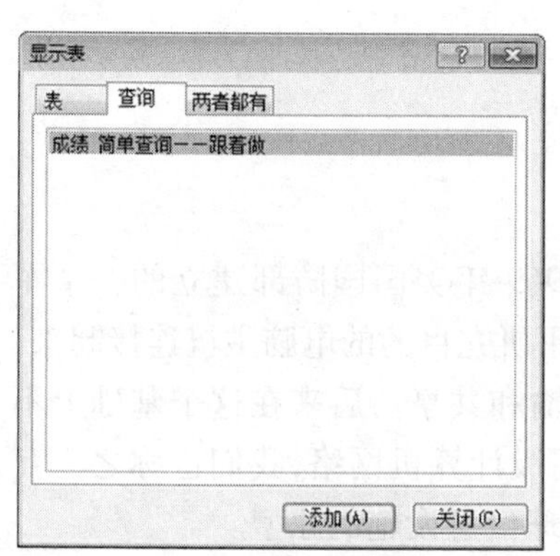

图 5-45 添加查询对象

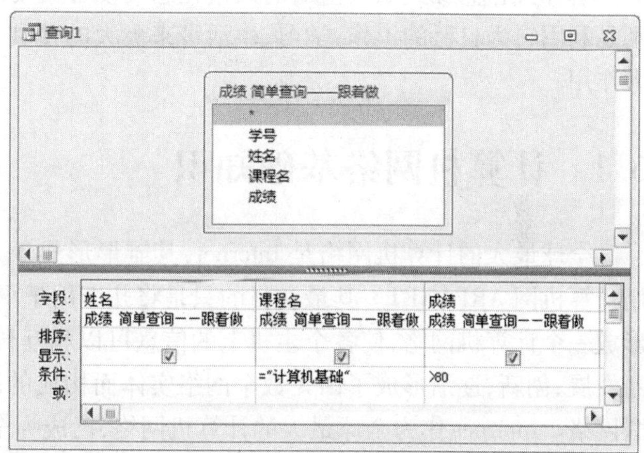

图 5-46 设置参数查询的条件

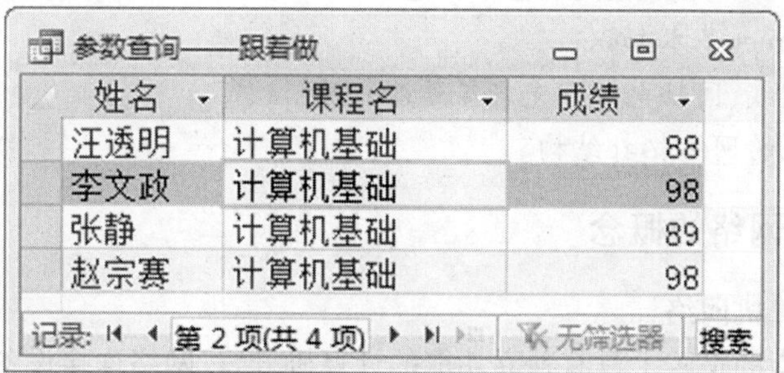
参数查询——跟着做

姓名	课程名	成绩
汪透明	计算机基础	88
李文政	计算机基础	98
张静	计算机基础	89
赵宗赛	计算机基础	98

记录: 第 2 项(共 4 项) 无筛选器 搜索

图 5-47 参数查询结果

5.3.7 课堂思考与技能训练

1. 在 Access 中什么是查询?
2. 根据数据源操作方式和操作结果的不同,查询分为几种类型?
3. 什么是选择查询?
4. 什么是参数查询?

第6章 网络基础与前沿技术

以 Internet 为先导的计算机网络信息技术对人类社会的进步发挥着巨大的推动作用,无论是在科技教育,还是在文化娱乐等方面都扮演着愈来愈重要的角色。我国国家级计算机网是 20 世纪 90 年代初加入 Internet 的,即通过中国公用计算机互联网(CHINANET)或中国教育和科研计算机网(CERNET)与 Internet 联通。Internet 友好的用户界面、丰富的信息资源、贴近生活的人情化感受使各类用户既能应用自如,又能大饱眼福,特别是利用它为自己的工作、学习、生活带来极大的便利,并将在新一轮工业革命中发挥巨大作用。

6.1 计算机网络基础知识

全球最大的计算机网络是 Internet,其雏形形成于 1969 年美国国防部建立的一个军用计算机网 ARPANET。其最初目的只是将几个用于军用研究目的的电脑主机连接起来,形成一个计算机网络,使各个主机上的信息可以相互传输和共享。后来在这个基础上不断发展、创新,逐渐形成了由无数个网络实体而构成的超级计算机网络,我们也称之为互联网络。Internet 作为全球最大的计算机网络,已成为全球信息设施的原型。

【本节知识及能力要求】

(1)了解与计算机网络相关的基本概念;

(2)了解 Internet 基本知识;

(3)了解双绞线、同轴电缆和光纤等传输介质;

(4)认识常见的网络拓扑结构。

6.1.1 计算机网络的概念

1. 什么是计算机网络

计算机网络指的是若干具有独立功能的计算机,通过网络连接设备和通信线路互联,按照特定的通信协议进行信息交流,从而实现数据通信和资源共享的系统。

计算机之间的信息传送是通过通信设备和通信线路来实现的,通信线路分为有线和无线两大类。

2. 计算机网络的主要功能

(1)数据交换

数据交换是计算机网络的基本功能,主要完成网络中各个节点之间的数据通信。

(2)资源共享

资源共享指的是构成系统的所有要素共享,包括硬、软件资源,例如处理器运算能力、磁盘容量、通信线路、数据库和其他计算机上的有关信息。由于受现实因素影响,这些资源不可能被所有用户独立拥有,所以网络上的计算机不仅可以使用自身资源,还可以共享网络上的资源,从而提高了计算机硬、软件使用率。

(3)分布式处理

分布式处理指的是将一项复杂的任务划分为多个部分,由网络内各计算机分别协作并完成相关部分,使整个系统性能大为增加。

6.1.2 计算机网络的传输介质

常见的有线传输介质有双绞线、同轴电缆和光纤,另外还有技术先进的无线传输技术,如微波、红外线及卫星微波技术等。

1. 双绞线

双绞线是由两根具有绝缘保护层的铜导线组成的,常用于组建局域网时连接计算机与路由器,如图 6-1 所示。一般地,双绞线的两根绝缘铜导线按一定密度互相绞在一起,每一根导线在传输中辐射出来的电波会被另一根导线上发出的电波抵消,能够有效降低信号干扰的程度。双绞线价格低廉,但传输速率较低,一般传输距离限制在 100 米以内。

2. 同轴电缆

同轴电缆中心轴线是一条铜导线,外加一层绝缘材料,在这层绝缘材料外边由一根空心的圆柱网状铜导体包裹,最外一层是绝缘层,如图 6-2 所示。有线电视网络系统广泛地使用了同轴电缆作为传输介质。早期的以太网总线型网络,所使用的总线便是同轴电缆。目前,以太网已经演化为一种星型网络,不再使用同轴电缆,而是使用双绞线或光线作为传输介质。

3. 光纤

光纤又称为光导纤维,它是一种利用光在玻璃或塑料制成的纤维中的全反射原理而制成的光传导介质,如图 6-3 所示。光纤的抗干扰能力强,传输损耗小,传输性能高,保密性好,但成本较高。目前,光纤常用于计算机网络的主干网中。

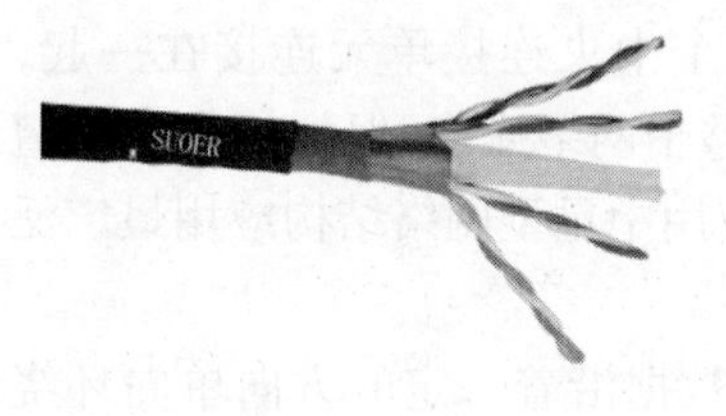

图 6-1 双绞线

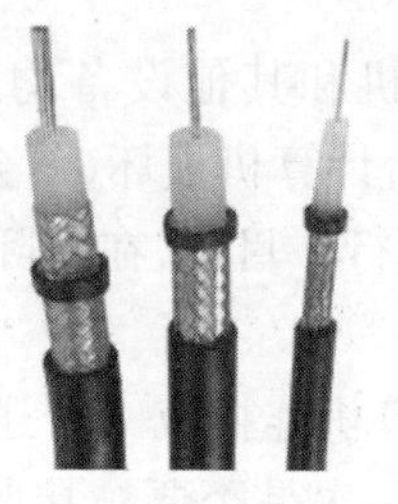

图 6-2 同轴电缆

图 6-3 光纤

4. 无线传输介质

微波、红外线、无线电波和卫星微波技术等都是采用非直接连接的介质,每种传输介质都是建立在不同的电磁辐射基础上的。在局域网中,通常只使用无线电波和红外线作为传输介质,无线传输介质通常用于广域网的广域链路的连接。

6.1.3 计算机网络的分类

计算机网络的分类方法有多种,有许多标准可以作为网络分类的依据。下面列举了常见的网络类型和分类方法。

1. 按照覆盖范围分为广域网、城域网和局域网

• 广域网(Wide Area Network,WAN)

广域网也叫远程网,它所覆盖的范围为几十千米至几千千米。一个国家或国际间建立的网络都是广域网。广域网的通信子网一般利用公用分组交换机、卫星通信网和无线分组交换网,将分布在不同地区的计算机系统互联起来,这些传输装置和传输介质由电信部门提供。

• 城域网(Metropolitan Area Network,MAN)

城域网是在一个城市范围内所建立的计算机通信网,介于广域网和局域网之间。它以光纤为主要的传输介质,覆盖范围为 5 ~ 100 千米。城域网的一个重要用途是作为骨干网,通过它将位于同一城市内不同地点的主机、数据库,以及局域网等互相连接起来,它与广域网的作用有相似之处,但两者在实现方法与性能上有很大差别。

• 局域网(Local Area Network,LAN)

局域网是在一个局部的地理范围内(例如学校、工厂和宿舍等),将各种计算机外部设备互联在一起的计算机通信网。局域网可以包含一个或多个子网,通常局限在几千米范围内。在局域网中,数据传输速率高,可达 0.1 ~1000 Mb/s。

2. 按照网络拓扑结构分为总线型、星型、环型、混合型

• 总线型网络结构

总线型网络结构是将所有计算机和打印机等网络资源都连接到一条主干线上,如图 6-4 所示。它是局域网结构中最简单的一种,具有结构简单、扩展容易和投资少等优点,但这种网络结构传输速度较慢,而且一旦总线损坏,整个网络将瘫痪。目前,总线型网络结构由于故障率较高、不易监控,现在已经不多见了。

• 星型网络结构

星型网络结构中所有的主机和其他设备均通过一个中央连接单元连接在一起,如图 6-5 所示。如果网络中的某台计算机损坏,不会导致整个网络瘫痪,但如果集线器遭到破坏,则整个网络将不能正常运行。目前,在实际网络应用中星型网络结构应用最广泛。

• 环型网络结构

环型网络结构中所有的计算机连接成一个逻辑环,数据沿着一定的方向单向环绕传送,每经过一个节点,需要判断一次是否要被接收,如图 6-6 所示。环型网络结构的优点在于网络数据传输不会出现冲突和堵塞,网络性能稳定,但是环路构架脆弱,环路中任何一台主机故障就会造成整个环路瘫痪,而且新增节点比较麻烦。目前,环型网络结构多用于工业控制等对实时性要求较高的环境中。

• 混合型网络结构

混合型网络结构是将多种拓扑结构网络连接在一起而形成的网络结构,这种结构吸收了各种网络结构的优点。

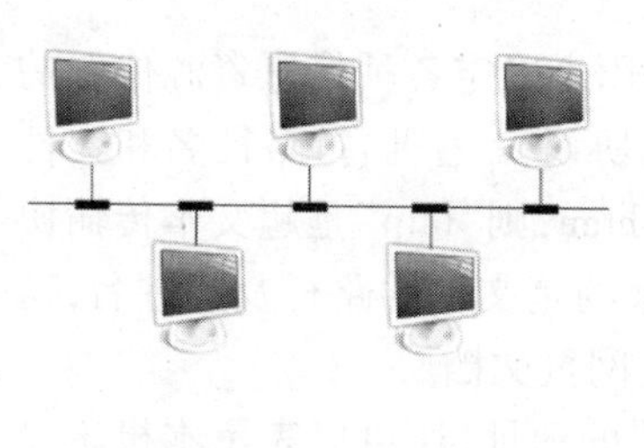
图6-4 总线型网络结构

图6-5 星型网络结构

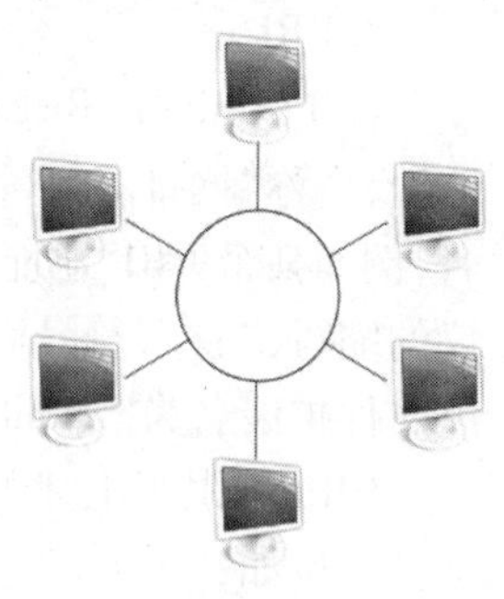
图6-6 环型网络结构

6.1.4 课堂思考与技能训练

1. 什么是计算机网络?
2. 计算机网络的主要功能是什么?
3. 计算机网络的拓扑结构有哪些?
4. 计算机网络的传输介质有哪几类?

6.2 Internet 应用基础与常见操作

各种网络应用已经深入我们的生活、学习和工作。了解基本的 Internet 技术原理和规则,理解常用的 Internet 技术术语,掌握常见的 Internet 基础操作有助于高效地工作和学习。

【本节知识及能力要求】

(1)了解 Internet 常用术语;

(2)掌握搜索网络资源的操作方法;

(3)掌握收发电子邮件、查看本机 IP 地址的操作方法;

(4)掌握登录 FTP 上传、下载资料的方法。

6.2.1 Internet 常用术语

1. 认识 Internet

Internet 又称为因特网,是国际计算机互联网的简称。Internet 是由各种网络组成的一个全球信息网,可以说是由成千上万个具有特殊功能的专用计算机通过通信线路,把地理位置不同的网络在物理上连接起来的网络。凡是 Internet 的用户均可通过各种工具访问网络中所有资源,获取自己需要的资料。

Internet 是全球最大的计算机网络,因此覆盖范围广是 Internet 的特点之一,不管是在不同的城市还是在不同的国家,都能通过 Internet 联系起来。此外,Internet 受欢迎的根本原因在于它的成本低,在 Internet 中有价值的信息被资源整合,并以多种形式(视频、图片和文字等)存在,人们可以不受空间限制来进行信息交换。

2. URL

URL(Uniform Resource Locator)即统一资源定位符,是用来确定各种信息资源位置的地址,俗称“网址”。一个完整的 URL 包括访问方式(通信协议)、主机名、路径名和文件名,例如某个 URL 地址为 http://www. abcd. com/news/01. html,则“http”是超文本传输协议的缩写,“://”符号后面的是 Internet 站点的域名,接下来的是文件的路径及文件名,这里文件扩展名为“. html”,这表明该文件是用 HTML 编写的网页文档。

URL 不限于上述的资源地址,也可以描述其他服务器的地址,还可以表示本机磁盘文件。例如,“ftp://218. 198. 57. 196”表示 FTP 服务器地址;“file:///D:/abc/xyz. txt”表示本地磁盘某个文件的地址。

3. IP 地址

IP 地址(Internet Protocol Address)又称为网际协议地址,它用来给 Internet 上的某台设备一个唯一的识别地址,这样在网络中的设备才能正常通信。

根据 TCP/IP 协议(传输控制协议/互联网协议)的规定,IP 地址由 32 位二进制数组成,并以 4 个字节作为一部分进行表示,每部分之间用“. ”进行分隔。此外,每个字节的数字又使用十进制表示,即每个字节的数值范围是 0 ~ 255,例如某台在因特网上的计算机 IP 地址为 11001010. 11000000. 00000010. 11111110,写成十进制则为 202. 192. 2. 254。

为了充分利用 IP 地址的空间,Internet 委员会定义了 5 类 IP 地址的类型以适合不同容量的网络,即 A ~ E 类。其中 A 类、B 类、C 类由 InterNIC(Internet 网络信息中心)在全球范围统一分配,D 类、E 类作为特殊地址,一般不使用。IP 地址采用高位字节的高位来标识地址类别,具体的编码方案见表 6-1。

表 6-1　IP 地址编码方案

地址类别	首字节高位	网络标识符范围	可支持的网络数目	每个网络支持的主机数	地址范围
A	0	1 ~ 127	127	16777214	0. 0. 0. 0 ~ 127. 255. 255. 255
B	10	128 ~ 191	16384	65534	128. 0. 0. 0 ~ 191. 255. 255. 255
C	110	192 ~ 223	297152	254	192. 0. 0. 0 ~ 223. 255. 255. 255

A 类地址支持的主机数非常多,主要分配给特大型组织和国家级网络;B 类地址主要适用于一些国际性大公司和政府机构;C 类地址主要适用于一些小公司或普通研究机构。

4. TCP/IP

TCP/IP 协议指的是传输控制协议/因特网协议,又叫网络通信协议,这个协议是 Internet 最基本的协议,是 Internet 国际互联网络的基础。TCP/IP 定义了电子设备如何连入因特网,以及数据如何在它们之间传输的标准。

5. IPv6

IPv6(Internet Protocol Version 6)被称作下一代互联网协议,它是由 IETF(互联网工程任务组)设计的用来替代现行 IP 协议(IPv4)的一种新的 IP 协议。IPv6 相对于 IPv4 的主要优势是:扩大了地址空间,提高了网络的整体吞吐量,服务质量得到很大改善,安全性有了更好的保证。世界互联网经历了约50年的发展,进入中国只有20多年。尽管我国在发展和应用推动上取得的成就值得肯定,但在IPv4形成和发展的关键核心技术上并未“触网”,这也极大地限制了我国互联网技术在这个阶段的创新发展空间,对国家网络总体安全也是一种隐患。因此,在新一代IPv6技术发展方面,我国将不再是纯粹的应用推动者角色,而是更加重视IPv6关键核心技术研究,不但要作为新一代互联网技术应用的推动者,而且要成为新一代互联网核心技术的贡献者,力争在下一代互联网技术发展中做出中国的贡献。

6.2.2 使用浏览器搜索资料

1. 认识并使用浏览器

浏览器是一种可以显示网页内容,并让用户与这些文件交互的软件。目前,常见的主流浏览器有Internet Explorer、360浏览器、搜狗浏览器和Google Chrome等。

双击桌面上的某款浏览器图标即可启动浏览器,如图6-7所示。

图6-7 360浏览器的组成

单击后退按钮,返回到最近刚访问的网页;在地址栏中输入要访问的网址(例如凤凰网 http://www.ifeng.com)并按下回车键,即可打开对应的网页。

2. 使用搜索引擎查找资料

Internet提供了海量的信息资源,要想在互联网上准确找到所需的资料,还要借助搜索引擎的帮助。目前常用的搜索引擎有百度(www.baidu.com)、360搜索(www.so.com)、必应(cn.bing.com)等。

这里以百度搜索引擎为例,查找关于“2019年清华大学的就业信息”。

①启动IE浏览器,在地址栏中输入网址www.baidu.com,打开百度搜索页面。

②在当前百度搜索栏中,输入关键字“清华大学 就业”(关键字之间需要空格),单击“百度一下”按钮,即可检索出对应的结果,如图6-8所示。

③再次输入关键字“清华大学 就业 2019”,单击“百度一下”按钮,即可检索出对

应的结果,如图 6-9 所示。

图 6-8　使用 2 个关键词检索出的结果

图 6-9　使用 3 个关键词检索出的结果

对比两次检索结果,可以发现使用 3 个关键词比使用 2 个关键词检索出的结果更加精确。此外,用户还可以根据需要选择“图片”“音乐”“视频”“文库”等类别,即可查找不同类型的网络资源。

每个搜索引擎的数据库信息有所不同,如果某个搜索引擎不能满足用户的需要,可以考虑使用其他搜索引擎。此外,不同的搜索引擎使用方法不完全相同,这里总结出一些常见的搜索技巧:

- 多个关键词之间只需用空格隔开,搜索到的内容将包括每个关键词。
- 英文字母不区分大小写。
- 在搜索时,使用双引号将关键词包裹能够精确匹配。

3. 收藏和保存网页信息

有两种常见的方法可以将网页信息保存下来,下面举例说明如何收藏和保存网页信息。

①当用户查找到所需的信息时,在 360 浏览器的标签栏中,右键选择需要收藏的网站,在二级菜单中选择“添加到收藏夹”命令,如图 6-10 所示。

②这时,弹出如图 6-11 所示的对话框,根据实际需要进行设置,最后单击“添加”按钮,即可将之前的网页信息收藏起来。需要再次访问时,只需打开“收藏夹”,选择其中的链接即可。

③在图 6-10 所示的页面中,执行“文件”→“保存网页”命令,弹出“保存网页”对话框。在该对话框中,选择保存类型为“Web 档案,单个文件(*. mht)”,最后单击“保存”按钮,即可将网页内容保存在本地计算机。

“收藏网页”和“保存网页”的区别是,前者再次浏览时需要连接互联网,而后者可以直接在本地浏览,无需连接互联网。

4. 下载文件

要获取网络上的资料,通常先搜索,后下载。先使用搜索引擎或直接在网站中找到需要下载的信息,然后保存在本地磁盘中,这里向读者介绍两种下载的方法:

(1)“目标另存为”法

①搜索需要的资料,当需要下载时,右键单击网页中带有下载链接地址的文字,这时

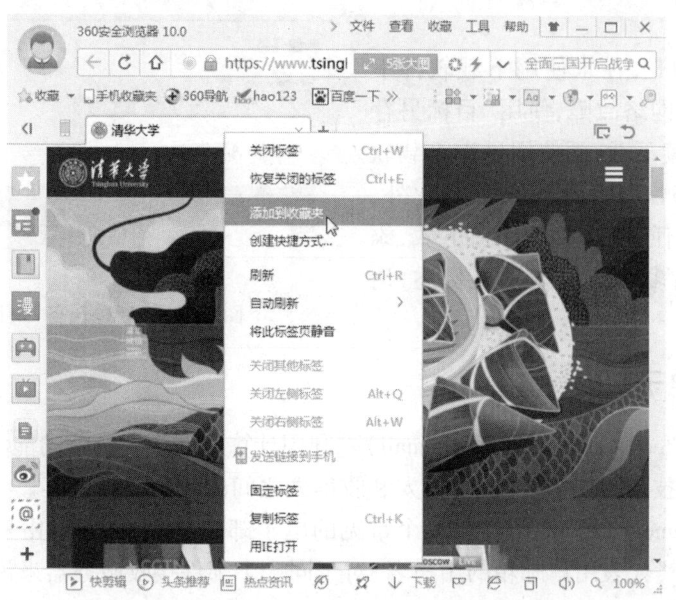

图 6-10　收藏网页信息

弹出如图 6-12 所示的右键菜单。

②选择其中的“目标另存为”选项，此时系统弹出“新建下载任务”对话框，用户需要指定下载文件的保存路径。最后，单击“下载”按钮，即可完成下载，如图 6-13 所示。

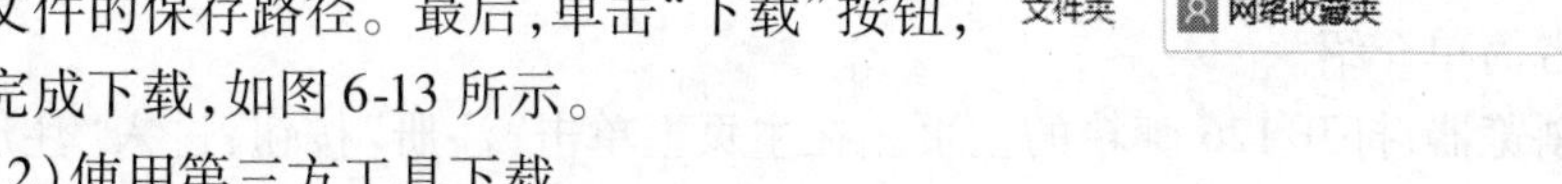

图 6-11　“添加收藏”对话框

(2)使用第三方工具下载

迅雷是一款受广大用户好评的下载软件，它能够将网络上的计算机资源进行有效整合，使得用户以最快的速度下载数据文件。它拥有的多资源超线程技术、智能磁盘缓存技术、任务管理功能、错误诊断功能和病毒防护功能等，极大地方便了用户的使用。

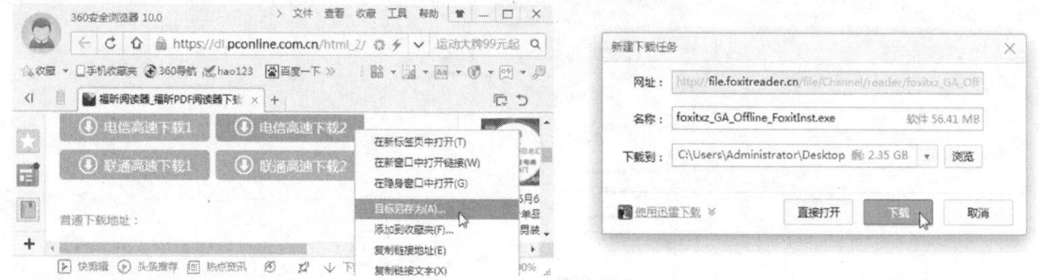

图 6-12　使用“目标另存为”选项下载资料　　　图 6-13　“新建下载任务”对话框

①下载迅雷软件的安装包，并成功安装。

②与“目标另存为”法雷同，当需要下载时，右键单击网页中带有下载链接地址的文字，在右键菜单中选择“使用迅雷下载”选项，此时弹出如图 6-14 所示的对话框。

③根据实际需要，在该对话框中设置相关选项，最后单击“立即下载”按钮，等待片刻

即可完成下载。

需要说明的是，在未使用下载软件下载过程中若出现网络故障，使用“目标另存为”法将无法继续下载，而使用迅雷下载软件则可以在网络恢复后继续下载。此外，有关迅雷的批量任务下载、悬浮窗下载、添加计划任务等诸多功能这里不再赘述，请读者自行体验。

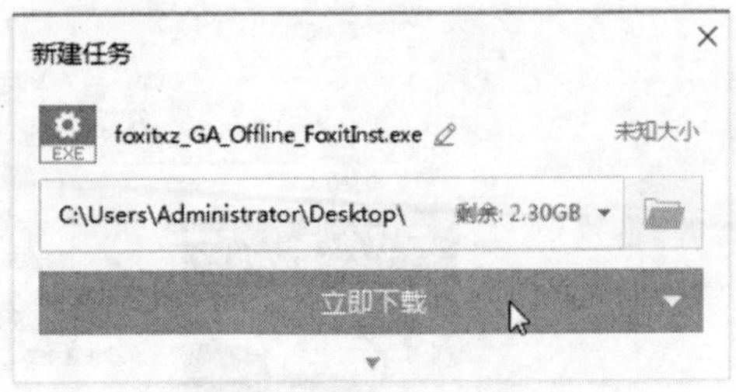

图 6-14 “新建任务”对话框

6.2.3 收发电子邮件

电子邮件(Electronic mail，简称 E-mail)是利用计算机网络的通信功能实现比普通信件传输快得多的技术，目的是达成发信人和收信人之间的信息快速交互。

例如“username@ 126. com”就是一个常见的电子邮件地址，该地址由三部分组成：第一部分“username”代表用户邮箱的用户名，对于同一个邮件接收服务器来说，这个用户名必须是唯一的；第二部分“@ ”是分隔符；第三部分“126. com”是邮件接收服务器域名，用以标志其所在的位置。

1. 注册电子邮箱

目前，国内常见的提供电子邮箱服务的有 126 邮箱(www. 126. com)、163 邮箱(mail. 163. com)、QQ 邮箱(mail. qq. com)和阿里云邮箱(mail. aliyun. com)等。这里以注册 126 邮箱为例，向读者简单介绍。

①打开 IE 浏览器，打开 126 邮箱的主页。在主页上单击“注册”按钮，进入“注册”页面，如图 6-15 所示。

图 6-15 注册 126 邮箱

②在图 6-15 中，根据页面提示选择“注册字母邮箱”或“注册手机号码邮箱”，并完成资料的填写。

③单击“立即注册”按钮，即可完成邮箱的注册过程。

2. 发送电子邮件

①注册成功后即可登录126邮箱。在成功登录126邮箱的首页中，单击左上角的“写信”按钮，进入邮件撰写状态。

②在收件人栏目中输入对方的邮件地址，在主题栏目中输入本次发送邮件的标题，在下方空白处书写邮件。此外，若需要向对方传送文档、图片和音频等资料，则需要向邮件中添加附件。这里单击“添加附件”文字链接，按照系统提示即可完成操作。

③电子邮件书写完成后，如图6-16所示，单击“发送”按钮，该邮件瞬间即可到达对方邮箱。

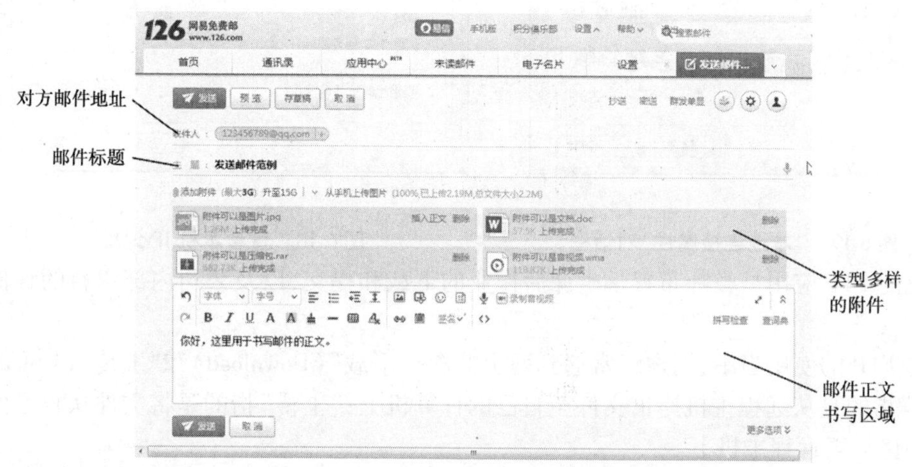

图6-16　书写并发送邮件

3. 收取电子邮件

使用126邮箱收取电子邮件非常简单，只需登录126邮箱首页，单击“收信”按钮，当前未读邮件立刻以列表形式呈现在页面中，单击对应链接即可查看邮件。

在收发邮件过程中，对于“标记邮件”“移动邮件”“编辑联系人”“抄送邮件”“定时发送邮件”等诸多功能，由于篇幅所限这里不再赘述。

6.2.4　查看本机IP地址

①使用鼠标右键单击操作系统桌面右下角的“网络连接”图标，选择其中的“打开网络和共享中心”选项。

②这时进入“网络和共享中心”，单击“本地连接”文字链接，此时弹出“连接状态”对话框。在该对话框中，单击“属性”按钮，弹出如图6-17所示的对话框，选择图示的项目，然后单击“属性”按钮。

③这时弹出如图6-18所示的对话框，在该对话框中即可查看当前主机的IP地址。

6.2.5　登录FTP上传、下载资料

FTP服务器是在互联网上提供存储空间的计算机，它们依照FTP协议提供服务。最

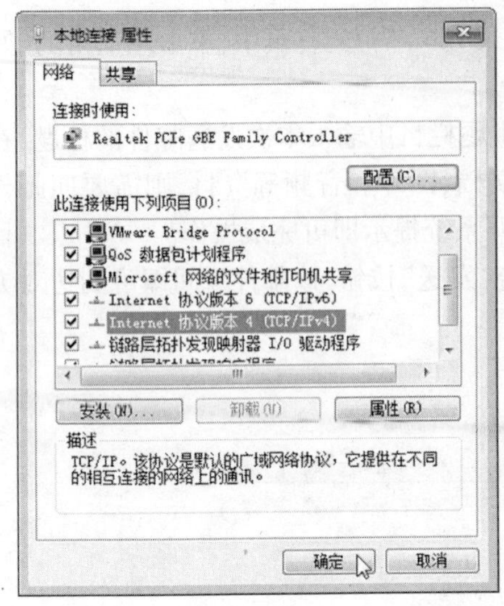

图 6-17 “本地连接属性”对话框

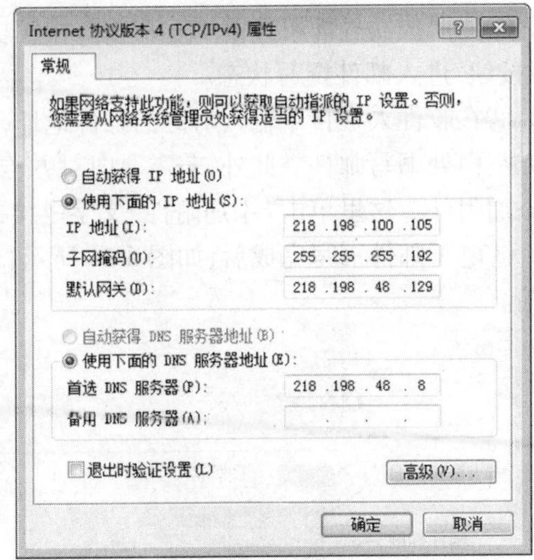

图 6-18 查看本机 IP 地址

为常见的 FTP 应用是教师布置学生课后作业的下载和提交，以及公司内部资料的存储与共享。

在 FTP 的使用当中，用户经常遇到两个概念：“下载”(Download)和“上传”(Upload)。“下载”指的是从远程主机拷贝文件至自己的计算机上；“上传”指的是将文件从自己的计算机中拷贝至远程主机上。

使用 FTP 时必须首先登录，常用的方法有三种：一是通过资源管理器登录；二是通过浏览器登录；三是通过第三方软件(如 FlashFXP 等)登录。

1. 通过资源管理器登录 FTP

①在 Windows 7 桌面环境下，按下组合键【⊞+E + E】，此时打开资源管理器窗口。

②在该窗口的地址栏中填写 FTP 服务器的地址，这里填写“ftp://218.198.57.196”，然后单击【Enter】键。

③这时，系统弹出“登录身份”对话框，如图 6-19 所示。在此对话框中输入用户名和密码。

④单击“登录”按钮，即可成功登录 FTP 服务器，如图 6-20 所示。选择需要下载的文件或文件夹，按下组合键【Ctrl + C】进行复制。

⑤切换到本地磁盘中，按下组合键【Ctrl + V】进行粘贴，即可完成从 FTP 服务器下载文件的全过程。

⑥如果用户需要上传文件至 FTP 服务器(如已获得上传文件权限)，其操作过程是下载过程的逆操作。

通过浏览器登录 FTP 服务器的方法与通过资源管理器登录的方法类似，这里不再赘述。

2. 通过 FlashFXP 软件登录 FTP

①成功安装 FlashFXP 软件后，双击桌面上的 FlashFXP 图标即可启动 FlashFXP，其主

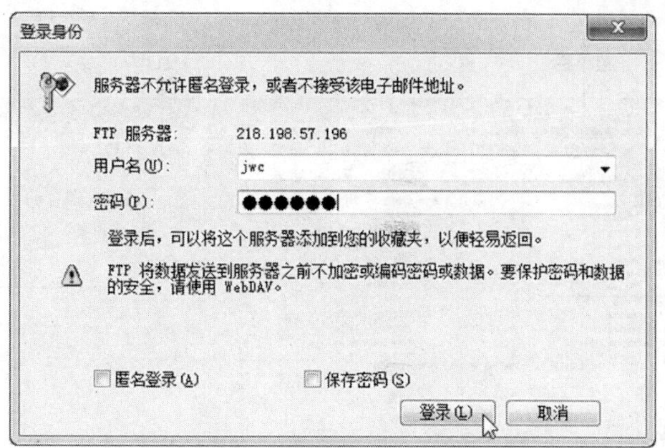

图 6-19 “登录身份”对话框

图 6-20 成功登录 FTP 服务器

界面如图 6-21 所示。

从图 6-21 中可以看出，FlashFXP 主窗口由菜单栏、工具栏和四个窗格组成。本地浏览器窗格显示的是本地计算机中的目录；远程浏览器窗格显示的是远程 FTP 服务器端计算机中的目录；任务列队窗格显示的是当前挂起的任务；状态显示窗格用于显示连接 FTP 服务器过程中详细的连接情况。

②在其主窗口的菜单栏中执行“会话”→“快速连接”命令，或者按“F8”键，此时弹出“快速连接”对话框。

③在该对话框中，输入 FTP 服务器的地址、用户名和密码，端口号保持默认值 21 不变，如图 6-22 所示。

本例中登录 FTP 服务器是需要密码的，对于某些开放且免费的服务器，用户无需输入。

④待所有设置完成后，单击“连接”按钮即可开始连接 FTP 服务器，图 6-23 所示的是

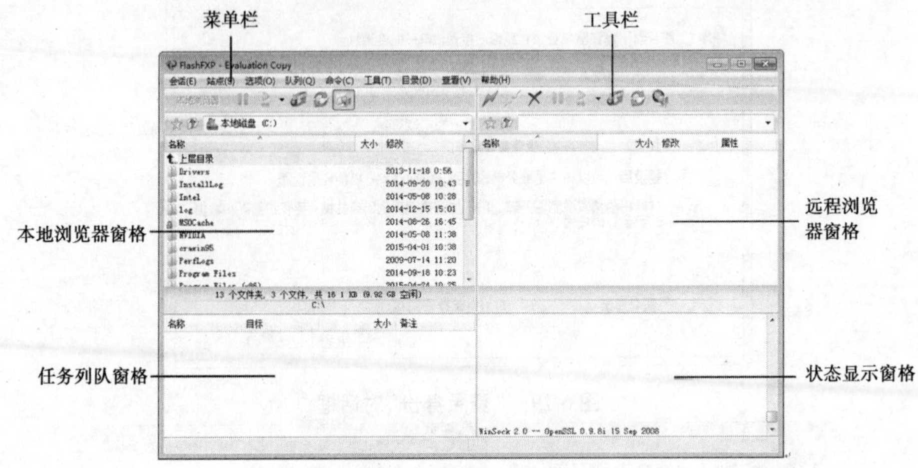

图 6-21　FlashFXP 主窗口

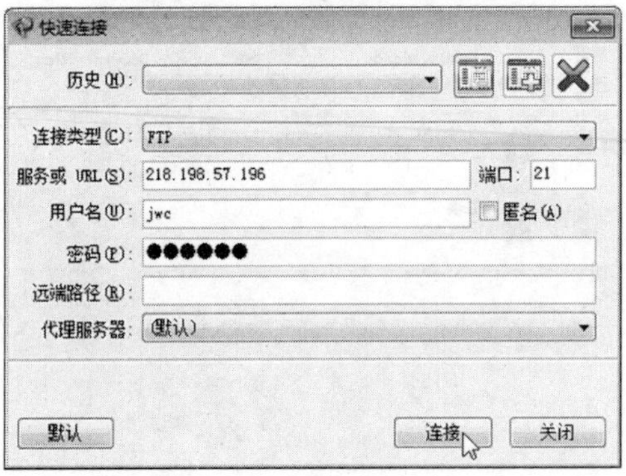

快速连接
历史(H):
连接类型(C): FTP
服务或 URL(S): 218.198.57.196　端口: 21
用户名(U): jwc　匿名(A)
密码(P): ●●●●●●
远端路径(R):
代理服务器: (默认)
默认　连接　关闭

图 6-22　“快速连接”对话框

连接成功后的界面。从图 6-23 中可知,远程浏览器窗格已经显示了 FTP 服务器中的文件目录,状态显示窗格记录了登录 FTP 服务器时的详细连接情况。

⑤在本地浏览器窗格中,选择存放待下载文件的保存路径。在远程浏览器窗格中找到所需文件,右键单击需要下载的文件,在弹出的右键菜单中选择“传送”选项,如图 6-24 所示。随后,软件就会将需要的文件从 FTP 服务器中下载到指定的文件夹内。

⑥在本地浏览器窗格中找到所需文件,右键单击需要上传的文件,在弹出的右键菜单中选择“传送”选项,即可完成向 FTP 服务器上传文件的操作。

最后需要说明的是,并不是所有成功登录者都有权限进行上传或下载操作,假如 FTP 服务器设置为只允许用户下载,那么用户就没有上传权限,从而不能执行上传文件的操作。此外,无论是下载还是上传操作,只要将文件拖拽到本地浏览器窗格或远程浏览器窗格,均可实现文件的快速下载或上传。

6.2.6　局域网添加共享打印机

一般地,在办公室内经常会遇到共用一台打印机的情况,即多台电脑通过路由器相互

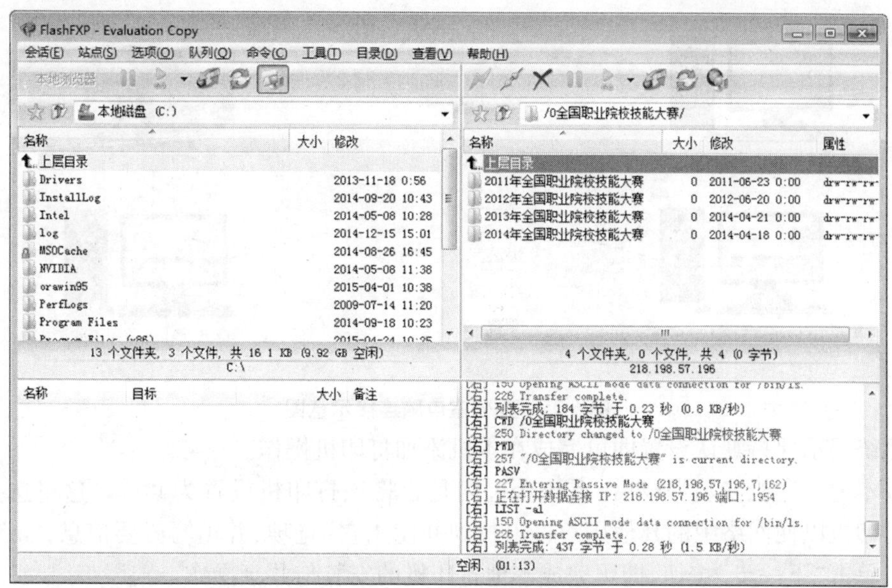

图 6-23　成功连接 FTP 服务器

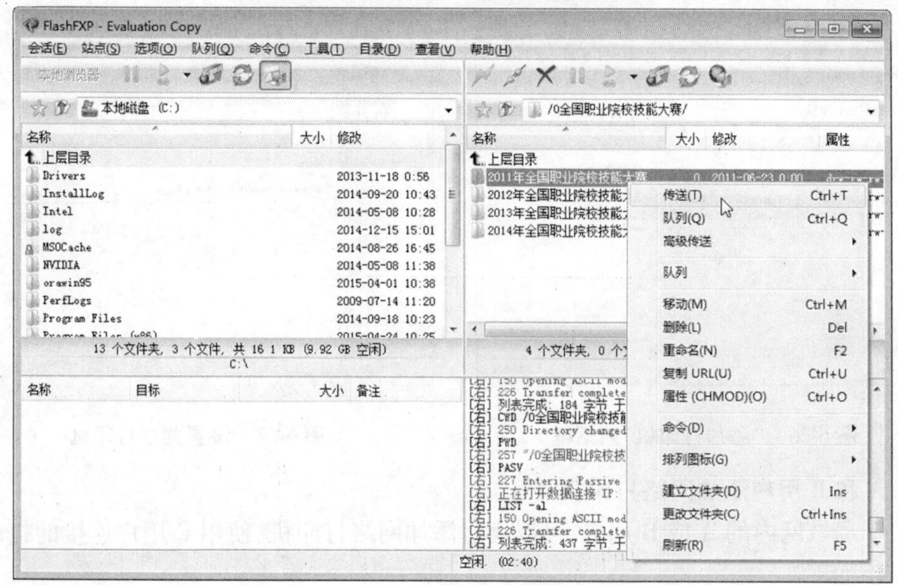

图 6-24　远程浏览器窗格中的右键菜单

连接,其中某台计算机使用 USB 数据线连接了一台打印机,全部用户需要通过局域网共同使用这台打印机,其示意图如图 6-25 所示,如何在此环境下添加打印机呢?

1. C 用户添加本地打印机并设置共享

①将打印机正确连接至 C 用户计算机上。在 Windows 7 桌面左下角单击“开始”按钮,选择其中的“设备和打印机”选项,随后打开“设备和打印机”窗口。

②在此窗口中单击右键,选择右键菜单中的“添加打印机”选项,此时弹出“添加打印机”对话框,如图 6-26 所示。这里选择“添加本地打印机”选项,然后单击“下一步”按钮,

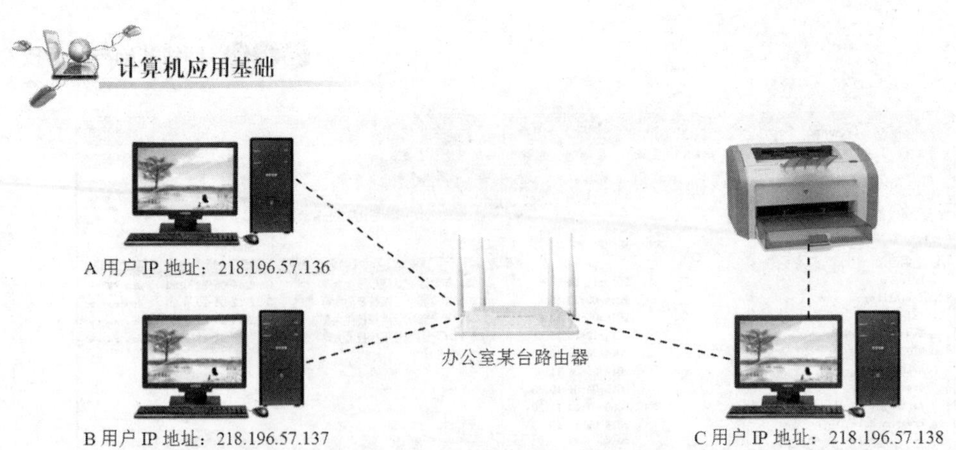

图 6-25　办公室电脑连接示意图

跟随系统提示保持默认设置即可完成在本机添加打印机操作。

③本地打印机安装完成后，系统会询问是否将该打印机设置为共享。这里选择“共享此打印机以便网络中的其他用户可以找到并使用它”选项，并填写必要信息，如图 6-27 所示。单击“下一步”按钮，即可完成本地打印机的安装与共享操作。

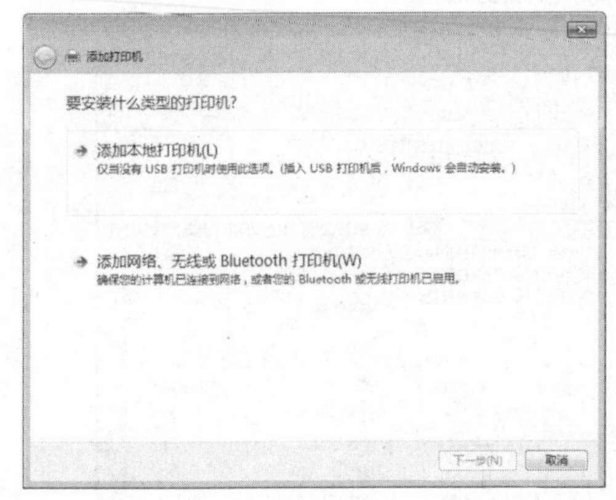

图 6-26　“添加打印机”对话框

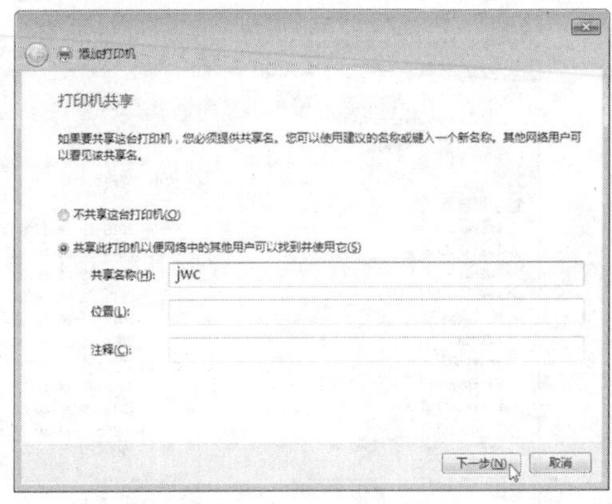

图 6-27　设置共享打印机

2. A 和 B 用户添加网络打印机

对于局域网内的 A 或 B 用户，可以通过添加网络打印机，使用 C 用户连接的打印机，具体操作如下：

①在图 6-26 中选择“添加网络、无线或 Bluetooth 打印机”选项，此时系统会自动搜索局域网内可以使用的打印机。如果能搜索到，只需选择某个打印机，按照系统默认提示安装即可；如果搜索不到，需要在此对话框中选择“我需要的打印机不在列表中”文字链接，如图 6-28 所示。

②单击该文字链接后，打开“按名称或 TCP/IP 地址查找打印机”对话框。由于本例中，知道 C 用户局域网地址为“218. 196. 57. 138”，所以这里选择“按名称选择共享打印机”，并在下方文本框中输入地址，如图 6-29 所示。随后，跟随系统提示保持默认设置即可完成添加网络打印机操作。

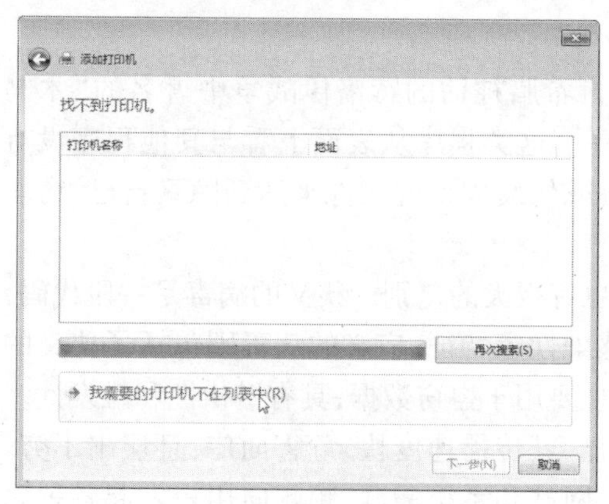

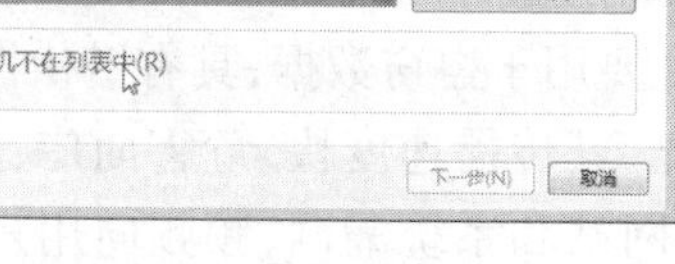

图 6-28　查找打印机

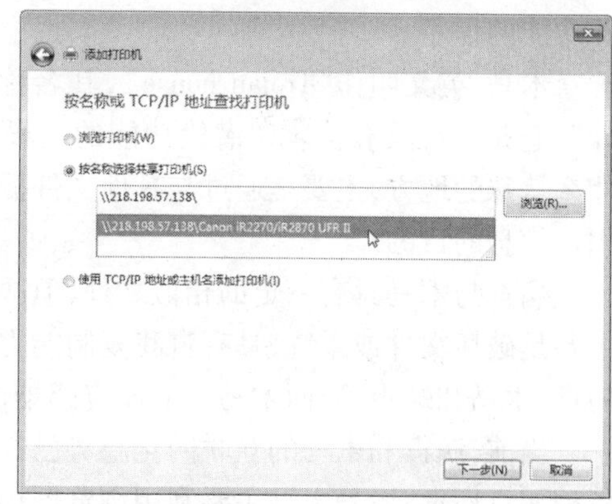

图 6-29　按名称或 TCP/IP 地址查找打印机

6.2.7　课堂思考与技能训练

1. 使用 IE 浏览器浏览凤凰网(www. ifeng. com),并将该网站收藏至收藏夹中。

2. 使用搜索引擎查找你所在学校本年度的招生简章,并将该网页保存在本地计算机中。

3. 给你的好友写一封电子邮件,并将自己的近照作为附件一并发送给他(她)。

4. 在 IP 地址分类中,A 类、B 类、C 类地址分别用于哪些对象?

5. 打开迅雷产品中心(http://dl. xunlei. com),使用“目标另存为”法下载迅雷软件安装包。

6. 登录 FTP 服务器,从教师机下载作业。待作业完成后,再次上传到 FTP 服务器上。

6.3　计算机病毒与木马

自从计算机互联网出现以来,病毒与木马就相伴而生,并与之并存,对计算机网络运行及信息安全,时时刻刻构成着威胁,或造成极大的破坏事件。特别是,随着网络技术的发展,计算机病毒与木马技术也在不断地演替或升级,不停地变换着攻击服务器或窃取用户信息的手段。因此,了解计算机病毒与木马生成、传播的一般规律,并采取必要的预防措施,对每个计算机用户都是非常必要的。

【本节知识及能力要求】

(1)了解病毒与木马的基本知识;

(2)掌握计算机病毒预防和查杀的操作方法。

6.3.1　病毒与木马的基本知识

1. 病毒和木马

《中华人民共和国计算机信息系统安全保护条例》明确指出:“计算机病毒,是指编制或者在计算机程序中插入的破坏计算机功能或者毁坏数据,影响计算机使用,并能自我复制的一组计算机指令或者程序代码。”由此可见,计算机中的病毒,其实就是一段具有特殊功能的程序。

木马,英文叫作"Trojan house",其名称取自希腊神话的特洛伊战争中著名的"木马计",它是一种具有伪装和潜伏功能的一段程序。这类程序从表面上看与其他程序没有什么特殊的地方,主要是通过与其他文件捆绑,或伪装成系统文件来达到隐藏自己、窃取用户信息的目的。

病毒与木马具有一定的相似之处,但两者也有很大的差别。狭义的病毒是一段代码,主要是破坏文件或系统,具有自我复制能力、感染性等特征;广义的病毒则包括了狭义的病毒、木马和蠕虫等,而木马一般没有感染性,主要用于盗窃数据,具有潜伏性和触发性。

当前,病毒和木马的互联网化趋势已经凸显,其传播速度快,危害面广,且层出不穷。各种恶意病毒、盗号木马主要利用浏览器插件、网站和系统漏洞,频频向用户发起各种恶意破坏或欺盗行为。这些隐藏在用户身边的病毒和木马,像陷阱一样,时时刻刻威胁着计算机的安全。

2. 病毒和木马的特点

综合目前各类计算机病毒和木马从发生、传播到形成危害的过程表现,主要体现出以下几个方面的特点:

- 病毒制作机械化

随着病毒制作分工的不断细化和病毒制作工具的泛滥,病毒的制作者开始按照病毒制作流程制作病毒。对于病毒制作者来说,依靠某些病毒制作工具,即使制作病毒者本身不具备任何专业技术知识,但只要根据自己对病毒的要求,在相应的制作工具中勾选或定制某些功能,便可以轻松生成病毒,病毒的制作便由此显示出了机械化的特性。

- 病毒制作模块化、专业化

病毒制作者按照功能模块进行外包生产,或者采购技术更为先进的功能模块,使得组合起来的病毒各个方面都具有很强的专业性,这对电脑用户造成极大的危害。

- 病毒的互联网化

病毒的制作随着互联网技术的突飞猛进,也由原来孤立的、简单的作坊式的制作,转变为借助快速高效的互联网络,形成了一个具有明确分工、高效协作的网络化制作体系,并造成病毒数量的井喷式爆发。虽然病毒本身在技术上没有本质的进步,但病毒的制作者充分利用高效便捷的互联网,搭建整合了一个病毒产业链条,使得病毒运作的效率大幅提高。较之过去病毒的编写、传播、窃取账号、出售等环节基本需要由病毒制作者独立完成而言,其制作和传播链条互联网化后,从挖掘系统或软件漏洞、制造病毒、传播病毒到销售窃取用户信息等,宛如一条高效的流水线,黑客可以选择自己擅长的环节来发挥其作用,使病毒制作更加高效,并形成了一个高效的黑色产业链。

6.3.2 计算机病毒的预防与查杀

病毒的预防和查杀是确保计算机正常运行及信息安全的重要步骤,主要借助各类计算机防病毒软件来完成。目前,360 安全卫士是一款应用最为广泛的系统安全防护工具软件,它拥有木马查杀、漏洞补丁修复、恶意软件清理、电脑全面体检和痕迹清理等多种功能,能够有效保护网上银行、游戏和各种账号的隐私安全。这里以 360 安全卫士领航版为例，简单介绍使用该软件查杀计算机病毒和木马的操作方法。

①启动 360 安全卫士，在软件主界面中单击“木马查杀”按钮。

②这时进入如图 6-30 所示的界面，在该界面的右侧区域，用户可以开启或关闭多种类型的查杀引擎。

图 6-30　查杀木马

③单击“快速查杀”按钮，进行木马查杀。在扫描过程中，所有关键位置中的可疑文件均在 360 安全中心进行在线分析，能够发现更多的未知木马，有效排除潜在威胁。

④经过一段时间的扫描，软件会将可疑病毒、木马罗列出来，等待用户确认。如果用户十分信任该项，单击“添加信任”文字链接，即可忽略该文件；如果用户不信任该项，单击“立即处理”按钮，即可清除病毒或木马文件。

6.3.3　课堂思考与技能训练

1. 病毒与木马的区别是什么？
2. 在网络中查阅有关“勒索病毒”的资料，学习相关防护方法。
3. 关于加强系统安全的做法有哪些？

6.4　计算机学科前沿技术

计算机学科及技术发展到今天，已经形成了许多分支，并出现了许多前沿技术。计算机学科及技术的研究和实践，不再局限于计算机网络、操作系统、智能控制等传统领域。像计算机物联网、云计算、大数据、人工智能等这样的新兴热门领域的兴起，越来越成为未来高技术更新换代和新兴产业发展的重要基础，同时也是国家高技术创新能力的综合体现。因此，这些新兴的前沿技术不仅具有前瞻性、先导性，还具有广阔的探索空间。

【本节知识及能力要求】

(1)了解物联网的三层构架;

(2)了解云计算服务的类型;

(3)了解大数据时代处理数据的特点;

(4)了解人工智能。

6.4.1 物联网(Internet of Things)

1.物联网

物联网的概念是1991年由美国麻省理工学院(MIT)的Kevin Ash-ton教授首次提出的。1999年美国麻省理工学院建立了“自动识别中心(Auto-ID)”,提出“万物皆可通过网络互联”,阐明了物联网的基本含义。早期的物联网是依托无线射频识别(RFID)技术的物流网络,渐渐从初期的无线射频识别技术、传感设备等发展到如今的嵌入式系统、云计算等更具科技含量的智能技术。现今的物联网主要依托互联网与通信网络、无线传感器网络等相互搭接,从而实现对各生产领域的智能控制。

物联网是基于一定的互联网协议,将物体、项目等对象设立输入输出等硬件,再利用软件系统与硬件的信号实现信息交互,并达到智能控制的目的。物联网涉及的需求和涵盖的内容越来越多,执行的功能也不尽相同,但大体上依然是物与物、人与人、人与物的智能化信息沟通。

目前,世界上大多采用感知层、传输层和应用层三层技术架构来划分物联网具体工作中的不同工作部分,如图6-31所示。

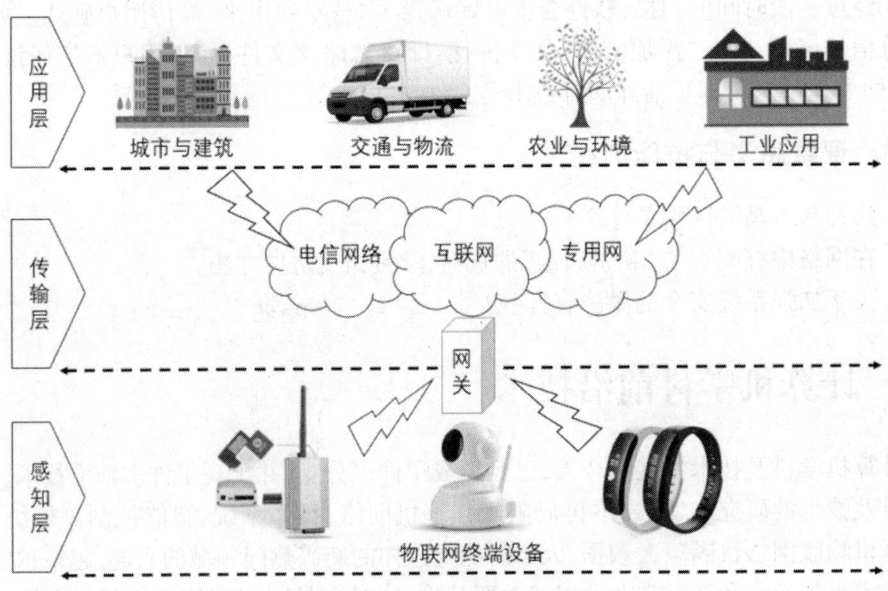

图6-31 物联网三层技术架构

2. **物联网主流技术**

(1)传感技术

传感技术指的是通过传感器获取各类信息。通过传感器可采集的信息多种多样,包括物理量、生物量、化学量等多种信息。使用传感器技术获取各类信息有很多优点:

- 数字化:传感器可以进行数字信号的转化,利用数字信号传递信息,一方面减少了传输的信息量,提高了传递效率,另一方面则提高了信息传输的准确性。
- 多功能化:近年来,传感器的种类越来越多,涵盖温度、光照、红外线等多种类型的传感器,可以根据不同的需要采用不同的传感器,完成不同类型信息的采集。
- 网络化:将传感器与网络相连,可以实现采集信息的实时上传,并利用网络保存数据。同时,还可以通过网络实时观测信息的动态变化情况,灵活方便。

(2)RFID 技术

RFID 技术(无线射频识别技术),是一种无线通信技术,将可以发射无线电信号的标签附着在观测物体上,可以实现对观测目标位置的物理定位。

(3)Zigbee 技术

Zigbee 技术与无线蓝牙技术类似,适合近距离传输信息,只不过 Zigbee 的消耗功率更低,成本也更低。由于 Zigbee 传输距离较近,比较适宜在家庭中使用。

6.4.2 云计算(Cloud Computing)

云计算是分布式计算的一种,指的是通过网络"云"将巨大的数据计算处理程序分解成无数个小程序,然后,通过多部服务器组成的系统来处理和分析这些小程序,得到结果并返回给用户。因而,云计算又称为网格计算。通过这项技术,可以在很短的时间内(几秒)完成对数以万计的数据的处理,从而提供强大的网络服务。

云计算是在信息化、互联网对低成本海量数据存储和大规模并行计算需求快速增长的背景下出现的,它是基于互联网的一种新的 IT 服务架构,即充分利用集群计算能力,并通过互联网向公众提供服务的一种互联网业务形式。

目前,云计算服务主要包括三种类型:IaaS、PaaS 和 SaaS,如图 6-32 所示。目前,业界国外主流提供商如 Google、Amazon、Microsoft、IBM、Cisco 等在三种类型上都有相关商用产品,而国内厂家如世纪互联、百度、阿里巴巴、华为也都在积极推进相关应用。

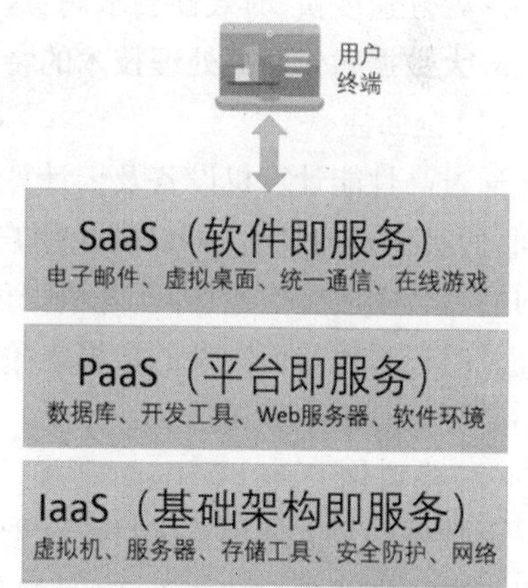

图 6-32　三种云计算模式的关系

IaaS:通过虚拟化技术将服务器等计算平台与存储和网络资源打包,通过 API 接口的形式提供给用户。用户不用再租用机房,不用自己维护服务器和交换机,只需要购买 IaaS 服务就能够获得这些资源。

PaaS:构建在 IaaS 之上,在基础架构之外还提供了业务软件的运行环境,除了形成软件本身运行的环境,PaaS 通常还具备相应的存储接口,这些资源可以直接通过 FTP 等方式调用。

SaaS:是最成熟、知名度最高的云计算服务类型。SaaS 的目标是将一切业务运行的后台环境放入云端,通过一个瘦客户端,向最终用户直接提供服务。最终用户按需向云端请求服务,而本地无需维护任何基础架构或软件运行环境。SaaS 与 PaaS 的区别在于,使用 SaaS 的不是软件的开发人员,而是软件的最终用户。

6.4.3 大数据(Big Data)

1. 大数据的概念

大数据或称巨量资料,是指以多元形式,从许多来源搜集而来的庞大数据组。大数据不仅量大、种类多,而且实时性强、所蕴藏的价值大。大数据的意义是由人类日益普及的网络行为所伴生的,并通过相关部门或企业采集,快速分析数据中所蕴含的各类群体的真实意图、真实喜好,属非传统结构和意义的数据。

2. 大数据的基本特征

- 数据体量巨大:从 TB 级别跃升到 PB 级别。
- 数据类型繁多:包括网络日志、音频、视频、图片、地理位置信息等多种类型的数据,对数据的处理能力提出了更高的要求。
- 数据价值密度相对较低:如随着物联网的广泛应用,信息感知无处不在,信息海量,但价值密度较低,如何通过强大的机器算法更迅速地完成数据的价值“提纯”,是大数据时代亟待解决的难题。
- 处理速度快、时效性要求高:这是大数据区分于传统数据挖掘最显著的特点。

3. 大数据时代数据处理技术的特点

(1)全面性

通过高性能计算机设备及云计算技术进行各类数据的运算,不仅使得数据处理更加全面,而且也更加灵活,可以满足用户的各类个性化需求。另外,通过数据库连接技术,可对后台数据实施快速访问,并根据用户需求,从多个角度出发,进行数据分析,从而使用户能及时透过海量而庞杂的数据表象,形成对所关注事物更加透彻的认识,能极大地提高原始数据处理效率和质量。

(2)模块化

大数据的数据处理系统目前已形成了模块化的特征,即每个模块对数据的处理,都是针对相应的需求进行功能设定的,相互之间可以同时并行处理。同时,数据管理与数据处理的工作任务也互不干涉,保持独立运行。即便是有相对特殊化的数据处理任务,各模块也可保持稳定协调的运行状态。因此,拥有这种特征的大数据模块化处理系统,可以充分保证数据信息的多方面应用共享的需求。

(3)开放性

网络化时代,大数据已经不再是一种私密的信息资源,并随着信息技术的不断提升,其资源使用价值被不断赋予新的内容。大数据时代,数据总量增加的同时,其使用率也在稳步提升。与此相对的是,数据处理环境也随之变得更加开放,用户可以通过信息化终端设备,随时获取重要的数据资源,充分体现了大数据时代数据处理技术的开放性特点。

6.4.4 人工智能(AI)

1. 人工智能

人工智能是计算机科学的一个分支,它企图通过了解智能的实质,生产出一种新的能以人类智能相似的方式做出反应的智能机器,该领域的研究包括机器人、语言识别、图像识别、自然语言处理和专家系统等。通俗地讲,人工智能是研究人类智能活动的规律,构造具有一定智能的人工系统,研究如何让计算机去完成以往需要人的智力才能胜任的工作,也就是研究如何应用计算机的软硬件来模拟人类某些智能行为的基本理论、方法和技术。

目前人工智能技术发展中,比较典型的案例是谷歌公司的 Alpha Go 系统,该系统依托强大的数据收集、数据整合、强化学习和逻辑思维能力,一定程度上已超过了人类围棋高手,代表了人工智能的最高水平。

人工智能在其他方面也已被广泛应用,如新闻传媒行业、污染治理行业、环境监测部门等。越来越多的实践证明,应用人工智能系统能够更好地完成对相关数据的适时采集、快速分析与应用研究工作,对提高相关行业和部门的运行效率具有不可估量的美好前景。

2. 计算机人工智能识别技术的类型及其应用

(1)语音识别技术

在语音识别领域,人工智能技术主要是在充分解读人的语言特性的基础上,实现对语音的智能化识别和信息交互。目前,基于人工智能识别技术,人们可以不通过键盘,直接利用语音系统来进行设备控制。而系统内部会针对人们所输入的语言环境,对语言类型进行有效的识别。语音识别技术在人工智能的应用领域已非常广泛,重点包含声控智能家电、声控语音搜索和声控智能玩具等。

(2)图像识别技术

人工智能图像识别技术相对于语音识别技术,起步较晚,发展较慢,同时其技术难度也比较高,这是由图像信息的复杂性和丰富性特点所决定的。图像识别主要包括图像字符及透视胶片等各种类型的图像识别。

以图像识别为例,其领域非常广泛,如安全、工农业生产及医学领域等。交通领域的车牌识别系统、医学领域的心电图识别、农业生产的种子识别等都用到了图像识别技术;在安全领域,通过人脸识别、指纹识别技术,可以帮助公安人员破获一些常规侦查条件下无法侦破的案件。

6.4.5　课堂思考与技能训练

1. 什么是物联网？请列举生活中显而易见的物联网应用。

2. 什么是大数据、云计算？学习工作中，哪些应用场景使用了大数据？

3. 什么是人工智能？在互联网上查找有关人工智能的资料，了解人工智能在未来5年内的发展前景。

参 考 文 献

[1] 赵兴安,万径.计算机应用基础[M].北京:高等教育出版社,2015.
[2] 聂长浪,贺秋芳,李久仲.计算机应用基础教程[M].3 版.北京:中国水利水电出版社,2019.
[3] 李建苹.计算机应用基础教程[M].2 版.北京:人民邮电出版社,2016.
[4] 贾如春,李代席.计算机应用基础项目实用教程[M].北京:清华大学出版社,2018.